Klimaschutz durch Grundrechte

Europäische Hochschulschriften Recht

European University Studies in Law

Publications Universitaires Européennes de Droit

BAND/VOLUME 6845

Anna-Lisa Jensen

Klimaschutz durch Grundrechte

Dogmatische Einordnung und gerichtliche Kontrolldichte

PETER LANG
Berlin · Bruxelles · Chennai · Lausanne · New York · Oxford

Bibliografische Information der Deutschen Nationalbibliothek
Die Deutsche Nationalbibliothek verzeichnet diese Publikation in der Deutschen Nationalbibliografie; detaillierte bibliografische Daten sind im Internet über http://dnb.d-nb.de abrufbar.

Zugl.: Frankfurt (Main), Univ., Diss., 2025

DE-30

ISSN 3052-8291 (Print)
ISSN 3052-8305 (eVersion)
ISBN 978-3-631-94464-6 (Print)
ISBN 978-3-631-94476-9 (ePDF)
ISBN 978-3-631-94477-6 (ePUB)
DOI 10.3726/b23284

Verlegt durch Peter Lang GmbH, Berlin (Deutschland)

info@peterlang.com

www.peterlang.com

Kontaktadresse nach EU-Produktsicherheitsverordnung: gpsr@peterlang.com

Meinen geliebten Eltern

Inhaltsverzeichnis

Vorwort

Die Arbeit wurde im Januar 2025 als Dissertation von dem Fachbereich Rechtswissenschaften der Johann Wolfgang Goethe-Universität Frankfurt a. M. angenommen. Für die Veröffentlichung wurden nachträglich noch einzelne Ergänzungen bis Juli 2025 eingearbeitet.

An erster Stelle bedanke ich mich bei meinem Betreuer, Herrn Prof. Dr. Dr. Rainer Hofmann. Er hat meine Freude am wissenschaftlichen Arbeiten erkannt und mich zum Verfassen dieser Dissertation motiviert. Bei der Anfertigung der Arbeit stand er mir stets mit wertvollen Anregungen zur Seite. Zudem danke ich Herrn Prof. Dr. Uwe Volkmann für die Erstellung des Zweitgutachtens und die ausführlichen und hilfreichen Hinweise zur Arbeit.

Daneben gilt der Dank meiner Familie, vor allem meinen Eltern und meinem Bruder Florian, auf deren Unterstützung ich mich immer verlassen konnte. Im Übrigen danke ich Freundinnen und Freunden, die mir im Laufe der Zeit motivierend zur Seite gestanden haben.

Abkürzungsverzeichnis

a. F.	alte Fassung
AEUV	Vertrag über die Arbeitsweise der Europäischen Union
AG	Amtsgericht
Amtsbl.	Amtsblatt
Beih.	Beiheft
BfDI	Bundesbeauftragter für den Datenschutz und die Informationsfreiheit
BGB	Bürgerliches Gesetzbuch
BGBl.	Bundesgesetzblatt
BGH	Bundesgerichtshof
BT-Drucks.	Bundestagsdrucksache
BVerfG	Bundesverfassungsgericht
BVerfGG	Gesetz über das Bundesverfassungsgericht
bzw.	beziehungsweise
COP	Conference of the Parties
DDR	Deutsche Demokratische Republik
diesbzgl.	diesbezüglich
DUH	Deutsche Umwelthilfe
E-KSG	Gesetzesentwurf der Bundesregierung für eine Zweite Änderung des Bundes-Klimaschutzgesetzes
e. V.	eingetragener Verein
EEG	Erneuerbare-Energien-Gesetz
EGMR	Europäischer Gerichtshof für Menschenrechte
EMRK	Europäische Menschenrechtskonvention

ETS	Emissions Trading System
EU	Europäische Union
GG	Grundgesetz
GMT	Greenwich Mean Time
Gt	Gigatonne
Hdb.	Handbuch
i. V. m.	in Verbindung mit
IfSG	Gesetz zur Verhütung und Bekämpfung von Infektionskrankheiten beim Menschen
IPCC	Intergovernmental Panel on Climate Change, „Weltklimarat"
KI	Künstliche Intelligenz
KSG	Bundes-Klimaschutzgesetz
LG	Landgericht
m. w. N.	mit weiteren Nachweisen
NDC	Nationally Determined Contributions
NGO	non-governmental organization, Nichtregierungsorganisation
OLG	Oberlandesgericht
PA	Pariser Abkommen, Übereinkommen von Paris
sog.	sogenannte
SRU	Sachverständigenrat für Umweltfragen
StGB	Strafgesetzbuch
StrRG	Gesetz zur Reform des Strafrechts
stRpsr.	ständige Rechtsprechung
TEHG	Gesetz über den Handel mit Berechtigungen zur Emission von Treibhausgasen
u. a.	unter anderem
UmweltHG	Umwelthaftungsgesetz
UNEP	United Nations Environment Programme
UNFCCC	United Nations Framework Convention on Climate Change
Verf.	Verfassung
VG	Verwaltungsgericht
VGH	Verwaltungsgerichtshof
vgl.	vergleiche

WHO	World Health Organization
WMO	World Meteorological Organization
z. B.	zum Beispiel

Anmerkung:

Zur besseren Lesbarkeit wird in der vorliegenden Arbeit das generische Maskulinum verwendet. Die Personenbezeichnungen beziehen sich – sofern nicht anders kenntlich gemacht – auf alle Geschlechter.

Einleitung

A. Gegenstand der Untersuchung

Der EGMR hat am 9. April 2024 aus der EMRK erstmalig ein Recht auf Klimaschutz abgeleitet und aufgrund eines Verstoßes gegen dieses durch die Schweiz der ersten Klimaklage stattgegeben. Das Urteil wurde in der Folge als „bahnbrechende[] Entscheidung“ und „Meilenstein im Kampf gegen die Klimakrise“ beschrieben.[1] Damit wird die Bezeichnung der Bedeutung des zugrunde liegenden Themas gerecht: dem Klimaschutz. Er gilt als „Jahrhundertaufgabe“.[2] Die Folgen des Klimawandels werden jedes Jahr sichtbarer.[3] Es gibt mehr und heißere Hitzewellen, heftigere Starkregenfälle und Dürren.[4] Unter Berücksichtigung dieser Erkenntnisse haben 195 Vertragsparteien das Pariser Abkommen (PA) ratifiziert, dessen erklärtes Ziel es ist, die Erderwärmung auf deutlich unter 2 °C und möglichst 1,5 °C im Vergleich zum vorindustriellen Niveau zu begrenzen, Art. 2 Abs. 1 lit. a PA.

Trotz der staatlichen Versprechen tun viele Regierungen zu wenig für den Klimaschutz. Im letzten Sachstandsbericht des Weltklimarats wurde festgestellt, dass das Handeln der aktuellen Regierungen die Wahrung des Ziels

---

1 *Gelinsky*, FAZ vom 10.04.2024, S. 15.

2 So unter anderem: Bayerisches Landesamt für Umwelt, Pressemitteilung Nr. 58/22. Siehe auch: EGMR, 53600/20, Legal Summary, S. 3: „At the outset, the Court noted that climate change was one of the most pressing issues of our times.“

3 *Bittner*, DIE ZEIT vom 27.07.2023, S. 11.

4 *Bittner*, DIE ZEIT vom 27.07.2023, S. 11.

des Pariser Abkommens erschwert.[5] Die Wissenschaft prognostiziert ein Überschreiten der 1,5 °C-Marke bereits in den 2030er Jahren.[6] Das Umweltprogramm der Vereinten Nationen hat im Emissions Gap Report 2024 mit den derzeitigen Maßnahmen der Staaten eine Erderwärmung von ca. 3 °C errechnet.[7] Grund- und Menschenrechte werden infolge des Klimawandels bereits verletzt und sind mit Blick auf die Zukunft erheblich gefährdet. Die Weltgesundheitsorganisation (WHO) benennt den Klimawandel als die größte Gesundheitsgefährdung der Bevölkerung.[8] Die letzten Jahre verdeutlichen dies. Das Jahr 2023 war das wärmste seit Beginn der Messungen[9] mit einem neuen Maximalwert der CO_2-Konzentration.[10] Laut RKI sind allein in Deutschland im Jahr 2022 ca. 4.500 Menschen als Folge von Hitzewellen gestorben.[11] Da Extremwetterereignisse bereits vor dem menschengemachten Klimawandel existierten, untersuchen Wissenschaftler, mit welcher Wahrscheinlichkeit ein Szenario in einer fiktiven Welt ohne Klimawandel eintreten würde.[12] Für den Juli 2023 kommen sie zu folgendem Ergebnis: Die Hitzeereignisse in China würden ohne Klimawandel statistisch nur einmal in 250 Jahren auftreten – in den USA, Mexiko und Südeuropa praktisch nie.[13] Unter dem Eindruck dieses „schlimmsten Klimakrisen-Sommers“ hätte man erwarten können, dass die Regierungen die bestehenden Maßnahmen zum Klimaschutz verschärfen oder zumindest – trotz parallel bestehender Krisen – beibehalten.[14] Umso erstaunlicher ist es, dass fast alle westlichen Länder bestehende Regelungen abschwächen.[15] Die deutsche Bundesregierung hat am 11. September 2023 einen Gesetzesentwurf zur Änderung des Bundes-Klimaschutzgesetzes beschlossen.[16] Dieser wurde im April 2024 vom Bundestag verabschiedet und im Mai 2024

---

5 IPCC, 2022, Arbeitsgruppe III: Zusammenfassung für die politische Entscheidungsfindung, Abschnitt B 6.
6 *Bittner*, DIE ZEIT vom 27.07.2023, S. 11.
7 UNEP, Emissions Gap Report 2024, Executive Summary, S. 10.
8 2021 WHO health and climate change global survey report, S. 18.
9 *Schmitt*, DIE ZEIT vom 04.01.2024, S. 25.
10 *Böhm/Pinzler*, DIE ZEIT vom 30.11.2023, S. 33.
11 RKI, Hitzebedingte Mortalität in Deutschland 2022.
12 *Habekuss*, DIE ZEIT vom 27.07.2023, S. 31.
13 *Habekuss*, DIE ZEIT vom 27.07.2023, S. 31.
14 *Ulrich*, DIE ZEIT vom 28.09.2023, S. 1.
15 *Ulrich*, DIE ZEIT vom 28.09.2023, S. 1.
16 BT-Drucks. 20/8290.

vom Bundesrat gebilligt.[17] Danach sollen unter anderem die Emissionsmengen nur noch insgesamt und nicht mehr sektorweise ausschlaggebend sein. Außerdem erklärte der britische Premierminister *Rishi Sunak* im September 2023, sein Klimaprogramm zu reduzieren; so wurde beispielsweise das Verbrenner-Aus verschoben.[18] Und auch Schweden, einstiger Vorreiter in Sachen Klimaschutz, bekannte, seine Klimaziele nicht einhalten zu können und senkte stattdessen die Steuern auf Benzin und Diesel.[19]

Angesichts des zögerlichen Handelns der Politik im Bereich des Klimaschutzes und den immer stärker sichtbar werdenden Folgen des Klimawandels verwundert es nicht, dass sich Individualpersonen sowie Nichtregierungsorganisationen zunehmend an die Justiz wenden. Die Zahl der „Klimaklagen", international als „climate change litigation" bekannt, hat in den vergangenen Jahren stark zugenommen.[20] Von besonderem Interesse sind hierbei die gegen Staaten gerichteten Verfahren, die darauf abzielen, Emissionen innerhalb eines Staatsgebiets bis zur Klimaneutralität oder auf ein früher zulässiges Treibhausgasniveau zu senken. Auf sie ist daher der Fokus der vorliegenden Untersuchung gerichtet.

Als Präzedenzfall in diesem Bereich gilt das Urteil des Hoge Raad[21], des Obersten Zivilgerichts der Niederlande, aus dem Jahr 2019. Es verpflichtete den niederländischen Staat zur Einhaltung eines konkreten Reduktionszwischenziels – 25 % weniger Treibhausgasemissionen bis zum Jahr 2020 im Vergleich zum Referenzjahr 1990. In der Folge sah sich das Gericht insbesondere im Hinblick auf den Grundsatz der Gewaltenteilung der Kritik ausgesetzt.

Der Klimabeschluss des Bundesverfassungsgerichts aus dem Jahr 2021[22] bleibt im Ergebnis weit hinter dem niederländischen Urteil zurück. Der Bundesgesetzgeber wurde lediglich zum Erlass von Regelungen über das Jahr 2030 hinaus verpflichtet. Wohl bewusst entging das BVerfG – anders als der Hoge Raad – dem Vorwurf, selbstherrlich Politik machen zu wollen.[23] Doch wer die

---

17 Die Bundesregierung, Ein Plan fürs Klima.
18 *Ulrich*, DIE ZEIT vom 28.09.2023, S. 1.
19 *Ulrich*, DIE ZEIT vom 28.09.2023, S. 1.
20 *Ott*, LTO vom 27.07.2023, Abschnitt 3.
21 Hoge Raad, 19/00135.
22 BVerfG,1 BvR 2656/18 u. a.
23 Vgl. *Wefing*, DIE ZEIT vom 30.11.2023, S. 4, der davon spricht, dass der Klimabeschluss „eher Mahnung als Machtprobe" ist.

Entscheidung des BVerfG genau studiert, erkennt, dass es sich bei verlässlicheren Prognosen der Klimawissenschaft eine weitreichendere Verurteilung der Legislative vorbehält.[24] Auch in Deutschland können daher in Zukunft erneut Fragen im Hinblick auf die Gewährleistung eines wirksamen Grundrechtsschutzes vor den Folgen des Klimawandels durch die Justiz bei gleichzeitiger Wahrung ihrer kompetenziellen Grenzen aufkommen. Zudem stellten sich im Anschluss an den Klimabeschluss des BVerfG insbesondere Fragen in Bezug auf die Grundrechtsdogmatik. Denn das Gericht entwickelte diese in der Entscheidung weitreichend fort, indem es eine bisher so nicht bekannte „eingriffsähnliche Vorwirkung" sowie den „intertemporalen Freiheitsschutz" schuf. Dies führte in der Folge zu einer regen Diskussion in der Literatur.

Dass innerhalb der Justiz keine Einigkeit über die zulässige Reichweite ihrer Entscheidungen zur Thematik des Klimaschutzes herrscht, zeigt sich aktuell in Belgien.[25] Das Gericht erster Instanz der Zivilabteilung in Brüssel hat am 17. Juni 2021 auf eine von der gemeinnützigen Organisation Klimaatzaak unterstützte Klage von Einzelpersonen[26] hin entschieden, dass der belgische Staat und drei beklagte Regionen nicht die nötigen Maßnahmen ergriffen hätten, um ausreichenden Schutz vor dem Klimawandel zu gewähren und

---

24 BVerfG, 1 BvR 2656/18 u. a., Rn. 236: „Im Ergebnis kann *derzeit* nicht festgestellt werden, dass der Gesetzgeber seinen verfassungsrechtlichen Entscheidungsspielraum überschritten hat. Einer verfassungsgerichtlichen Feststellung, dass mit den in § 3 Abs. 1 Satz 2 und § 4 Abs. 1 Satz 3 KSG in Verbindung mit Anlage 2 bis 2030 festgelegten Emissionsmengen das – durch Art. 20a GG auch verfassungsrechtlich begrenzte – CO2-Budget überzogen werde, steht d*erzeit* die Unsicherheit bezüglich der Größe des globalen CO2-Restbudgets entgegen, die sich neben eigenen Unsicherheiten hinsichtlich des Umfangs des nationalen Restbudgets in dessen Berechnung niederschlägt. Das vom Sachverständigenrat auf der Grundlage der Schätzungen des IPCC zur Wahrung einer 1,75 °C-Temperaturschwelle ermittelte Restbudget von 6,7 Gigatonnen würde durch die in Anlage 2 geregelten Emissionsmengen zwar bis zum Jahr 2030 nahezu aufgezehrt. Die Unsicherheit über die zur Wahrung der Temperaturschwelle global und national verbleibenden Emissionsmöglichkeiten ist *derzeit* jedoch zu groß, als dass die vom Sachverständigenrat ermittelte Budgetgröße ein zahlengenaues Maß für die verfassungsgerichtliche Kontrolle bieten könnte." (Hervorhebung durch die Verfasserin)

25 So auch *Brieglеb/De Spiegeleir*, VerfBlog vom 05.12.2023, Abschnitt 2: „how this litigation saga embodies tensions between climate justice and the separation of powers".

26 Tribunal de première instance francophone de Bruxelles, Section Civile – 2015/4585/A.

ihre Klimapolitik daher gegen Art. 2 und Art. 8 EMRK sowie die allgemeine Sorgfaltspflicht aus Art. 1382, 1383 des alten Zivilgesetzbuchs verstoße.[27] Das erstinstanzliche Gericht hat den belgischen Behörden jedoch kein konkretes Treibhausgasreduktionsziel vorgegeben, da dies nach seiner Ansicht nicht Aufgabe der Justiz sei.[28] Im November 2021 legte Klimaatzaak gegen die Entscheidung Berufung ein.[29] Das Brüsseler Berufungsgericht änderte die erstinstanzliche Entscheidung daraufhin am 30. November 2023 insoweit ab, als es den belgischen Staat, die Region Brüssel und die Region Flandern aufgrund von Art. 2 sowie Art. 8 EMRK und der allgemeinen Sorgfaltspflicht dazu verurteilte, ihre Treibhausgasemissionen bis 2030 um 55 % gegenüber dem Referenzjahr 1990 zu reduzieren.[30] Nach dem niederländischen Urteil in der Rechtssache Urgenda ist dies die weltweit zweite Entscheidung, in der ein Staat zu einem konkreten Treibhausgasreduktionsziel verurteilt wurde.[31] Zu Recht wird das Urteil daher als „bedeutender Meilenstein für die Klimaschutzbewegung" bezeichnet.[32] Das Berufungsgericht setzt sich ausführlich mit dem Grundsatz der Gewaltenteilung auseinander und lehnt infolge dessen – ein von den Klägern gefordertes – weitgehenderes Reduktionsziel für das Jahr 2030 ab.[33] Ein Urteil des Obersten Gerichtshofs in Belgien steht noch aus.

Zurückhaltender fällt die Entscheidung des EGMR im Verfahren des Vereins KlimaSeniorinnen Schweiz gegen die Schweiz aus.[34] Dort stellt der Gerichtshof einen Verstoß der Schweiz gegen das aus Art. 8 EMRK folgende Recht auf Klimaschutz fest, überlässt dem Staat aufgrund der Komplexität des Klimaschutzes sowie des diesbezüglich bestehenden Ermessensspielraums aber die Wahl der Schutzmaßnahmen zur Umsetzung des Urteils.[35]

---

27 Tribunal de première instance francophone de Bruxelles, Section Civile – 2015/4585/A, Decision.

28 Tribunal de première instance francophone de Bruxelles, Section Civile – 2015/4585/A, S. 82.

29 *Colin/Devillers*, FBD vom 07.12.2023, Abschnitt 4.

30 Cour d'appel Bruxelles, 2021/AR/1589, 2022/AR/737 et 2022/AR/891, Rn. 285.

31 *Colin/Devillers*, FBD vom 07.12.2023, Abschnitt 2.

32 *Briegleb/De Spiegeleir*, VerfBlog vom 05.12.2023, Abschnitt 14.

33 Cour d'appel Bruxelles, 2021/AR/1589, 2022/AR/737 et 2022/AR/891, S. 99 ff.

34 EGMR, 53600/20.

35 EGMR, 53600/20, Rn. 571–573.

Auch innerhalb der rechtswissenschaftlichen Literatur ist es umstritten, wie weit die Judikative der Legislative Vorgaben hinsichtlich des Klimaschutzes machen darf.[36] So spricht sich ein Teil des Schrifttums dafür aus, dass die Festlegung der noch zulässigen Treibhausgasemissionen eine politische Frage sei, die einer demokratischen Entscheidung durch ein Parlament bedürfe und nicht von Gerichten beantwortet werden könne, denen nicht die gleiche Legitimität zukomme.[37] Andere sehen in den politischen Systemen Schwächen bei der Bewältigung langfristiger Probleme wie des Klimawandels.[38] Da die Auswirkungen der heute emittierten Treibhausgase erst in Jahrzehnten sichtbar würden, die Politik aber innerhalb kurzer Legislaturperioden die Wählerschaft mit der Lösung akuter Probleme überzeugen wolle, sei sie häufig nicht in der Lage, angemessene Maßnahmen im Bereich des Klimaschutzes zu beschließen.[39]

Im Rahmen der vorliegenden Arbeit soll daher untersucht werden, inwieweit die Judikative den deutschen Gesetzgeber zu mehr Klimaschutz verpflichten kann. Hierbei stellen sich vor allem zwei Forschungsfragen:

1. Wie kann ein Mehr an staatlichem Klimaschutz innerhalb der Grundrechte des Grundgesetzes dogmatisch verortet werden?
2. Wie genau darf das BVerfG der Legislative unter Berücksichtigung des Grundsatzes der Gewaltenteilung Vorgaben im Bereich des Klimaschutzes setzen?

B. Gang der Untersuchung

Die Untersuchung gliedert sich in fünf Kapitel. Nachdem im ersten Teil zunächst das Phänomen des anthropogenen Klimawandels sowie die dagegen

---

36 Cour d'appel Bruxelles, 2021/1589, 2022/AR/737 et 2022/AR/891, Rn. 155: „La question de savoir si un juge peut imposer à un État des mesures d‘ atténuation du réchauffement climatique sans prendre position sur une question politique qui, compte tenu de l'équilibre des enjeux à opérer (et notamment de l'impact sur d'autres droits fondamentaux), devrait revenir exclusivement aux autres pouvoirs, est âprement débattue par la doctrine."

37 *Wegener*, ZUR 2019, 3 (10 ff.).

38 *De Schutter*, CRIDHO Working Paper 2020/1, S. 30; *Probst*, DIE ZEIT vom 23.05.2024, S. 29.

39 *De Schutter*, CRIDHO Working Paper 2020/1, S. 30.

zur Verfügung stehenden Maßnahmen dargestellt werden, folgt ein Überblick der auf der Ebene des Völkerrechts, des Unionsrechts sowie des nationalen Rechts bestehenden Vorschriften im Bereich des Klimaschutzes. Im Anschluss daran werden die verschiedenen Ausprägungen von Klimaklagen vorgestellt. Dabei werden neben den im Fokus der vorliegenden Arbeit stehenden Verfahren gegen Staaten auch beispielhaft einige gegen Unternehmen gerichtete Klagen aus jüngster Zeit aufgeführt. Das erste Kapitel schließt mit einer ausführlichen Darstellung des Verfahrens der Stiftung Urgenda gegen die Niederlande.

Die Kapitel zwei und drei gehen der Frage nach, inwiefern staatliche Maßnahmen zum Klimaschutz dogmatisch innerhalb der Grundrechte zu verorten sind. Das BVerfG hat im Klimabeschluss diesbezüglich zum Teil einen gänzlich neuen Weg eingeschlagen. Bevor dieser im dritten Kapitel ausführlich dargestellt und bewertet wird, zeigt das zweite Kapitel auf, wie sich nach bisherigem dogmatischem Verständnis – vor dem Beschluss vom 24. März 2021 – Klimaschutzmaßnahmen des Staates auf die Grundrechte hätten stützen können. Eine historische Sicht macht deutlich, dass die Grundrechte ursprünglich als Abwehrrechte gegen den Staat geschaffen worden sind, sie mit der Zeit – aufgrund des Erfordernisses der Anpassung des Grundgesetzes an aktuelle Gegebenheiten – aber multifunktionell zu verstehen sind. So entwickelte das BVerfG im Jahr 1975 im Wege der Verfassungsfortbildung die Schutzfunktion der Grundrechte. Diese kommt insbesondere in Konstellationen zur Anwendung, in denen es um staatlichen Schutz vor von Privaten ausgehenden Gefahren geht. Da die Dogmatik der grundrechtlichen Abwehrrechte im Vergleich zu derjenigen der grundrechtlichen Schutzfunktion wesentlich gefestigter ist und bei ihrer Rechtsanwendung weniger Rechtsunsicherheit herrscht, wird von einem Teil der Literatur der Versuch unternommen, eine abwehrrechtliche Prüfung von Grundrechten in Fällen zu eröffnen, in denen der Staat drittbelastendes Verhalten Privater – wie die privaten Treibhausgasemissionen im Bundes-Klimaschutzgesetz – ausdrücklich erlaubt. Die Frage, ob eine solche grundrechtsdogmatische Einordnung überzeugen kann, bildet den Schluss des zweiten Kapitels.

Der dritte Teil befasst sich mit den dogmatischen Ausführungen des BVerfG im Klimabeschluss. Dabei wird zunächst das Vorgehen des Gerichts im Hinblick auf die grundrechtliche Schutzfunktion geschildert und bewertet. Im Anschluss daran werden die grundrechtsdogmatisch neuen Figuren der „eingriffsähnlichen Vorwirkung" sowie der „intertemporalen Freiheitssicherung" vorgestellt. Neben der Veranschaulichung der Abweichungen von der bisherigen Dogmatik, wird die – in der Literatur umstrittene – Frage untersucht, ob sich die neu entwickelten Institute auch auf andere Bereiche als den Klimaschutz anwenden lassen. Der Schwerpunkt des Kapitels liegt in der kritischen Auseinandersetzung mit der Frage, ob der vom BVerfG neu eingeschlagene grundrechtsdogmatische Weg überzeugen kann, oder das Gericht staatliche Klimaschutzmaßnahmen schlüssiger ausschließlich im Rahmen der bereits bekannten grundrechtlichen Schutzpflichten hätte erfassen sollen.

Das vierte Kapitel geht der Frage nach, welcher Kontrollmaßstab seitens der Judikative im Hinblick auf die grundrechtlichen Schutzpflichten im Bereich des Klimaschutzes zur Anwendung kommen kann. Dafür werden zunächst die innerhalb der bisherigen bundesverfassungsgerichtlichen Rechtsprechung vorhandenen Prüfungsumfänge ermittelt. Neben den wichtigsten Gerichtsverfahren zu der Dimension grundrechtlicher Schutzpflichten werden aktuelle Entscheidungen untersucht. Im Anschluss daran werden Argumente für und gegen eine weitreichende gerichtliche Überprüfungsmöglichkeit staatlicher Schutzpflichterfüllung abgewogen. Eine bedeutsame Rolle spielen dabei auf der einen Seite die vermehrt von Privaten ausgehenden Gefahren für die Grundrechte Dritter sowie auf der anderen Seite die Wahrung des Grundsatzes der Gewaltenteilung durch die Gerichte. Den vierten Teil abschließend wird ein universeller Prüfungsmaßstab für die grundrechtlichen Schutzpflichten erarbeitet, der insbesondere den beiden genannten Aspekten gerecht wird.

Im letzten Kapitel wird das aktuelle Bundes-Klimaschutzgesetz anhand des hier grundrechtsdogmatisch erarbeiteten Konzepts auf seine Verfassungsmäßigkeit untersucht. Dabei wird zum einen geprüft, ob der deutsche Staat zum Einhalten eines geringeren nationalen Treibhausgasrestbudgets verpflichtet werden kann. Zum anderen ist die Frage zu beantworten, ob – entsprechend dem niederländischen Urteil in der Rechtssache Urgenda – die Verurteilung zu einem konkreten Reduktionszwischenziel möglich ist. Ein Ausblick analysiert die voraussichtliche Vereinbarkeit der geplanten Änderung des Bundes-Klimaschutzgesetzes mit dem Grundgesetz.

Die wichtigsten Erkenntnisse werden in einem Fazit zusammengefasst.

Klimaklagen und der Präzedenzfall Urgenda gegen die Niederlande

Der Klimawandel ist häufiger Gegenstand der Nachrichten und dadurch allgemein bekannt. Dennoch sollen vor einem Einstieg in das Gebiet des Klimaschutzrechts der Begriff des Klimawandels sowie die dagegen zur Verfügung stehenden Maßnahmen erläutert werden. Der Fokus des Kapitels liegt sodann auf dem Phänomen der Klimaklagen. Mit sich zuspitzendem Klimawandel nimmt deren Anzahl zu. Einige gegen Unternehmen gerichtete Verfahren werden beispielhaft aufgeführt. Da die Untersuchung im weiteren Verlauf auf gegen den deutschen Staat gerichtete Beschwerden begrenzt ist, liegt das Hauptaugenmerk auf der ersten weitgehenden gegen eine Nation erlassenen Gerichtsentscheidung.

A. Der anthropogene Klimawandel

Neben den natürlichen Veränderungen des Klimas gibt es den anthropogenen, d.h. durch menschliche Aktivitäten verursachten, Klimawandel.[40] Er stellt das dringlichste und gravierendste globale Umweltproblem der heutigen Zeit dar.[41] Dies wird durch die in den letzten Jahren vermehrt auftretenden klimabedingten Extremwetterereignisse wie Hitzewellen, Dürren, Starkregenereignisse, Überschwemmungen, Wirbelstürme sowie Wald und Flächenbrände deutlich.[42] Alarmierende Worte fand UN-Generalsekretär

---

40 *Platt/Norbert u. a.*, Klimawandel, S. 1.

41 *Platt/Norbert u. a.*, Klimawandel, S. 1.

42 BVerfG, 1 BvR 2656/18 u. a., Rn. 23.

António Guterres auf der 27. Weltklimakonferenz in Scharm El-Scheich im November 2022. Er sagte: „Wir sind auf dem Highway zur Klimahölle – mit dem Fuß auf dem Gaspedal.“[43]

Der Begriff „Klima“ beschreibt das über Jahrzehnte gemittelte Wetter.[44] Es umfasst nicht nur die Temperatur, sondern auch Niederschlag, Feuchte, Wind und deren Extremwerte.[45] Die Zunahme anthropogener Treibhausgase in der Atmosphäre führt zu einer Erwärmung der Erde (Treibhauseffekt).[46] Die Temperatur der Erdoberfläche ist auf der einen Seite Folge der Energiezufuhr durch die Sonneneinstrahlung und auf der anderen Seite der Energieabfuhr durch die Abgabe von Wärmestrahlung in den Weltraum.[47] Der Treibhauseffekt beschreibt die Erwärmung der Erdoberfläche durch die Rückstreuung von Wärmestrahlung aufgrund atmosphärischer Gase (Treibhausgase).[48] Er nimmt mit der Ansammlung anthropogener Treibhausgase in der Atmosphäre zu, wobei ein annähernd linearer Zusammenhang zwischen der atmosphärischen Treibhausgaskonzentration und der Erderwärmung besteht.[49]

Heutzutage ist nahezu jedes alltägliche Verhalten unmittelbar oder mittelbar mit dem Ausstoß von Treibhausgasen verbunden.[50] So macht beispielsweise der Treibhausgasausstoß der globalen Textilproduktion 8 % der weltweiten Treibhausgasemissionen aus.[51] Treibhausgase, vor allem Kohlendioxid (CO_2), Methan (CH_4) und Lachgas (N_2O), werden hauptsächlich durch die Verbrennung fossiler Energiequellen emittiert.[52] N_2O und CH_4 werden außerdem durch die Landwirtschaft, die Tierhaltung und weitere anthropogene Quellen ausgestoßen.[53] Die Abholzung und andere Landnutzungsänderungen führen zur Freisetzung von CO_2.[54] Geringe Mengen an CO_2 werden durch eine langfristige Bindung in natürlichen Kohlenstoffsenken wie Böden,

---

43 *Kainz*, ZEIT ONLINE vom 12.11.2022.
44 *Platt/Norbert u. a.*, Klimawandel, S. 1.
45 *Platt/Norbert u. a.*, Klimawandel, S. 1.
46 *Platt/Norbert u. a.*, Klimawandel, S. 2.
47 *Platt/Norbert u. a.*, Klimawandel, S. 2.
48 Hoge Raad, 19/00135, Abschnitt 2.1, Absatz 2; *Platt/Norbert u .a.*, Klimawandel, S. 2.
49 SRU, Demokratisch regieren in ökologischen Grenzen, S. 36.
50 BVerfG, 1 BvR 2656/18 u. a., Rn. 37.
51 ETC/WMGE 2019/6, S. 2.
52 BVerfG, 1 BvR 2656/18 u. a., Rn. 30; *Platt/Norbert u. a.*, Klimawandel, S. 6.
53 BVerfG, 1 BvR 2656/18 u. a., Rn. 30; *Platt/Norbert u. a.*, Klimawandel, S. 6.
54 IPCC, 2013: Zusammenfassung für politische Entscheidungsträger, WGI-10.

Gewässer und Wälder aufgenommen.[55] Diese Absorptionskapazität sinkt jedoch infolge der Abholzung von Wäldern sowie der Erwärmung der Gewässer.[56] Der Großteil der Treibhausgasemissionen gelangt in die Atmosphäre, summiert sich, verbleibt dort langfristig und trägt zur Erderwärmung bei.[57] 2 % der jährlichen globalen Treibhausgasemissionen gehen von deutschem Boden aus.[58] Die bisherigen anthropogenen Treibhausgasemissionen haben bereits einen Temperaturanstieg von ca. 1 °C gegenüber dem vorindustriellen Niveau ausgelöst.[59]

Der Klimawandel führt nicht nur zu einer Änderung der Mittelwerte meteorologischer Größen, also beispielsweise einer Erhöhung der mittleren Erdtemperatur, sondern hat auch Einfluss auf die Variabilität dieser Werte.[60] Das bedeutet, dass die Häufigkeit von extremen Wetterereignissen wie Hitzewellen, Überflutungen und Dürreperioden zunimmt.[61] Als Folge kann unter anderem die Nahrungsmittelproduktion und die Wasserversorgung gefährdet sein.[62] Insbesondere für die menschliche Gesundheit stellt der Klimawandel eine Gefahr dar.[63] Veränderungen des Klimas können zu einer Zunahme von Infektionskrankheiten und nicht übertragbaren Krankheiten wie Allergien führen.[64] Außerdem können sich bereits bestehende Herz-Kreislauf- und Atemwegserkrankungen verschlechtern.[65] Stürme, Überflutungen, Lawinenabgänge oder Erdrutsche stellen eine unmittelbare Gefahr für das Leben der Menschen dar.[66] Die zunehmende Trockenheit und Dürre und die dadurch verursachte Austrocknung der Böden wirkt sich auch negativ auf die Landwirtschaft aus.[67] Zudem führt die Erderwärmung aufgrund des Schmelzens von Gletschern und dem Rückgang des polaren Meereseises

---

55 BVerfG, 1 BvR 2656/18 u. a., Rn. 32.
56 Hoge Raad, 19/00135, Abschnitt 2.1, Absatz 1.
57 BVerfG, 1 BvR 2656/18 u. a., Rn. 32.
58 BVerfG, 1 BvR 2656/18 u. a., Rn. 30.
59 IPCC, 2018: Zusammenfassung für politische Entscheidungsträger, S. 8.
60 *Platt/Norbert u. a.*, Klimawandel, S. 7.
61 *Platt/Norbert u. a.*, Klimawandel, S. 7.
62 IPCC, 2014: Zusammenfassung für politische Entscheidungsträger, WGII-6.
63 UBA, Monitoringbericht 2019, S. 31.
64 UBA, Monitoringbericht 2019, S. 31.
65 UBA, Monitoringbericht 2019, S. 31.
66 UBA, Monitoringbericht 2019, S. 31.
67 UBA, Monitoringbericht 2019, S. 26.

zu einem Anstieg des Meeresspiegels.[68] Infolgedessen besteht für niedrig gelegene Küstenregionen und kleine Inseln das Risiko der Überflutung.[69] Mit steigendem Meeresspiegel werden bestimmte Inseln und Küstengebiete aufgrund periodischer oder anhaltender Überflutung unbewohnbar werden.[70] Eine erhebliche Gefahr des Klimawandels stellen Kippelemente – beispielsweise die polaren Eismassen – dar.[71] Sie haben eine besondere Wichtigkeit für das globale Klima und verändern sich bei fortschreitendem Klimawandel abrupt und häufig irreversibel.[72] Das Überschreiten einer bestimmten Grenze eines für sie relevanten Umweltparameters – beispielsweise einer gewissen Temperaturschwelle – kann zu einer großen qualitativen Veränderung der Kippelemente führen.[73]

Der Klimawandel stellt ein globales Problem dar, führt aber in unterschiedlichen Regionen zu verschieden starken Folgen.[74] So hat er in den Polgebieten im Vergleich zu den Tropen beispielsweise weitaus schwerwiegendere Auswirkungen.[75]

B. Maßnahmen gegen den Klimawandel

In Bezug auf den Umgang mit dem bereits eingetretenen bzw. zukünftigen Klimawandel lässt sich zwischen drei Gruppen von Maßnahmen differenzieren.[76]

Die erste mögliche Maßnahme ist die Mitigation, d.h. die Abwendung des Klimawandels durch Minderung der diesen auslösenden anthropogenen Ursachen.[77] Das beinhaltet die Reduktion von Treibhausgasemissionen sowie die Beschränkung von klimawirksamen Landnutzungsänderungen (bspw. Waldrodung).[78] Nach derzeitigem Stand der Wissenschaft lässt sich der

---

68 IPCC, 2018: Zusammenfassung für politische Entscheidungsträger, S. 11.

69 BVerfG, 1 BvR 2656/18 u. a., Rn. 28; IPCC, 2018: Zusammenfassung für politische Entscheidungsträger, S. 12.

70 WBGU, Klimaschutz als Weltbürgerbewegung, S. 30.

71 SRU, Demokratisch regieren in ökologischen Grenzen, S. 39.

72 SRU, Demokratisch regieren in ökologischen Grenzen, S. 39.

73 SRU, Demokratisch regieren in ökologischen Grenzen, S. 39.

74 *Platt/Norbert u. a.*, Klimawandel, S. 2.

75 *Platt/Norbert u. a.*, Klimawandel, S. 2, 3, 6.

76 *Platt/Norbert u. a.*, Klimawandel, S. 8.

77 *Platt/Norbert u. a.*, Klimawandel, S. 8.

78 *Platt/Norbert u. a.*, Klimawandel, S. 8.

anthropogene Klimawandel nur durch diese erste Gruppe von Maßnahmen abwenden.[79] Die Senkung der Treibhausgasemissionen erfordert die Energiewende, d.h. die Einführung erneuerbarer Energien.[80] Während im Elektrizitätssektor durch die Einführung von Solar- und Windenergie bereits große Fortschritte bei der Senkung der Treibhausgasemissionen gemacht wurden (in Deutschland werden mehr als 50 % der Energie aus diesem Bereich „CO_2-frei" hergestellt), müssen die Emissionen insbesondere in den Sektoren Verkehr, Industrie und Raumheizung in Zukunft noch stark sinken.[81] Weil zwischen der gesamten Menge an in die Atmosphäre gelangender anthropogener Treibhausgasemissionen und dem Anstieg der mittleren Oberflächentemperatur der Erde ein fast linearer Zusammenhang besteht[82], hat der Zwischenstaatliche Ausschuss für Klimaänderungen (IPCC) für bestimmte Temperaturerhöhungen der Erde mit verschiedenen Wahrscheinlichkeiten die verbleibende Menge noch zu emittierender Treibhausgase (sogenanntes globales Restbudget) berechnet.[83] Der Sachverständigenrat für Umweltfragen hat darauf basierend für bestimmte Temperaturziele ein für Deutschland verbleibendes Restbudget (nationales Restbudget)[84] errechnet.[85]

Die zweite Maßnahme ist die Adaption, d.h. die Anpassung an den Klimawandel.[86] Dies umfasst eine Vielzahl von Maßnahmen, um mit den Folgen des Klimawandels umzugehen.[87] Sie können den Klimawandel nicht aufhalten, aber zur Abmilderung der von diesem ausgehenden negativen Folgen beitragen[88]: So beispielsweise die Anpassung der Landwirtschaft an die veränderten klimatischen Bedingungen, die Adaption der Infrastruktur

79 BVerfG, 1 BvR 2656/18 u. a., Rn. 31.
80 *Platt/Norbert u. a.*, Klimawandel, S. 11.
81 *Platt/Norbert u. a.*, Klimawandel, S. 11.
82 SRU, Demokratisch regieren in ökologischen Grenzen, S. 36.
83 IPCC, 2018: Global Warming of 1,5 °C, S. 108.
84 BVerfG, 1 BvR 2656/18 u. a., Rn. 216.
85 BVerfG, 1 BvR 2656/18 u. a., Rn. 36.
86 *Platt/Norbert u. a.*, Klimawandel, S. 9.
87 *Platt/Norbert u. a.*, Klimawandel, S. 9.
88 BVerfG, 1 BvR 2656/18 u. a., Rn. 34.

an extreme Wetterereignisse, der Deichbau für die Begrenzung der von drohenden Überflutungen ausgehenden Gefahren.[89]

Die dritte Maßnahme bezeichnet das Climate Engineering, d.h. die anthropogene Änderung des Klimas, um negative Effekte des Klimawandels abzuwenden.[90] Das umfasst zum einen die Entfernung von Treibhausgasen aus der Atmosphäre, zum anderen die Abschwächung der Sonneneinstrahlung.[91] Die derzeitige Wissenschaft beurteilt diese Negativemissionstechnologien als technisch schwer umsetzbar und äußert erhebliche Bedenken hinsichtlich davon ausgehendender neuer ökologischer Risiken.[92]

C. Grundlagen des Klimaschutzes auf völkerrechtlicher, unionsrechtlicher und nationaler Ebene

Rechtliche Regelungen zum Klimaschutz lassen sich im Völkerrecht, Unionsrecht, Bundesrecht, Landesrecht und im Kommunalrecht finden.[93] Das Klimaschutzrecht lässt sich daher als Mehrebenen-Rechtsordnung bezeichnen.[94]

I. Die Ebene des Völkerrechts

Der Klimawandel stellt ein globales Umweltproblem dar.[95] Er wird durch die Kumulation der Treibhausgase aus aller Welt herbeigeführt, weshalb kein einzelner Staat das Klimasystem der Erde retten kann.[96] Von großer Bedeutung für wirksamen Klimaschutz ist deshalb die internationale Kooperation.[97] Erforderlich ist ein globales Klimaschutzregime, das Regelungen bezüglich der Emissionsreduktion von Treibhausgasen für alle Staaten der Welt

---

89 *Platt/Norbert u. a.*, Klimawandel, S. 9.

90 *Platt/Norbert u. a.*, Klimawandel, S. 9.

91 *Platt/Norbert u. a.*, Klimawandel, S. 9.

92 IPCC, 2018: Zusammenfassung für politische Entscheidungsträger, S. 21.

93 *Rodi*, in: Hdb. Klimaschutzrecht, § 1, Rn. 16.

94 Rodi, in: Hdb. Klimaschutzrecht, § 1, Rn. 16; *Schlacke*, Die Verwaltung 2010, Beih. 11, 121 (126).

95 *Kreuter-Kirchhof*, in: Hdb. Klimaschutzrecht, § 2, Rn. 1.

96 *Kreuter-Kirchhof*, in: Hdb. Klimaschutzrecht, § 2, Rn. 1.

97 *Kreuter-Kirchhof*, in: Hdb. Klimaschutzrecht, § 2, Rn. 1; *Wagner*, Klimahaftung, S. 133.

festlegt.[98] Deshalb kommt der Ebene des Völkerrechts im Klimaschutzrecht eine ausschlaggebende Bedeutung zu.[99]

1. Der Zwischenstaatliche Ausschuss für Klimaänderungen (IPCC)

Um möglichst verlässliche naturwissenschaftliche Erkenntnisse zum Klimawandel zu erlangen, gründeten die Weltmeteorologische Organisation (WMO) und das Umweltprogramm der Vereinten Nationen (UNEP) im Jahr 1988 den Zwischenstaatlichen Ausschuss für Klimaänderungen.[100] Fast alle Staaten der Welt sind Mitgliedsstaaten des IPCC.[101]

Der IPCC verfasst die umfassendsten und weltweit verlässlichsten wissenschaftlichen Berichte zum anthropogenen Klimawandel.[102] Von den Mitgliedsstaaten berufene unabhängige Wissenschaftler erarbeiten die Berichte des IPCC.[103] Dabei stellen sie keine eigenen Forschungen an, sondern analysieren und bewerten die neuesten, weltweit verfügbaren wissenschaftlichen und technologischen Daten.[104] Die Zusammenfassungen dieser Berichte werden von den Staatenvertretern verabschiedet.[105] Bislang hat der IPCC insgesamt sechs Sachstandsberichte veröffentlicht. Sie stellen die wesentlichen wissenschaftlichen Grundlagen für die Ausgestaltung der internationalen Klimaschutzabkommen dar.[106]

2. Das Rahmenübereinkommen der Vereinten Nationen über Klimaänderungen (UNFCCC) und die UN-Klimakonferenzen (COP)

Auf völkerrechtlicher Ebene ist 1994 das Rahmenübereinkommen der Vereinten Nationen über Klimaänderungen (UNFCCC) in Kraft getreten. Es stellt seitdem den „Kern des Weltklimaregimes“ dar[107] und gilt heute nahezu

---

98 *Kreuter-Kirchhof*, in: Hdb. Klimaschutzrecht, § 2, Rn. 1.
99 Vgl. *Schlacke*, Umweltrecht, § 16, Rn. 4.
100 *Kreuter-Kirchhof*, in: Hdb. Klimaschutzrecht, § 2, Rn. 3, 4.
101 Die Liste der Mitgliedsstaaten des IPCC ist abrufbar unter: https://www.ipcc.ch/site/assets/uploads/2019/02/ipcc_members.pdf (zuletzt besucht am 29.05.2024).
102 *Kreuter-Kirchhof*, in: Hdb. Klimaschutzrecht, § 2, Rn. 6.
103 *Kreuter-Kirchhof*, in: Hdb. Klimaschutzrecht, § 2, Rn. 5.
104 Hoge Raad, 19/00135, Abschnitt 2.1.
105 *Kreuter-Kirchhof*, in: Hdb. Klimaschutzrecht, § 2, Rn. 5.
106 *Kreuter-Kirchhof*, in: Hdb. Klimaschutzrecht, § 2, Rn. 6.
107 *Platt/Norbert u. a.*, Klimawandel, S. 13; *Rodi*, in: Hdb. Klimaschutzrecht, § 1, Rn. 12.

weltweit.[108] Die UN-Klimarahmenkonvention verfolgt primär das Ziel, die Treibhausgaskonzentration in der Atmosphäre auf einem Niveau zu stabilisieren, auf dem eine gefährliche anthropogene Veränderung des Klimas verhindert wird.[109] Sie beruht auf dem Prinzip der „gemeinsamen, aber unterschiedlichen Verantwortlichkeiten" und den „jeweiligen Fähigkeiten" der Vertragsparteien, Art. 3 Abs. 1 S. 1. UNFCCC. Die Vertragsparteien des UNFCCC sind in Anlage-I- und Nicht-Anlage-I-Länder unterteilt.[110] Die Anlage-I-Staaten stellen die Industriestaaten dar und die Nicht-Anlage-I Staaten sind die Entwicklungsländer.[111] Art. 3 Abs. 1 S. 2 UNFCCC bestimmt, dass die Industrieländer bei der Bekämpfung des Klimawandels und seiner negativen Folgen die Führung übernehmen sollen. Die Anlage-I-Länder sind zur Reduktion ihrer Treibhausgasemissionen verpflichtet (Art. 4 Abs. 2 lit. a UNFCCC) und müssen über die von ihnen hierzu getroffenen Maßnahmen und die daraus resultierenden voraussichtlichen Treibhausgasemissionen regelmäßig Bericht erstatten (Art. 4 Abs. 2 lit. b UNFCCC). Die Konvention schreibt jedoch keine konkreten Treibhausgasreduktionsziele für bestimmte Staaten vor.[112] Die Nicht-Anlage-I-Länder sind von Reduktionen freigestellt.[113]

Das UNFCCC zielte von vornherein darauf ab, einen Grundkonsens festzulegen, der durch nachfolgende Abkommen und Protokolle präzisiert werden sollte.[114] Art. 7 UNFCCC sieht die Konferenz der Vertragsparteien (COP) vor. Sie ist das höchste Entscheidungsgremium im Rahmen des UNFCCC.[115] Sie tagt jährlich und entwickelt die Konvention durch Beschlüsse fort.[116]

Im Jahr 1997 wurde das Kyoto-Protokoll als Zusatz zur Klimarahmenkonvention auf der dritten Vertragsstaatenkonferenz in Kyoto, Japan beschlossen[117]

---

108 *Kreuter-Kirchhof*, in: Hdb. Klimaschutzrecht, § 2, Rn. 2; *Platt/Norbert u. a.*, Klimawandel, S. 13. Der aktuelle Stand der Ratifikationen der Konvention ist abrufbar unter: https://treaties.un.org/pages/ViewDetailsIII.aspx?src=TREATY&mtdsg_no=XXVII-7&chapter=27&Temp=mtdsg3&clang=_en (zuletzt besucht am 29.05.2024).

109 Hoge Raad, 19/00135, Abschnitt 2.1, Absatz 13.

110 Hoge Raad, 19/00135, Abschnitt 2.1, Absatz 13.

111 *Kreuter-Kirchhof*, in: Hdb. Klimaschutzrecht, § 2, Rn. 19.

112 *Platt/Norbert u. a.*, Klimawandel, S. 13.

113 *Platt/Norbert u. a.*, Klimawandel, S. 13.

114 *Rodi*, in: Hdb. Klimaschutzrecht, § 1, Rn. 12.

115 Hoge Raad, 19/00135, Abschnitt 2.1, Absatz 14.

116 *Platt/Norbert u. a.*, Klimawandel, S. 14.

117 Beschluss 1/CP.3, UN Doc. FCCC/CP/1997/7/Add.1.

und trat im Jahr 2005 in Kraft.[118] Die im Anhang (Annex B) aufgeführten Industriestaaten verpflichteten sich darin, ihre Treibhausgasemissionen durchschnittlich um mindestens 5 % im Zeitraum zwischen 2008 und 2012 (erste Verpflichtungsperiode) gegenüber dem Vergleichsjahr 1990 zu reduzieren.[119] Für jeden Anlage-I-Staat sowie die Europäische Gemeinschaft wurden verbindliche Emissionsreduktionsziele für den ersten Verpflichtungszeitraum festgeschrieben.[120] Die USA als einer der weltweit größten Verursacher von Treibhausgasen ratifizierten das Kyoto-Protokoll nicht.[121] Kanada erklärte am 15. Dezember 2011 den Ausstieg aus dem Abkommen.[122]

Im Jahr 2012 wurde auf der Vertragsstaatenkonferenz in Doha/Katar (COP 18) die Fortführung des Kyoto-Protokolls für die Jahre 2013 bis 2020 (zweite Verpflichtungsperiode) erreicht.[123] Im Durchschnitt verpflichteten sich die im Annex B des Kyoto-Protokolls aufgelisteten Staaten, ihre Treibhausgasemissionen bis zum Jahr 2020 um 18 % gegenüber dem Vergleichsjahr 1990 zu reduzieren.[124] Wichtige Industriestaaten stimmten den Reduktionsverpflichtungen des zweiten Zeitraums nicht zu.[125] Letztendlich wurde das Folgeabkommen zögerlich von den Staaten ratifiziert, sodass es erst nach Ende der zweiten Verpflichtungsperiode in Kraft trat.[126]

3. Das Übereinkommen von Paris

Das Übereinkommen von Paris/Pariser Abkommen (PA) wurde auf der 21. Vertragsstaatenkonferenz (COP 21) in Paris am 12.12.2015 beschlossen und trat am 4.11.2016 in Kraft.[127] Es ersetzt das Kyoto-Protokoll von 1997 und

---

118 *Kreuter-Kirchhof*, in: Hdb. Klimaschutzrecht, § 2, Rn. 24.

119 *Kreuter-Kirchhof*, in: Hdb. Klimaschutzrecht, § 2, Rn. 24; Umweltbundesamt, UNFCCC, Abschnitt 5.

120 Siehe Art. 3 Abs. 1 Kyoto-Protokoll i. V. m. Anlange B.

121 *Kreuter-Kirchhof*, in: Hdb. Klimaschutzrecht, § 2, Rn. 25.

122 UNFCCC Compliance Committee, Canada‘s withdrawal from the Kyoto Protocol, S.1.

123 Umweltbundesamt, UNFCCC, Abschnitt 5.

124 Umweltbundesamt, Kyoto-Protokoll, Abschnitt 5.

125 So Japan, Kanada, Russland und die USA. Siehe Entscheidung 1/CMP.8, UN Doc. FCCC/KP/CMP/2012/13/Add.1.

126 *Kreuter-Kirchhof*, in: Hdb. Klimaschutzrecht, § 2, Rn. 25.

127 BVerfG, 1 BvR 2656/18 u. a., Rn. 7; *Watjer*, Pariser Klimaabkommen.

bezieht sich auf die Zeit nach 2020.[128] Deutschland hat es durch Gesetz vom 28.9.2016 ratifiziert.[129] Das Abkommen ist zurzeit von 195 Vertragsparteien ratifiziert (194 Staaten sowie der Europäischen Union).[130]

Das Hauptziel des Pariser Abkommens ist in Art. 2 Abs. 1 lit. a PA festgeschrieben: Hiernach soll der Anstieg der durchschnittlichen Erdtemperatur deutlich unter 2 °C über dem vorindustriellen Niveau gehalten werden und Anstrengungen unternommen werden, um den Temperaturanstieg auf 1,5 °C über dem vorindustriellen Niveau zu begrenzen, da erkannt wurde, dass dies die Risiken und Auswirkungen der Klimaänderungen erheblich verringern würde. Das Pariser Abkommen legt keine Treibhausgasminderungsquoten zur Zielerreichung fest.[131] Die Vertragsparteien müssen die hierfür erforderlichen Maßnahmen selbst bestimmen.[132] Im Gegensatz zum Kyoto-Protokoll sieht das Klimaabkommen von Paris keine Unterscheidung in Anhang-I-Länder und Nicht-Anhang-I-Länder vor, sondern bestimmt Verpflichtungen für alle Vertragsparteien.[133] Nach Art. 4 Abs. 2 S. 1 PA sind die Vertragsstaaten verpflichtet, „national festgelegte Beiträge“ (NDC) zu erarbeiten, die sie zu erreichen beabsichtigen, und an das Sekretariat der Klimarahmenkonferenz zu übermitteln. Zur Umsetzung dieser Beiträge müssen sie innerstaatliche Minderungsmaßnahmen ergreifen, Art. 4 Abs. 2 S. 2 PA. Alle fünf Jahre muss jede Vertragspartei einen neu festgelegten nationalen Beitrag übermitteln, Art. 4 Abs. 9 PA. Zur Verwirklichung des in Artikel 2 genannten Ziels sind von allen Vertragsparteien als national festgelegte Beiträge zu der weltweiten Reaktion auf Klimaänderungen ehrgeizige Anstrengungen zu unternehmen und zu übermitteln (Art. 3 S. 1 PA), die sich im Laufe der Zeit steigern, Art. 3 S. 2, Art. 4 Abs. 3 PA. Ab 2023 wird von der Vertragsstaatenkonferenz in einem Fünf-Jahreszyklus überprüft, ob die jeweiligen NDC dazu geeignet sind, die Ziele des Pariser Klimaabkommens zu erreichen („weltweite Bestandsaufnahme“), Art. 14 Abs. 1, Abs. 2 PA. Das Ergebnis

128 *Watjer*, Pariser Klimaabkommen.

129 BGBl. 2016 II, S. 1082.

130 Der aktuelle Stand der Ratifikation ist abrufbar unter: https://treaties.un.org/Pages/ViewDetails.aspx?src=TREATY&mtdsg_no=XXVII-7-d&chapter=27&clang=_en (zuletzt besucht am 29.05.2024).

131 BVerfG, 1 BvR 2656/18 u. a., Rn. 9.

132 BVerfG, 1 BvR 2656/18 u. a., Rn. 9.

133 *Watjer*, Pariser Klimaabkommen.

der Bestandsaufnahme dient den Vertragsstaaten zur Aktualisierung und Verstärkung ihrer Maßnahmen, Art. 14 Abs. 3 PA.

Vergleicht man das Übereinkommen von Paris mit dem Kyoto-Protokoll, lässt sich ein „Paradigmenwechsel" im internationalen Klimaschutzrecht feststellen.[134] Anders als die im Kyoto-Protokoll für die jeweiligen Staaten fest vorgeschriebenen Reduktionsverpflichtungen sieht das Pariser Abkommen solche quantifizierten Emissionssenkungsvorgaben nicht vor, sondern überlässt es den Vertragsstaaten, diese selbst festzulegen und dem Klimasekretariat zu übermitteln.[135] Dies führte dazu, dass sich wesentlich mehr Staaten den Verpflichtungen unterwarfen, so insbesondere die schnell zunehmenden Treibhausgasemittenten China und Indien.[136] Allerdings könnten durch die Selbstverpflichtungen der Staaten die Emissionsreduktionen geringer ausfallen.

II. Die Ebene des Unionsrechts

Auf europäischer Ebene gibt es zahlreiche Sekundärrechtsakte, die den Klimaschutz betreffen.[137]

1. Der Europäische Emissionshandel (ETS)

Am 1.1.2005 wurde in der Europäischen Union der Emissionshandel (Emission Trading System, ETS) eingeführt.[138] Rechtliche Grundlage stellt die Richtlinie 2003/87/EG (Emissionshandelsrichtlinie)[139] dar.[140] Sie bestimmt ein sogenanntes Cap, eine Obergrenze für Emissionen, und eine dieser entsprechenden Menge an handelbaren Emissionszertifikaten, das Verfahren für die Ausgabe der Zertifikate sowie die einzelnen Handelsperioden.[141] Durch das Emissionshandelssystem soll die Reduktion der Treibhausgasemissionen vorangetrieben werden.[142] Die Emissionshandelsrichtlinie gilt insbesondere für Anlagen der Energiewirtschaft, der Eisenmetallerzeugung

---

134 *Kreuter-Kirchhof*, in: Hdb. Klimaschutzrecht, § 2, Rn. 34.
135 *Kreuter-Kirchhof*, DVBl. 2017, 97 (100 f.).
136 *Platt/Norbert u. a.*, Klimawandel, S. 15.
137 *Bickenbach*, JZ 2020, 168 (172).
138 *Fouquet*, in: Hdb. Klimaschutzrecht, § 4, Rn. 24.
139 Richtlinie 2003/87/EG, Amtsbl. L 275/32 vom 25.10.2003.
140 *Fouquet*, in: Hdb. Klimaschutzrecht, § 4, Rn. 24.
141 *Fouquet*, in: Hdb. Klimaschutzrecht, § 4, Rn. 24.
142 *Fouquet*, in: Hdb. Klimaschutzrecht, § 4, Rn. 25.

und -verarbeitung, der mineralverarbeitenden Industrie sowie Anlagen der Papier- und Zellstoffindustrie, die jeweils eine bestimmte Größenordnung erreichen.[143] Damit erfasst die Richtlinie 2003/87/EG knapp die Hälfte der EU-weiten Treibhausgasemissionen.[144]

2. Die Emissionsreduktion im Non-ETS-Bereich

Im Non-ETS-Bereich gilt für die Emissionsreduktion die Lastenteilungsverordnung (Effort Sharing Regulation).[145] Sie bezieht sich auf die Sektoren Verkehr (ausgenommen Schifffahrt und Luftverkehr), Gebäude, Landwirtschaft, Abfallwirtschaft sowie kleinere Energie- und Industrieanlagen, für die das europäische Emissionshandelssystem (ETS) keine Anwendung findet.[146] Dieser Bereich umfasst ca. 60 % der europäischen Treibhausgasemissionen.[147] Die Lastenteilungsverordnung sieht eine Reduzierung der unionsweiten Treibhausgasemissionen aus den Non-ETS-Sektoren um 40 % bis zum Jahr 2030 gegenüber dem Referenzjahr 2005 vor.[148] Erstmalig werden die EU-Mitgliedsstaaten unmittelbar verpflichtet, jährlich linear sinkende Emissionsgrenzwerte einzuhalten und im Jahr 2030 ein bestimmtes Emissionsreduktionsziel zu erfüllen.[149] Durch welche Maßnahmen die Mitgliedsstaaten die Reduzierung der Treibhausgasemissionen erreichen, bleibt ihnen überlassen.[150] Für Deutschland folgt aus der Lastenteilungsverordnung die Verpflichtung, die von deutschem Boden ausgehenden Emissionen in den Sektoren des Non-ETS-Bereichs um 50 % bis 2030 gegenüber dem Vergleichsjahr 2005 zu senken.

3. Das neue europäische Klimagesetz und weitere europäische Sekundärrechtsakte im Bereich Klimaschutz

In den letzten Jahren wurde deutlich, dass die bisherigen Klimaschutzmaßnahmen auf Unionsebene nicht ausreichend waren.[151] Deshalb trat am 29. Juli

---

143 *Reuter/Busch*, EuZW 2004, 39 (40).
144 *Reuter/Busch*, EuZW 2004, 39 (40).
145 Verordnung (EU) 2023/857, Amtsbl. L 111/1 vom 26.04.2023.
146 *Fouquet*, in: Hdb. Klimaschutzrecht, § 4, Rn. 53.
147 *Fouquet*, in: Hdb. Klimaschutzrecht, § 4, Rn. 53.
148 *Falke*, ZUR 2024, 245.
149 *Fouquet*, in: Hdb. Klimaschutzrecht, § 4, Rn. 54.
150 *Fouquet*, in: Hdb. Klimaschutzrecht, § 4, Rn. 54.
151 *Fouquet*, in: Hdb. Klimaschutzrecht, § 4, Rn. 68.

2021 ein neues europäisches Klimagesetz[152] in Kraft.[153] Das neue EU-Klimagesetz erhöht das für 2030 vorgesehene EU-Emissionsreduktionsziel von 40 % auf 55 % gegenüber dem Vergleichsjahr 1990 (Art. 4 Abs. 1).[154] 2050 soll die EU klimaneutral sein (Art. 2 Abs. 1). Um diese Reduktionsziele zu erreichen, hat die EU-Kommission am 14. Juli 2021 das „Fit-für-55"-Legislativpaket mit Reformvorschlägen bestehender rechtlicher Regelungen im Klima- und Energiebereich und Schaffung einiger neuer Instrumente vorgelegt. Mittlerweile wurden bereits viele veränderte oder neue Richtlinien und Verordnungen beschlossen.

Im Bereich des Klimaschutzes geltende Sekundärrechtsakte der Union sind unter anderem die LULUCF-Verordnung[155], eine Richtlinie zur Luftqualität[156], zu mehr Energieeffizienz[157], eine Verordnung betreffend die Energieunion[158], eine Richtlinie betreffend die Förderung der Nutzung von Energien aus erneuerbaren Quellen[159] sowie Verordnungen für CO_2-Emissionen für die Zulassung neuer Fahrzeuge.[160]

III. Die Ebene des nationalen Rechts

1. Das Bundes-Klimaschutzgesetz

Am 18. Dezember 2019 ist mit dem Bundes-Klimaschutzgesetz (KSG)[161] erstmalig ein das deutsche Klimaschutzrecht regelnder sektorübergreifender gesetzlicher Rahmen in Kraft getreten.[162] Infolge des Klimabeschlusses des

---

152 Verordnung (EU) 2021/1119 („Europäisches Klimagesetz"), Amtsbl. L 243/1 vom 09.07.2021.

153 *Fouquet*, in: Hdb. Klimaschutzrecht, § 4, Rn. 83.

154 *Fouquet*, in: Hdb. Klimaschutzrecht, § 4, Rn. 83.

155 Verordnung (EU) 2018/841, Amtsbl. L 156/1 vom 19.06.2018, geändert durch Verordnung (EU) 2023/839, Amtsbl. L 107/1 vom 21.04.2023.

156 Richtlinie 2008/50/EG, Amtsbl. L 152/1 vom 11.06.2008, geändert durch Richtlinie (EU) 2015/1480, Amtsbl. L 226/4 vom 29.08.2015.

157 Richtlinie (EU) 2023/1791, Amtsbl. L 231/1 vom 20.09.2023.

158 Verordnung (EU) 2018/1999, Amtsbl. L 328/1 vom 21.12.2018.

159 Richtlinie (EU) 2018/2001, Amtsbl. L 328/82 vom 21.12.2018, geändert durch Richtlinie (EU) 2023/2413, Amtsbl. L vom 31.10.2023.

160 Verordnung (EU) 2019/631, Amtsbl. L 111/13 vom 25.04.2019; Verordnung (EU) 2019/1242, Amtsbl. L 198/202 vom 25.07.2019.

161 Bundes-Klimaschutzgesetz vom 12.12.2019, BGBl. I S. 2513.

162 *Saurer*, in: Hdb. Klimaschutzrecht, § 10, Rn. 1.

BVerfG vom 24. März 2021[163] besserte der Bundesgesetzgeber das KSG nach und verabschiedete die Gesetzesänderung am 24. Juni 2021.[164] Sie ist am 31. August 2021 in Kraft getreten.[165] Die Gesetzesnovelle sieht ein strengeres Emissionsreduktionsziel für das Jahr 2030 (65 % anstatt der vorherig normierten 55 % gegenüber dem Vergleichsjahr 1990, § 3 Abs. 1 Nr. 1 KSG) sowie für das Jahr 2040 (88 % gegenüber dem Vergleichsjahr 1990, § 3 Abs. 1 Nr. 2 KSG) vor. Außerdem wurde das Erreichen der Klimaneutralität auf das Jahr 2045 vorgezogen, § 3 Abs. 2 S. 1 KSG, sowie eine konkretere Normierung des Emissionsminderungspfads für die Zeit nach 2030 festgelegt.[166]

Ein von der Bundesregierung initiierter Gesetzesentwurf für eine erneute Änderung des Bundes-Klimaschutzgesetzes[167] wurde mittlerweile vom Bundestag beschlossen und vom Bundesrat gebilligt. Er führt insbesondere dazu, dass die Jahresemissionsmengen der einzelnen Sektoren an Verbindlichkeit verlieren.

2. Landesklimaschutzgesetze

Neben dem auf Bundesebene bestehenden Bundes-Klimaschutzgesetz haben auch einige Bundesländer Landesklimaschutzgesetze mit eigenen Minderungszielen beschlossen.[168] § 14 Abs. 1 KSG bestimmt ausdrücklich, dass neben dem bestehenden Bundes-Klimaschutzgesetz auch Landesklimaschutzgesetze weiter bestehen oder neu erlassen werden können.

D. „Klimaklagen"/ „Climate Change Litigation"

Während sich die Wissenschaft, die Legislative und die Exekutive schon seit Längerem mit den Herausforderungen des Klimawandels beschäftigen, ist weltweit die Zunahme von „Klimaklagen"/„Climate Change Litigation"[169] zu

---

163 BVerfG, NJW 2021, 1723.

164 Das neue Gesetz trat am 31.08.2021 in Kraft: BGBl. I 2021, Nr. 59. vom 30.08.2021, S. 3905.

165 BMWI, Neues KSG, S. 41.

166 *Saurer*, in: Hdb. Klimaschutzrecht, § 10, Rn. 1.

167 BT-Drucks. 20/8290.

168 *Kohlrausch*, ZUR 2020, 262 ff.

169 *Stürmlinger*, EurUP 2020, 169.

beobachten.[170] *Wetzel/Zwick* veröffentlichten in der Zeitung „Die Welt" am 3. September 2021 einen Artikel mit der Überschrift „Jetzt beginnt die Ära der Klimaklagen".[171] An der London School of Economics haben Wissenschaftler eine Datenbank („Climate Change Laws of the World") erstellt, die Klimagesetze und -politik weltweit registriert und bereitstellt.[172] *Joana Setzer*, eine der Verantwortlichen dieser Datenbank, prognostizierte in einem Interview im Oktober 2021, „dass die Zahl der Klimaprozesse weiter zunehmen wird."[173] Dies liege zum einen daran, dass die Folgen des Klimawandels wissenschaftlich immer konkreter vorausgesagt werden könnten und zum anderen daran, dass die Dringlichkeit, Maßnahmen gegen den Klimawandel zu unternehmen, mit der Zeit weiter zunehme.[174] Diese Vorhersage wird durch einen Bericht des UNEP aus dem Jahr 2023 bestätigt. Dort stellt das Umweltprogramm der Vereinten Nationen fest, dass bis einschließlich des Jahres 2022 weltweit knapp 2.200 Klimaklagen verhandelt wurden.[175] Im Vergleich hierzu waren es bis einschließlich des Jahres 2017 noch weniger als 900.[176] Das ergibt mehr als eine Verdoppelung der Gerichtsverfahren bezüglich des Klimawandels in den letzten fünf Jahren, von denen die meisten in den USA geführt wurden.[177] Die aktuelle Zahl der noch anhängigen und bereits entschiedenen Verfahren zum Klimaschutz beträgt 3.252 weltweit, 2.234 davon in den USA.[178] Die Klagen sind auf die Vornahme klimaschützender Maßnahmen, die Unterlassung klimaschädlicher Handlungen oder die Gewährung von Schadensersatz für infolge des Klimawandels eingetretene Schäden gerichtet.[179]

Innerhalb der Klimaklagen kann zunächst grob zwischen zwei Klagearten differenziert werden: Es gibt „horizontale" und „vertikale" Streitigkeiten.[180]

---

170 *Graser*, ZUR 2019, 271; *Winter*, ZUR 2019, 259.
171 *Wetzel/Zwick*, Die Welt vom 03.09.2021.
172 https://climate-laws.org (zuletzt besucht am 16.04.2024).
173 *Setzer/Mihatsch*, EWM 10/2021, S. 7.
174 Vgl. *Setzer/Mihatsch*, EWM 10/2021, S. 7.
175 UNEP, Global Climate Litigation Report: 2023 Status Review, S. 12.
176 UNEP, Global Climate Litigation Report: 2023 Status Review, S. 12.
177 UNEP, Global Climate Litigation Report: 2023 Status Review, S. 12.
178 https://climatecasechart.com/non-us-climate-change-litigation/; https://climatecasechart.com/us-climate-change-litigation/ (zuletzt besucht am 16.04.2024).
179 *Heymann*, IR 2022, 60.
180 *Winter*, ZUR 2019, 259.

Erstere finden zwischen Privaten, vor allem zwischen Benachteiligten des Klimawandels und Unternehmen als große CO_2-Emittenten statt.[181] Bei „vertikalen" Klagen verklagen Privatpersonen oder Nichtregierungsorganisationen nicht bestimmte Emittenten, sondern staatliche Institutionen, die die Emissionen zulassen.[182] Die Columbia Universität in New York, USA, hat auf der Internetseite climatecasechart.com eine Datenbank für Klimaklagen zusammengestellt. Sie differenziert nach Gerichtsverfahren innerhalb und außerhalb der USA, die bereits entschieden oder noch anhängig sind. Die außerhalb der USA geführten Klagen sind in gegen Regierungen und Unternehmen gerichtete untergliedert und ermöglichen so einen zahlenmäßigen Vergleich. Derzeit werden 782 gegen Staaten geführte Klagen und nur 231 gegen Unternehmen geführte Verfahren aufgelistet.[183]

I. Klimaklagen gegen private Unternehmen

Industrieunternehmen emittieren CO_2 und andere Treibhausgase und verursachen so einen Teil des Klimawandels.[184] Dadurch kommt es vermehrt zu Naturkatastrophen, die Privatpersonen in ihrem Eigentum und/oder in ihrer Gesundheit schädigen.[185]

1. Zivilrechtliche Verfahren gegen private Unternehmen

In Bezug hierauf sind in der Vergangenheit bedeutende zivilrechtliche Entscheidungen ergangen bzw. sind solche Verfahren weiterhin anhängig und auch in Zukunft zu erwarten. Diese horizontalen Klagen können weiter differenziert werden nach Klimahaftungsklagen und Klimaschutzklagen.[186] Erstere zielen auf den finanziellen Ausgleich für Schäden oder Kosten, die infolge der von den Firmen in der Vergangenheit bereits ausgestoßenen Treibhausgasemissionen entstanden sind.[187] Im deutschen Recht kommen als

---

181 *Winter*, ZUR 2019, 259.

182 *Köck/Markus*, ZUR 2019, 257; *Winter*, ZUR 2019, 259.

183 https://climatecasechart.com/non-us-climate-change-litigation/ (zuletzt besucht am 16.04.2024).

184 *Haller/Risse*, NJW 2021, 3500 (3501).

185 *Haller/Risse*, NJW 2021, 3500 (3501).

186 *Schmidt-Ahrendts/Schneider*, NJW 2022, 3457 (3477). Auch *Schirmer*, NJW 2023, 113 unterscheidet die zwei Fallgruppen, bezeichnet diese aber als rückwärtsgewandte oder vorwärtsgewandte Klimahaftungsklagen.

187 *Schmidt-Ahrendts/Schneider*, NJW 2022, 3457 (3477).

Anspruchsgrundlagen der Geschädigten gegen die Emittenten auf Schadensersatz § 823 Abs. 1 BGB und § 1 UmweltHG in Betracht.[188] Bei der Kostenbeteiligung für Maßnahmen zur Anpassung an den Klimawandel kann § 1004 Abs. 1 S. 1 BGB herangezogen werden.[189]

Demgegenüber streben Klimaschutzklagen die stärkere Reduktion der von Unternehmen in Zukunft entstehenden Treibhausgasemissionen an.[190] Diese Unterlassung zukünftig drohender Beeinträchtigungen kann je nach geltend gemachter Rechtsposition möglicherweise auf § 1004 Abs. 1 S. 2 BGB (bei drohender Eigentumsbeeinträchtigung) oder auf § 1004 Abs. 1 S. 2 BGB analog i. V. m. § 823 Abs. 1 BGB (bei drohender Beeinträchtigung sonstiger absoluter Rechtsgüter) gestützt werden.[191]

Je nach Anspruchsgrundlage bereiten insbesondere die Rechtswidrigkeit, das Verschulden und die Kausalität Schwierigkeiten.[192]

a. *Klimahaftungsklagen: Der Fall Lliuya*

In Deutschland ist als eine gegen ein privates Unternehmen geführte Klimahaftungsklage insbesondere das am OLG Hamm anhängige Verfahren gegen die RWE AG bekannt.[193] Der Kläger, Peruaner Saúl Lliuya, ist Eigentümer eines Grundstücks in der Andenstadt Huaraz.[194] Er macht geltend, dass aufgrund der infolge des Klimawandels abschmelzenden Gletscher der Wasserstand der über seinem Haus gelegenen Palcacocha Lagune angestiegen sei und er die Überflutung seines Grundbesitzes befürchte.[195] Gestützt u. a. auf

---

188 *Haller/Risse*, NJW 2021, 3500 (3501).

189 Siehe hierzu die nachfolgenden Ausführungen zur Klimaklage gegen RWE unter: Erstes Kapitel, D, I, 1, a.

190 *Schmidt-Ahrendts/Schneider*, NJW 2022, 3475 (3477).

191 *Chatzinerantzis/Appel*, NJW 2019, 881 (882); *Fellenberg*, NVwZ 2022, 913 (919); *Haller/Risse*, NJW 2021, 3500 (3501); *Schirmer*, NJW 2023, 113 (114).

192 *Haller/Risse*, NJW 2021, 3500 (3501, 3502, 3505), die aufgrund des Nichtvorliegens dieser Tatbestandsmerkmale den privatrechtlichen Klimaklagen gegen Unternehmen die Aussicht auf Erfolg absprechen. A.A.: *Verheyen/Franke*, ZUR 2021, 624 (631): „Grundsätzlich erscheint daher eine Haftung privater Großemittenten so [wie im Fall Royal Dutch Shell] auch nach der Dogmatik des deutschen Deliktsrechts möglich."

193 OLG Hamm, 5 U 15/17; *Haller/Risse*, NJW 2021, 3500; *Schmidt-Ahrendts/Schneider*, NJW 2022, 3475 (3477).

194 OLG Hamm, Pressemitteilung vom 08. November 2017, S. 1.

195 OLG Hamm, Pressemitteilung vom 08. November 2017, S. 1.

§ 1004 Abs. 1 S. 1 BGB beantragt der Kläger, die RWE AG zur anteiligen Zahlung für Schutzmaßnahmen an seinem Grundstück zu verpflichten.[196] Die RWE AG verursache 0,47 % aller globalen CO_2-Emissionen und müsse deshalb als Störerin einen Teil der Kosten für die Schutzmittel übernehmen.[197] Das LG Essen wies die Klage in erster Instanz mangels haftungsbegründender Kausalität ab.[198] Das OLG Hamm nahm auf das vom Kläger eingelegte Rechtsmittel hin die Schlüssigkeit der Klage an und ordnete eine Beweisaufnahme hinsichtlich der für das Grundstück des Klägers bestehenden Gefahr der Überflutung sowie des Umfangs des Verursachungsbeitrags der RWE AG an.[199] Das Verfahren ist weiter anhängig; die Beweisaufnahme hatte sich aufgrund der Corona-Pandemie verzögert.[200]

b. Klimaschutzklagen

aa. Der Fall Royal Dutch Shell

Ein aufsehenerregendes Urteil im Bereich des Klimaschutzes[201] hat das Bezirksgericht Den Haag (Rechtsbank Den Haag) auf eine Klage mehrerer Nichtregierungsorganisationen sowie über 17.000 Einzelpersonen im Jahr 2021 gegen den britisch-niederländischen Ölkonzern Shell plc erlassen.[202] Auf Grundlage der deliktsrechtlichen Sorgfaltspflicht aus Art. 6:162 des niederländischen Zivilgesetzbuchs i. V. m. Art. 2 und Art. 8 EMRK verurteilte das Gericht das Unternehmen, seine Treibhausgasemissionen sowie diejenigen von Lieferanten und Endverbrauchern bis zum Jahr 2030 um 45 % im Vergleich zum Jahr 2019 zu reduzieren.[203] Die Höhe der Reduktionsverpflichtung leitete die Rechtsbank Den Haag aus dem Pariser Abkommen sowie den wissenschaftlichen Erkenntnissen des IPCC ab.[204] Gegen diese erstinstanzliche Entscheidung legte der Ölkonzern Rechtsmittel eingelegt.[205] Er hat mittlerweile seinen Sitz von Den Haag nach London verlegt und auf

---

196 LG Essen, NVwZ 2017, 735, 736.

197 LG Essen, NVwZ 2017, 735.

198 LG Essen, 2 O 285/15.

199 OLG Hamm, Pressemittelung vom 30. November 2017.

200 *Heymann*, IR 2022, 60 (62).

201 *Verheyen/Franke*, ZUR 2021, 624 spricht von einem „Paukenschlag“.

202 Rechtsbank Den Haag, C/09/571932/ HA ZA 19-379; *Heymann*, IR 2022, 60 (62).

203 Rechtsbank Den Haag, C/09/571932/ HA ZA 19-379.

204 Rechtsbank Den Haag, C/09/571932, HA ZA 19-379, 4.4.26, 4.4.27, 4.4.29

205 *Verheyen/Franke*, ZUR 2021, 624 (629).

den königlichen Namenszusatz „Royal Dutch“ verzichtet.[206] Das Berufungsgericht hob das erstinstanzliche Urteil auf.[207] Es begründete dies damit, dass dem Konzern kein konkreter Prozentsatz der Emissionsreduktion auferlegt werden könne.[208]

bb. *Zivilrechtliche Verfahren gegen deutsche Automobil-, Öl- und Gasunternehmen*

Mit dem Verfahren gegen Shell vergleichbare Gerichtsprozesse finden seit Herbst 2021 auch vor deutschen Zivilgerichten statt.[209] Die Geschäftsführer und Geschäftsführerinnen der Deutschen Umwelthilfe (DUH) und des Greenpeace e. V. sowie eine Aktivistin der Fridays-for-Future-Bewegung und ein Bio-Landwirt haben fünf Klagen vor deutschen Landgerichten gegen BMW, Mercedes-Benz, Volkswagen und Wintershell Dea erhoben.[210] Auch diese Verfahren verfolgen das Ziel, die Konzerne dazu zu verpflichten, ihre Treibhausgasemissionen bis 2030 und darüber hinaus stärker als von ihnen bisher vorgesehen zu reduzieren.[211] Vier der fünf Klagen wurden mittlerweile in erster Instanz mit unterschiedlicher Begründung abgewiesen.[212] Die verschiedenen klageabweisenden Argumente folgen u. a. aus den von den Klägern je nach Verfahren unterschiedlich gerügten Rechtsverletzungen.[213] Während die Geschäftsführer der DUH in ihren Klagen gegen Mercedes-Benz und BMW vor den Landgerichten Stuttgart[214] und München[215] ausschließlich eine Verletzung ihrer Persönlichkeitsrechte geltend gemacht hatten, stützten die Geschäftsführer von Greenpeace, die Aktivistin von Fridays for Future und ein Bio-Landwirt ihre Klagen gegen Volkswagen vor den Landgerichten Detmold[216] und Braunschweig[217] neben ihrem „Recht

---

206 *Heymann*, IR 2022, 60 (62).
207 Gerechtshof Den Haag, 200.302.332/01, Rn. 8.1.
208 Gerechtshof Den Haag, 200.302.332/01, Rn. 7.111.
209 *Schmidt-Ahrendts/Schneider*, NJW 2022, 3457.
210 *Schmidt-Ahrendts/Schneider*, NJW 2022, 3457.
211 *Schmidt-Ahrendts/Schneider*, NJW 2022, 3457.
212 *Schmidt-Ahrendts*, ZUR 2023, 416 (417).
213 *Schmidt-Ahrendts*, ZUR 2023, 416 (417).
214 LG Stuttgart, NVwZ 2022, 1663.
215 LG München, KlimR 2023, 93.
216 LG Detmold, BeckRS 2023, 2862.
217 LG Braunschweig, KlimR 2023, 88.

auf treibhausgasbezogene Freiheit" auch auf die Grundrechte auf Eigentum und Gesundheit. Das OLG Stuttgart[218] sowie das OLG München[219] haben die Berufung gegen die erstinstanzlichen Urteile abgewiesen. Beide begründeten dies damit, dass die Autokonzerne die Gesetze beachteten, die wiederum im Einklang mit den Grundrechten stünden.

c. *Zwischenergebnis*

Zivilrechtliche Klimaklagen gegen Privatunternehmen beschäftigen zunehmend die Gerichte.[220] In Deutschland wird der BGH bald zu den gegen Unternehmen gerichteten Klimaschutzklagen Stellung beziehen müssen. Aber auch die Verfahren bezüglich der Haftung für durch den Klimawandel entstandene Schäden werden nach einer Prognose des UNEP zunehmen.[221]

Die horizontalen Klagen gegen Privatunternehmen können sich im deutschen Recht nur auf die aufgeführten Normen des Zivilrechts stützen. Grundrechte entfalten zwischen Privaten keine unmittelbare Wirkung. Sie können aber – so wie es auch das Bezirksgericht Den Haag im Urteil gegen den Shell-Konzern gehandhabt hat – bei der Auslegung der deliktsrechtlichen Generalklauseln (wie beispielsweise § 823 BGB) Berücksichtigung finden.[222]

2. Strafrechtliche Verfahren gegen private Unternehmen

Neben den geschilderten zivilrechtlichen Verfahren gibt es strafrechtliche Verfahren gegen Privatunternehmen im Zusammenhang mit dem Klimawandel. In den Bundesstaaten New York und Massachusetts hat die Staatsanwaltschaft den größten US-Ölkonzern Exxon Mobil angeklagt, weil dieser Investoren und Aktionäre über die Risiken des Klimawandels hinsichtlich der Geschäftstätigkeit des Unternehmens getäuscht habe.[223] Die Klage hatte keinen Erfolg; für den Aktienkurs relevante Informationen habe das Unternehmen nicht vorenthalten, so das Urteil.[224]

---

218 OLG Stuttgart, MDR 2024, 38.

219 OLG München, BeckRS 2023, 30283.

220 *Schirmer*, NJW 2023, 113 (118).

221 Global Climate Litigation Report: 2023 Status Review, S. 65.

222 *Förster*, in BeckOK BGB, § 823, Rn. 88.

223 Supreme Court of the State of New York, New York County, Index No. 452044/2018, S. 2.

224 Supreme Court of the State of New York, New York County, Index No. 452044/2018, Conclusion.

Die Möglichkeit sehr weitgehender strafrechtlicher Verantwortung privater Unternehmen im Bereich des Klimawandels wird für die USA von *Donald Braman*, Professor für Strafrecht und Beweisführung an der George Washington University, in Betracht gezogen.[225] Er sieht Ölkonzerne wie Shell oder Exxon wegen fahrlässiger Tötung strafbar, weil sie über die Klimafolgen der Nutzung fossiler Brennstoffe wussten.[226] In Deutschland wären vergleichbare Verfahren bereits deshalb nicht möglich, weil hierzulande eine Strafbarkeit von Unternehmen nicht existiert.[227]

II. Klimaklagen gegen Staaten und Staatenbünde

Klimaklagen gegen einzelne Staaten oder Staatenbünde streben in der Regel die Verurteilung des Staates/Staatenbundes zur Schaffung oder Verschärfung der rechtlichen Rahmenbedingungen für die Begrenzung der Treibhausgasemissionen an.[228] Als Bezugspunkt hierfür werden insbesondere menschen- bzw. grundrechtliche Schutzpflichten sowie völkerrechtliche Vorschriften herangezogen.[229] Daneben gibt es Gerichtsverfahren, die auf Grundlage der bestehenden rechtlichen Regelungen einzelne klimabelastende Vorhaben zu unterbinden versuchen.[230] Da die Anzahl dieser weltweit geführten Verfahren zahlenmäßig und inhaltlich kaum mehr fassbar ist[231], sollen im Folgenden einige ausgewählte wichtige Gerichtsentscheidungen dargestellt werden.

1. Klagen mit dem Ziel der Anpassung des regulatorischen Rahmens

a. Die Urgenda-Entscheidung und der Klimabeschluss des BVerfG

Zwei der bedeutendsten gegen Staaten errungenen Gerichtsentscheidungen im Bereich des Klimaschutzes sind die Entscheidung des Hoge Raad als oberstes niederländisches Zivilgericht gegen die Niederlande aus dem Jahr 2019 sowie der im Jahr 2021 vom BVerfG gegen Deutschland erlassene Klimabeschluss. Die niederländische Entscheidung reicht im Vergleich zur

225 *Probst*, DIE ZEIT vom 20.04.2023, S. 32.
226 *Probst*, DIE ZEIT vom 20.04.2023, S. 32.
227 KAS, Klimaklagen, S. 12.
228 *Heymann*, IR 2022, 60.
229 *Heymann*, IR 2022, 60.
230 *Fellenberg*, NVwZ 2022, 913 (918).
231 *Heymann*, IR 2022, 60 (61).

Entscheidung des BVerfG weiter, indem das Gericht die Regierung zu einem konkreten Emissionsreduktionszwischenziel – 25 % bis zum Jahr 2020 gegenüber dem Jahr 1990 – verpflichtet. Die daraufhin geäußerte Kritik eines Verstoßes gegen den Grundsatz der Gewaltenteilung vermeidet das BVerfG im Klimabeschluss, indem es lediglich bestimmt, dass der Gesetzgeber Regelungen zur Reduktion der Treibhausgasemissionen über das Jahr 2030 hinaus zu treffen hat.[232] Die Wahl des Ausmaßes der Reduktionsverpflichtungen verbleibt in der Hand der Legislative.

b. Der „People's Climate Case"

Auf EU-Ebene ist der „People's Climate Case" bekannt.[233] Diese von 36 Privatpersonen und einem nicht klagefähigen Verband erhobene Nichtigkeitsklage gemäß Art. 263 Abs. 4 AEUV verfolgte das Ziel, die EU zum Erlass strengerer Klimaschutzmaßnahmen zu verurteilen.[234] Der EuGH wies die Klage im März 2021 in der Berufungsinstanz als unzulässig ab, da die Kläger das Erfordernis der individuellen Betroffenheit nicht erfüllten.[235] Diese setzt nach der Plaumann-Formel voraus, dass das angegriffene Gesetz den Kläger wegen bestimmter persönlicher Eigenschaften oder spezieller, ihn aus dem Kreis aller anderen Personen heraushebender Umstände betrifft.[236]

c. Drei Entscheidungen des EGMR bezüglich des Klimaschutzes

Der EGMR hat am 09. April 2024 drei Verfahren entschieden, in denen Individualpersonen sowie ein Verein durch die EMRK gewährte Rechte infolge unzureichenden staatlichen Klimaschutzes verletzt sahen.

Ein ehemaliger Bürgermeister der französischen Küstengemeinde Grande-Synthe machte einen Verstoß gegen Art. 2 und Art. 8 EMRK durch den französischen Staat geltend.[237] Der EGMR wies seine Beschwerde mangels Opfereigenschaft, Art. 34 AEUV, als unzulässig ab.[238]

---

232 BVerfG, 1 BvR 2656/18 u. a., Rn. 266–268.
233 EuGH, BeckRS 2021, 5531.
234 Application T-330/18, Armando Ferrao and others, S. 1, 2 und Rn. 422.
235 EuGH C-565/19 P, Rn. 76–80.
236 EuGH, Rs. 25/62, 217 (238).
237 EGMR, Application No. 7189/21, Rn. 9, 56.
238 EGMR, Application No. 7189/21, Rn. 75 ff.

Des Weiteren hatten sich sechs junge Portugiesen mit einer Beschwerde gegen Deutschland und 32 weitere europäische Staaten gewandt.[239] Auch dieses Verfahren erachtete der EGMR als unzulässig.[240] In Bezug auf die Beschwerde gegen Portugal mangele es an der Erschöpfung des nationalen Rechtswegs gemäß Art. 35 Abs. 1 EMRK.[241] Die gegen die anderen Staaten gerichtete Klimaklage sei insofern unzulässig, als diese nach Art. 1 EMRK die in der Konvention gewährten Menschenrechte nur innerhalb ihres Gebietes sichern müssten.[242]

Erfolg hatte die von dem Verein KlimaSeniorinnen Schweiz beim EGMR eingereichte Beschwerde gegen die Schweiz.[243] Der nationale Instanzenzug war ausgeschöpft.[244] Während der Gerichtshof für vier Einzelklägerinnen die Opfereigenschaft verneinte, stellte er hinsichtlich des Vereins eine Verletzung von Art. 8 EMRK aufgrund nicht ausreichender Schutzmaßnahmen vor dem Klimawandel durch die Schweiz fest.[245] Er überließ dem verurteilten Staat aber die Möglichkeit, über die das Urteil umzusetzenden Maßnahmen zu entscheiden.[246]

Weil die Grundrechte des Grundgesetzes im Lichte internationaler Menschenrechtsverträge auszulegen sind[247], haben die Entscheidungen des EGMR auch für die nationale Ebene Gewicht.[248]

2. Klagen gegen spezifische klimarelevante Vorhaben

Als jüngst erfolgreiche Klage gegen ein bestimmtes klimaschädigendes Vorhaben kann ein Urteil des Bezirksgerichts Oslo angeführt werden. Am 29. Juni 2023 hatten die Umweltschutzorganisationen Greenpeace Nordic sowie Nature & Youth Klage gegen die Genehmigungen von drei Erdölfeldern in der Nordsee erhoben.[249] Das Gericht gab der Argumentation der Kläger

239 EGMR, Application No. 39371/20.
240 EGMR, Application No. 39371/20, Rn. 214, 227.
241 EGMR, Application No. 39371/20, Rn. 216–228.
242 EGMR, Application No. 39371/20, Rn. 181–214.
243 EGMR, Application No. 53600/20.
244 EGMR, NVwZ 2024, 979, 980.
245 EGMR, Application No. 39371/20, Rn. 527–535.
246 EGMR, 53600/20, Legal Summary, S. 11.
247 BVerfGE 111, 307 (317).
248 Vgl. *Hanschel/Schultze*, KlimR 2022, 166 (167).
249 Oslo Court, 23-099330TVI-TOSL/05.

Recht, wonach der norwegische Staat entgegen Art. 112 der norwegischen Verfassung die Klimafolgen bei der Genehmigung der Felder nicht ausreichend berücksichtigt habe.[250] Die Vorhabenzulassungen wurden daher für rechtswidrig erklärt.[251]

III. Zwischenergebnis

Die gegen Unternehmen geführten Klimaklagen nehmen in Deutschland zurzeit zu. Die diesbezüglich materiellrechtlich zu überwindenden Hürden werfen spannende rechtliche Fragen auf.[252] Dennoch wird im Fortgang der vorliegenden Arbeit auf diese horizontalen Klimaklagen nicht weiter eingegangen. Der Fokus liegt auf gegen Staaten gerichtete, mehr Klimaschutz einfordernde Klagen von Einzelpersonen und Nichtregierungsorganisationen. Dabei wird zunächst (Erstes Kapitel, E) das als Präzedenzfall einzuordnende Urteil des Hoge Raad gegen den niederländischen Staat aus dem Jahr 2019 ausführlich dargestellt. Anschließend wird der Frage nachgegangen, ob ein solches – den deutschen Staat zu einer strengeren Reduktion der nationalen Treibhausgasemissionen verpflichtendes – Urteil auch nach der deutschen Rechtsordnung möglich wäre.

E. Der Rechtsstreit der Nichtregierungsorganisation Urgenda gegen die Niederlande

Auf Grundlage der Art. 2 und Art. 8 EMRK verurteilte das höchste Zivilgericht der Niederlande, Hoge Raad, den niederländischen Staat am 20.12.2019, seine Treibhausgasemissionen bis zum Ende des Jahres 2020 um 25 % im Vergleich zum Referenzjahr 1990 zu senken.[253] Im Ergebnis bestätigte der Hoge Raad die Entscheidungen der beiden vorigen Instanzen, der Rechtsbank Den Haag[254] und des Gerechtshof Den Haag[255].[256] Damit wurde in der EU erstmalig ein Staat rechtskräftig zur Reduzierung seiner Treibhausgasemissionen

---

250 Oslo Court, 23-099330TVI-TOSL/05, Abschnitt 3.7.5.
251 Oslo Court, 23-099330TVI-TOSL/05, Finalisation.
252 *Fellenberg*, NVwZ 2022, 913 (920).
253 Hoge Raad, 19/00135.
254 Rechtsbank Den Haag, C/09/456689/ HA ZA 13-1396.
255 Gerechtshof Den Haag, 200.178.245/01.
256 *Stahl*, StudZR-WissOn 1/2021, 102 (104).

verpflichtet.[257] Das Urteil zwang die niederländische Regierung in der Folge zu einer wesentlich strengeren Klimapolitik.[258]

David Boyd, UN-Sonderberichterstatter für Menschenrechte und Umweltschutz, bezeichnet das Urteil des niederländischen obersten Zivilgerichtshofs als „das bisher wichtigste Klimawandel-Urteil weltweit".[259] Es bestätige, dass „der Klimanotstand Menschenrechte gefährdet, und dass reiche Nationen verpflichtet sind, die Emissionen schnell und umfassend zu reduzieren."[260] Auch die rechtswissenschaftliche Literatur ordnet den Rechtsstreit Urgenda gegen die Niederlande als „wegweisend"[261], die „juristisch erfolgreichste Klimaschutzklage"[262], „eine für den Bereich des Klimarechts nicht anders als essenziell zu bezeichnende Entscheidung"[263] und einen „juristischen Paukenschlag"[264] ein. Urgenda äußerte sich nach dem Urteil mit den Worten „Geschichte ist geschrieben".[265] Die Entscheidung des Hoge Raad wurde in der Folge zu einem Vorbild der als „Climate Change Litigation" bezeichneten Bewegung, die versucht, die Politik über Urteile der Justiz zu mehr Klimaschutz zu verpflichten.[266]

Aufgrund der herausragenden Bedeutung dieses Rechtsstreits im Bereich des Klimaschutzrechts sollen die Urteile der drei Instanzen, insbesondere das Urteil des Hoge Raad, im Folgenden in den Grundzügen dargestellt werden, wobei der Schwerpunkt auf den materiell-rechtlichen Ausführungen der Gerichte liegt.

---

257 *Heymann*, IR 2022, 60 (61); *Setzer/Mihatsch*, EWM 10/2021, S. 3; *Stahl*, StudZR-Wiss-On 1/2021, 102 (103).

258 *Kirchner*, SZ vom 26.04.2020, Abschnitt 2.

259 *Kirchner*, SZ vom 26.04.2020, Abschnitt 2.

260 *Kirchner*, SZ vom 26.04.2020, Abschnitt 2.

261 *Setzer/Mihatsch*, EWM 10/2021, S. 2.

262 *Wegener*, ZUR 2019, 3 (6).

263 *Hänni*, EuGRZ 2020, 616.

264 *Groß*, NVwZ 2020, 337.

265 *Ziebula*, ZEIT ONLINE vom 20.12.2019, Abschnitt 2.

266 *Kahl*, JURA 2021, 117 (121); *Stürmlinger*, EurUP 2020, 169; *Wegener*, VerfBlog vom 21.12.2019, Abschnitt 3.

I. Die Klageschrift der Nichtregierungsorganisation Urgenda

Urgenda ist eine Nichtregierungsorganisation (NGO), die sich für mehr Klimaschutz einsetzt.[267] Der Name besteht aus den englischen Wörtern („urgent") und („agenda") und soll die Dringlichkeit der den Klimawandel reduzierenden Maßnahmen veranschaulichen.[268] Urgenda besitzt nach niederländischem Recht die Rechtsform einer Stiftung.[269] Gemäß Art. 3:305a des niederländischen Zivilgesetzbuchs können Stiftungen und Vereinigungen zur Durchsetzung von Gemeinwohlbelangen klagen.[270] Im Jahr 2013 hat die Nichtregierungsorganisation Urgenda vor dem Bezirksgericht Den Haag Klage gegen den niederländischen Staat erhoben.[271] Sie handelte im Namen der Interessen der Bevölkerung der Niederlande, die von den vom Klimawandel ausgehenden Gefahren bedroht ist.[272] In Europa gehören die Niederlande zu den von den möglichen künftigen Folgen des Klimawandels am stärksten betroffenen Ländern.[273] Bereits zum heutigen Zeitpunkt liegen ca. 25 % des Staatsgebiets unterhalb des Meeresspiegels.[274] Die weitere Erwärmung der Erde kann nach der Klimawissenschaft als Folge des Abschmelzens der Gletscher und Polkappen zu einem Anstieg des Meeresspiegels führen, der einen Teil der Niederlande unbewohnbar machen könnte.[275] Der niederländische Staat hatte erklärt, die in den Niederlanden entstehenden Treibhausgasemissionen bis zum Jahr 2030 um 49 % und bis zum Jahr 2050 um 95 % gegenüber dem Referenzjahr 1990 zu reduzieren.[276] Diese Emissionsziele beanstandete Urgenda mit ihrer Klage nicht.[277] Zwischen den Parteien war jedoch umstritten, ob eine Pflicht der Niederlande zur Erreichung eines Reduktionszwischenziels bis zum Ende des Jahres 2020 bestand.[278] Während der niederländische

---

267 *Saurer/Purnhagen*, ZUR 2016, 16 (18); *Stahl*, StudZR-WissOn 1/2021, 102 (104).

268 *Saurer/Purnhagen*, ZUR 2016, 16 (18); *Wegener*, ZUR 2019, 3.

269 Hoge Raad, 19/00135, Abschnitt 2.2.1.

270 *Saurer/Purnhagen*, ZUR 2016, 16 (17).

271 *Saurer/Purnhagen*, ZUR 2016, 16 (18).

272 Hoge Raad, 19/00135, Abschnitt 2.2.1.

273 *Saurer/Purnhagen*, ZUR 2016, 16.

274 *Menzel*, Die Welt vom 01.03.2015.

275 Hoge Raad, 19/00135, Summary of the Decision und Abschnitt 5.2.2.

276 Diese Ziele wurden nach dem Urteil des Berufungsgerichts in das niederländische Klimagesetz (Climate Change Act in seiner Fassung vom 01. Januar 2018) aufgenommen.

277 Vgl.: Hoge Raad, 19/00135, Summary of the Decision.

278 Hoge Raad, 19/00135, Summary of the Decision.

Staat bis zu diesem Zeitpunkt lediglich eine Senkung der Emissionen von 23 % gegenüber dem Jahr 1990 vorsah, wobei eine Unsicherheitsmarge von 19–27 % galt,[279] beantragte Urgenda eine gerichtliche Anordnung, die den niederländischen Staat verpflichtet, bis Ende 2020 40 % mindestens jedoch 25 % der von niederländischem Boden ausgehenden Treibhausgasemissionen gegenüber dem Vergleichsjahr 1990 zu reduzieren.[280] Dies begründete die NGO insbesondere mit einer Verletzung der deliktisch-staatshaftungsrechtlichen Fürsorgepflicht aus Art. 6:162 (2) des niederländischen Zivilgesetzbuchs sowie einer Verletzung von Art. 2 und Art. 8 EMRK.[281] Aus dem 4. Sachstandsbericht des IPCC aus dem Jahr 2007 folge, dass eine Reduzierung von 25–40 % bis Ende 2020 erforderlich sei, um das 2 °C-Ziel einhalten zu können.[282] Ein Überschreiten dieser Temperaturgrenze bringe das Risiko einer gravierenden, irreversiblen Veränderung des Klimas mit sich[283], das eine Gefährdung der Rechte der niederländischen Bevölkerung bedeute.[284]

II. Die Klageerwiderung der niederländischen Regierung

Der niederländische Staat bestritt nicht die Notwendigkeit zur Senkung der Treibhausgasemissionen und erkannte das 1,5 bzw. 2-°C-Ziel an.[285] Er machte aber geltend, dass weder im nationalen noch im internationalen Recht eine Norm existiere, die den Staat verpflichte, eine Reduktion der Treibhausgasemissionen von 25 % bis Ende 2020 zu erreichen.[286] Auch die Berichte des IPCC seien nicht rechtlich verbindlich.[287] Die Niederlande verfolgten nach 2020 eine stärkere Senkung der Treibhausgasemissionen und könnten so das gleiche Ergebnis erzielen wie mit dem vom IPCC im 4. Sachstandsbericht vorgeschlagenen Reduktionspfad.[288] Die Emissionsreduktion der Niederlande sei außerdem quantitativ nicht geeignet, den globalen Klimawandel

279 Hoge Raad, 19/00135, 2.1 (27).
280 Hoge Raad, 19/00135, Summary of the Decision.
281 Hoge Raad, 19/00135, Abschnitt 2.2.2.
282 Hoge Raad, 19/00135, Abschnitt 2.2.2.
283 Rechtsbank Den Haag, C/09/456689/ HA ZA 13-1396, Abschnitt 2.12.
284 Hoge Raad, 19/00135, Abschnitt 2.2.1.
285 Hoge Raad, 19/00135, Summary of the Decision: The policy of the State, Abschnitte 4.8, 7.4.1.
286 Hoge Raad, 19/00135, Abschnitt 2.2.3.
287 Hoge Raad, 19/00135, Abschnitt 2.2.3.
288 Hoge Raad, 19/00135, Abschnitt 7.4.2.

aufzuhalten.[289] Die vom niederländischen Boden ausgehenden Treibhausgase machten zurzeit nur 0,5 % der weltweiten Emissionen aus.[290] Außerdem würde das Gericht mit der Anordnung einer Emissionsminderung gegen den Grundsatz der Gewaltenteilung verstoßen, indem es die politische Gestaltungsfreiheit von Regierung und Parlament missachte.[291]

III. Das Urteil des Bezirksgerichts Den Haag

In seinem Urteil folgte das Bezirksgericht Den Haag im Wesentlichen dem Klageantrag der Stiftung Urgenda.[292] Die Klagebefugnis der NGO nahm das Gericht unter Verweis auf Art. 3:305a des niederländischen Zivilgesetzbuchs an.[293] Aufgrund des Haftungstatbestands des Art. 6:162 des Zivilgesetzbuchs der Niederlande verpflichtete das Bezirksgericht die niederländische Regierung zu einer Reduktion von mindestens 25 % der Treibhausgasemissionen bis Ende 2020 im Vergleich zum Jahr 1990.[294] Diese Vorgabe entspricht dem vom IPCC empfohlenen Mindestreduktionsziel für 2020 um die 2 °C-Grenze einzuhalten.[295] Die unmittelbare Berufung von Urgenda auf Art. 2 und Art. 8 EMRK verneinte das Gericht, nutzte beide Bestimmungen aber für die Auslegung des einfachen nationalen Rechts.[296]

Das Bezirksgericht führte aus, dass eine Verschiebung der Reduktion der Treibhausgasemissionen – eine zunächst schwächere und dafür eine später folgende stärkere Senkung, wie sie vom Staat zurzeit verfolgt werde – das Risiko eines gefährlichen Klimawandels erheblich erhöhen würde und daher nicht als ausreichende Alternative zu dem vom IPCC vorgeschlagenen Pfad mit einer 25-prozentigen Reduktion bis Ende 2020 betrachtet werden könne.[297] Denn die vom Staat derzeit geplante Senkung der Treibhausgasemissionen führe zu einem Kumulationseffekt, der einen größeren CO_2-Gehalt

---

289 Rechtsbank Den Haag, C/09/456689/ HA ZA 13-1396, Abschnitt 4.78.
290 Rechtsbank Den Haag, C/09/456689/ HA ZA 13-1396, Abschnitt 4.78.
291 Hoge Raad, 19/00135, Abschnitt 2.2.3.
292 *Saurer/Purnhagen*, ZUR 2016, 16 (18).
293 Rechtsbank Den Haag, C/09/456689/ HA ZA 13-1396, Abschnitt 4.4 ff.
294 Rechtsbank Den Haag, C/09/456689/ HA ZA 13-1396, Abschnitte 4.109, 5.1.
295 IPCC AR4/2007, Mitigation of Climate Change, Table SPM.5 und Box 13.7.
296 Rechtsbank Den Haag, C/09/456689/ HA ZA 13-1396, Abschnitt 4.45, 4.46, 4.109.
297 Rechtsbank Den Haag, C/09/456689/ HA ZA 13-1396, Abschnitt 4.85.

in der Atmosphäre zur Folge habe, als es ein gleichmäßiger prozentualer oder linearer Rückgang der Emissionen bewirken würde.[298] Eine Reduktion von mehr als 25 % bis Ende 2020 sei nach dem Bezirksgericht nicht mit dem Ermessenspielraum der Regierung vereinbar.[299]

IV. Das Urteil des Berufungsgerichts

Das Berufungsgericht bestätigte im Ergebnis das Urteil der ersten Instanz.[300] Im Gegensatz zum Bezirksgericht stützte es seine Entscheidung explizit und hauptsächlich auf die menschenrechtlichen Bestimmungen aus Art. 2 und Art. 8 EMRK.[301] Weiter führte es aus, dass die Möglichkeit von Anpassungsmaßnahmen nicht die Verpflichtung zur angemessenen Emissionssenkung reduziere.[302] Das Berufungsgericht stellte fest, dass der niederländische Staat aufgrund seiner Schutzpflichten aus Art. 2 und Art. 8 EMRK die vom niederländischen Boden ausgehenden Treibhausgasemissionen bis zum Ende des Jahres 2020 um mindestens 25 % gegenüber dem Referenzjahr 1990 senken muss.[303] Bisher erreiche der Staat bis Ende 2020 eine Reduktion von 23 %, wobei eine Unsicherheitsmarge von 19–27 % gelte.[304] Aufgrund des Vorsorgeprinzips sowie der sehr ernsten Gefahren bei einem Temperaturanstieg um 1,5 bzw. 2 °C sei die Hinnahme einer solchen Unsicherheitsspanne nicht akzeptabel, vielmehr müssten sichere oder zumindest soweit als möglich sichere Maßnahmen getroffen werden.[305]

---

298 Rechtsbank Den Haag, C/09/456689/ HA ZA 13-1396, Abschnitt 4.85.

299 Rechtsbank Den Haag, C/09/456689/ HA ZA 13-1396, Abschnitt 4.86.

300 Gerechtshof Den Haag, 200.178.245/01, Decision.

301 Gerechtshof Den Haag, 200.178.245/01, Rn. 36, 73.

302 Gerechtshof Den Haag, 200.178.245/01, Rn. 59. Dieses Argument des Berufungsgerichts bestätigte der Hoge Raad: Hoge Raad, 19/00135, Abschnitt 7.5.2.

303 Gerechtshof Den Haag, 200.178.245/01, Rn. 73. Auch das Berufungsgericht bezog sich dabei auf den vom IPCC für die Einhaltung des 2 °C-Ziels vorgeschlagenen Reduktionspfad, der mindestens eine Emissionsreduzierung der Anhang-I-Länder um 25 % bis zum Ende des Jahres 2020 im Vergleich zum Jahr 1990 vorsieht. (Gerechtshof Den Haag, 200.178.245/01, Rn. 48, 49)

304 Gerechtshof Den Haag, 200.178.245/01, Rn. 73.

305 Gerechtshof Den Haag, 200.178.245/01, Rn. 73.

V. Das Urteil des Hoge Raad

Der Hoge Raad bestätigte das Urteil des Berufungsgerichts.[306]

1. Die Anwendbarkeit von Art. 2 und Art. 8 EMRK und deren Auslegung

Der Hoge Raad legte dar, dass die niederländischen Gerichte gemäß Art. 93 und Art. 94 der niederländischen Verfassung die EMRK anzuwenden haben.[307] Art. 2 EMRK schützt das Recht eines jeden Menschen auf Leben. Neben der Funktion des Art. 2 EMRK, staatliche Eingriffe in dieses Recht zu unterlassen (Abwehrrecht), enthält die Norm eine staatliche Schutzfunktion.[308] Daraus folge, dass die Vorschrift den niederländischen Staat als Vertragsstaat der EMRK verpflichte, geeignete Maßnahmen zu treffen, wenn eine reale und unmittelbare Gefahr für das Leben der seiner Hoheitsgewalt unterstehenden Personen bestehe.[309] Art. 2 EMRK schütze dabei auch vor Gefahren, die erst längerfristig eintreten können.[310]

Nach Art. 8 Abs. 1 Alt. 1, Alt. 2 EMRK hat jede Person das Recht auf Achtung ihres Privat- und Familienlebens und ihrer Wohnung. Traditionell wurde Art. 8 EMRK ebenso wie Art. 2 EMRK als Abwehrrecht interpretiert: Der Staat darf nicht in das Privat- und Familienleben einer Person eingreifen.[311] Neben diesen „negativen Pflichten" enthält Art. 8 EMRK ebenso positive Pflichten der Mitgliedstaaten (Schutzfunktion).[312] Der Hoge Raad führte aus, dass aus der ständigen Rechtsprechung des EGMR hinsichtlich des Art. 8 EMRK folge, dass diese Bestimmung den Staat verpflichte, den Bürger durch geeignete und angemessene Maßnahmen vor möglichen gravierenden Schäden an seiner Umwelt zu schützen, die dazu führten, dass der Einzelne daran gehindert werde, seine Wohnung in einer Weise zu nutzen, die ihm die ungestörte Ausübung seines Privat- und Familienlebens ermögliche.[313] Aus

---

306 Das Urteil des obersten Zivilgerichts der Niederlande stützte sich dabei ausschließlich auf Art. 2 und Art. 8 EMRK. (Hoge Raad, 19/00135, Summary of the Decision: Conclusion)

307 Hoge Raad, 19/00135, Abschnitt 5.6.1.

308 *Hänni*, EuGRZ 2020, 616 (618); *Wegener*, ZUR 2019, 3 (4).

309 Hoge Raad, 19/00135, Abschnitt 5.2.2.

310 Hoge Raad, 19/00135, Abschnitt 5.2.2.

311 *Hänni*, EuGRZ 2020, 616 (618).

312 *Hänni*, EuGRZ 2020, 616 (618).

313 Hoge Raad, 19/00135, Abschnitt 5.2.3.

Art. 2 und Art. 8 EMRK folge die staatliche Pflicht, vorbeugende Maßnahmen zur Gefahrenabwehr zu ergreifen, selbst wenn Ungewissheit bezüglich des Eintritts der Gefahr bestehe.[314] Das resultiere aus dem Vorsorgeprinzip.[315]

Die niederländischen Gerichte müssten die Auslegung der EMRK durch den EGMR beachten oder dieselben Auslegungsmethoden anwenden wie es der EGMR handhabt.[316] Der EGMR hatte im Zeitpunkt des Urteils des Hoge Raad noch nicht entschieden, ob und in welchem Umfang Schutzpflichten der Vertragsstaaten aus Art. 2 und Art. 8 EMRK vor den Gefahren des Klimawandels abgeleitet werden können.[317] Bei Auslegung und Anwendung der EMRK seien nach der Rechtsprechung des EGMR sowohl andere zwischen den Vertragsparteien geltende internationale Übereinkünfte als auch wissenschaftliche Erkenntnisse zu berücksichtigen.[318] Dies gelte auch, wenn sie keine Rechtsverbindlichkeit aufwiesen, aber eine sehr weit verbreitete Auffassung widerspiegelten.[319]

Das oberste Zivilgericht der Niederlande führte aus, dass die Klimawissenschaft und die internationale Gemeinschaft sich größtenteils über das Erfordernis der Begrenzung der Erderwärmung auf maximal 2 °C und nach neueren wissenschaftlichen Annahmen auf maximal 1,5 °C einig sind.[320] Eine diese Temperaturgrenze überschreitende Erwärmung der Erde könne gravierende Folgen nach sich ziehen, wie zum Beispiel extreme Hitze, extreme Trockenheit, extreme Niederschläge, eine Störung der Ökosysteme, die unter anderem eine Gefahr für die Nahrungsmittelversorgung darstellen könne sowie einen Anstieg des Meeresspiegels als Folge des Abschmelzens von Gletschern und Polkappen.[321] Die globale Erwärmung könne außerdem zu dem Auslösen sogenannter Kipppunkte führen, bei deren Überschreiten abrupte Veränderungen des Klimas drohten.[322] Die vorstehenden Ausführungen zeigten, dass das Leben, das Wohlergehen und der Lebensraum

---

314 Hoge Raad, 19/00135, Abschnitt 5.3.2.
315 Hoge Raad, 19/00135, Abschnitt 5.3.2.
316 Hoge Raad, 19/00135, Abschnitt 5.6.1.
317 Vgl. *Hänni*, EuGRZ 2020, 616 (617, 618); *Kirchner*, SZ vom 26.04.2020, Abschnitt 8.
318 Hoge Raad, 19/00135, Abschnitte 5.4.2, 5.4.3.
319 Hoge Raad, 19/00135, Abschnitt 6.3.
320 Hoge Raad, 19/00135, Summary of the Decision: Dangerous Climate Change.
321 Hoge Raad, 19/00135, Summary of the Decision: Dangerous Climate Change.
322 Hoge Raad, 19/00135, Summary of the Decision: Dangerous Climate Change.

vieler Menschen auf der ganzen Welt, auch in den Niederlanden, durch die Veränderung des Klimas gefährdet würden.[323] Aus den Art. 2 und Art. 8 EMRK folge daher die Pflicht des niederländischen Staates, geeignete Maßnahmen zu treffen, die die Bevölkerung der Niederlande vor den Gefahren des Klimawandels schützen.[324]

Zur Beurteilung der Frage, ob das vom IPCC im 4. Sachstandsbericht aus dem Jahr 2007 zur Einhaltung der 2 °C-Grenze für die im Anhang I des UNFCCC aufgelisteten Länder (einschließlich der Niederlande) empfohlene, nicht rechtsverbindliche[325] Reduktionsziel von 25–40 % bis Ende des Jahres 2020 im Vergleich zum Referenzjahr 1990 zu einer Reduktionsverpflichtung des niederländischen Staates aus Art. 2 und Art. 8 EMRK führt, stellte der Hoge Raad auf den Grad der Anerkennung des Reduktionspfads des IPCC in der internationalen Gemeinschaft ab.[326] Die Berücksichtigung der vergangenen Klimakonferenzen (COP) sowie der Berichte des UNEP ergeben nach Ansicht des Gerichtshofs, dass in der internationalen Gemeinschaft ein großer Konsens darüber bestehe, dass die Anhang-I-Länder des UNFCCC ihre Treibhausgasemissionen bis Ende 2020 um 25–40 % gegenüber dem Referenzjahr 1990 reduzieren müssten.[327] Dieser Reduktionspfad könne daher bei der Auslegung und Anwendung der EMRK Berücksichtigung finden.[328] Zudem habe sich nach dem Jahr 2007 weitestgehend die Erkenntnis durchgesetzt, dass die globale Erwärmung auf 1,5 °C begrenzt werden sollte.[329] So heißt es im Pariser Abkommen von 2015, dass der Anstieg der durchschnittlichen Erdtemperatur deutlich unter 2 °C über dem vorindustriellen Niveau gehalten werden soll und Anstrengungen unternommen werden sollen, um den Temperaturanstieg auf 1,5 °C über dem vorindustriellen Niveau zu begrenzen, da erkannt wurde, dass dies die Risiken und Auswirkungen der Klimaänderungen erheblich verringern würde, Art. 2 Abs. 1 lit. PA. Um das

---

323 Hoge Raad, 19/00135, Summary of the Decision: Dangerous Climate Change.
324 Hoge Raad, 19/00135, Summary of the Decision: The courts and the political domain.
325 Hoge Raad, 19/00135, Abschnitt 7.1.
326 Hoge Raad, 19/00135, Abschnitt 7.1.
327 Hoge Raad, 19/00135, Abschnitt 7.2.1–7.2.11.
328 Hoge Raad, 19/00135, Abschnitt 7.2.11.
329 Hoge Raad, 19/00135, Summary of the Decision: What, specifically, does the State's obligation to do 'its part' entail?

1,5 °C-Ziel einzuhalten, bedürfe es einer noch umfassenderen Reduktion der Treibhausgasemissionen als für das 2 °C-Ziel.[330]

2. Keine Verzögerung der Emissionsreduktion

Das oberste Zivilgericht der Niederlande führte aus, dass jeder Ausstoß von Treibhausgasen zu einer Zunahme der Treibhausgaskonzentration in der Atmosphäre führe und damit das Emissionsrestbudget, welches verbleibe, um die 1,5- oder 2 °C-Grenze einzuhalten, verringere.[331] Jede Verzögerung der Emissionsreduktion bedeute, dass die Treibhausgasemissionen in Zukunft drastischer reduziert werden müssten, um das Restbudget einzuhalten.[332] Das führe dazu, dass später vorzunehmende Reduktionsmaßnahmen umfangreicher, kostenintensiver und risikoreicher wären.[333] Davor habe das UNEP bereits in seinem Jahresbericht von 2013 gewarnt.[334]

3. Wissenschaftliche Unsicherheiten und das Vorsorgeprinzip

Der Hoge Raad machte deutlich, dass die 1,5- und 2 °C-Ziele sowie die dafür noch verfügbaren Treibhausgasbudgets auf Schätzungen beruhten und wissenschaftliche Unsicherheiten enthielten.[335] Es sei möglich, dass bei einer geringeren globalen Erwärmung und einem niedrigeren Treibhausgasbudget gefährliche Folgen des Klimawandels eintreten – beispielsweise durch das Auslösen von Kipppunkten.[336] Das Vorsorgeprinzip[337] erfordere, dass eher stärkere Reduktionen der Emissionen vorgenommen werden sollten als weniger weitreichende Maßnahmen.[338]

---

330 Hoge Raad, 19/00135, Summary of the Decision: What, specifically, does the State‘s obligation to do ‘its part‘ entail?

331 Hoge Raad, 19/00135, Abschnitte 4.6, 7.4.3.

332 Hoge Raad, 19/00135, Abschnitte 4.6, 7.4.3.

333 Hoge Raad, 19/00135, Abschnitt 7.4.3.

334 Hoge Raad, 19/00135, Abschnitte 2.1 (22), 7.4.3.

335 Hoge Raad, 19/00135, Abschnitt 7.2.10.

336 Hoge Raad, 19/00135, Abschnitt 7.2.10.

337 Das Vorsorgeprinzip ist im Rahmenübereinkommen der Vereinten Nationen über Klimaänderungen (Art. 3 Abs. 3 UNFCCC) festgeschrieben und auch in der Rechtsprechung des EGMR (EGMR 67021/01, Rn. 120) anerkannt.

338 Hoge Raad, 19/00135, Abschnitt 7.2.10

4. Geringeres von der EU vorgeschriebenes Ziel

Die EU als Ganzes hatte sich bis 2020 verpflichtet, die Treibhausgasemissionen um 20 % gegenüber dem Jahr 1990 zu senken[339], wobei die Niederlande auf EU-Ebene vereinbart hatten, die Treibhausgasemissionen bis zum Jahr 2020 im Nicht-ETS-Sektor um 16 %[340] und im ETS-Sektor um 21 % gegenüber den Vergleichswerten aus dem Jahr 2005[341] zu reduzieren. Der Hoge Raad führte hierzu aus, dass neben der Verpflichtung auf EU-Ebene auch eine solche zur Reduktion der Treibhausgasemissionen aus Art. 2 und Art. 8 EMRK folgen könne.[342] Art. 193 AEUV mache deutlich, dass die EU-Mitgliedsstaaten nicht daran gehindert würden, auf nationaler Ebene strengere Maßnahmen zu ergreifen als die auf EU-Ebene vereinbarten.[343]

5. Globales Problem – Teilverantwortung der einzelnen Staaten

Der Hoge Raad stellte fest, dass die Niederlande aus Art. 2 und Art. 8 EMRK verpflichtet seien, ihren Anteil im Kampf gegen den Klimawandel beizusteuern, auch wenn es sich um ein globales Problem handele.[344] Aus dem UNFCCC sowie dem allgemein völkerrechtlich anerkannten „No Harm"-Prinzip[345] folge, dass alle Vertragsparteien die im Rahmen ihrer Zuständigkeiten und Möglichkeiten notwendigen Maßnahmen ergreifen müssten.[346] Jede Reduzierung der Treibhausgasemissionen führe dazu, dass mehr vom globalen Treibhausgasbudget übrig bleibe, weshalb auch geringe Reduktionen

---

339 Richtlinie 2009/28/EG, Amtsbl. L 140/16.

340 Effort Sharing Decision (406/2009/EG), Amtsbl. L 140/136, Anhang II.

341 Richtlinie 2009/29/EG, Amtsbl. L 140/63.

342 Hoge Raad, 19/00135, Abschnitt 7.3.3.

343 Hoge Raad, 19/00135, Abschnitt 7.3.3.

344 Hoge Raad, 19/00135, Abschnitt 5.7.1. So auch bereits das Berufungsgericht: Gerechtshof Den Haag, 200.178.245/01, Rn. 61, 62.

345 Dieses Prinzip verpflichtet Staaten unter ihrer Hoheitsgewalt keine Tätigkeiten zu dulden, die anderen Staaten sowie den dort lebenden Menschen Schaden zufügen können. Vgl. Reports of International Arbitral Awards, Trail smelter case (United States, Canada) vom 16. April 1938 und 11. März 1941, Teil III, 1905 (1965): „no State has the right to use or permit the use of its territory in such a manner as to cause injury by fumes in or to the territory of another or the properties or persons therein, when the case is of serious consequence and the injury is established by clear and convincing evidence."

346 Hoge Raad, 19/00135, Abschnitte 5.7.3, 5.7.5.

einen positiven Effekt auf den Klimawandel hätten.[347] Aufgrund der großen Gefahren, die von den Veränderungen des Klimas ausgingen, könne sich ein Staat seiner Verantwortung nicht mit dem Verweis auf die Untätigkeit anderer Staaten entziehen.[348]

6. Der Grundsatz der Gewaltenteilung

In Bezug auf den Grundsatz der Gewaltenteilung führte der Hoge Raad aus, dass die Frage, welches Maß an Emissionsreduktion nötig sei, sowohl auf nationaler als auch auf internationaler Ebene grundsätzlich in den Bereich der Politik falle.[349] Der niederländischen Regierung und dem Parlament stehe dabei ein großer Ermessensspielraum zur Verfügung.[350] Die Gerichte könnten jedoch beurteilen, ob die Maßnahmen des niederländischen Staates das Mindestmaß seines Anteils an Schutz gegen den Klimawandel aus Art. 2 und Art. 8 EMRK unterschritten.[351] Dabei müsse die Justiz bei der Bestimmung der Mindestverpflichtung des Staates Zurückhaltung üben, insbesondere wenn dafür unverbindliche Regelungen oder Vereinbarungen herangezogen würden.[352] Der Staat dürfe nur in eindeutigen Fällen zur Ergreifung von Maßnahmen verurteilt werden.[353] Dann sei es aber Aufgabe der Justiz als Teil eines demokratischen Rechtsstaates, auch Rechtsschutz gegen den Staat zu ermöglichen.[354] Hier liege aufgrund der in der internationalen Gemeinschaft anerkannten Notwendigkeit der Reduzierung der Emissionen der Anhang-I-Länder des UNFCCC bis Ende 2020 um 25 % gegenüber dem Referenzjahr 1990 das Mindestmaß des vom niederländischen Staates gemäß Art. 2 und Art. 8 EMRK zu erbringenden Schutzes.[355] Die Anordnung dieses Emissionsreduktionsziels überlasse dem Staat die Entscheidung darüber,

347 Hoge Raad, 19/00135, Abschnitt 5.7.8.
348 Hoge Raad, 19/00135, Abschnitt 5.7.7.
349 Hoge Raad, 19/00135, Abschnitte 6.2, 8.3.2.
350 Hoge Raad, 19/00135, Abschnitt 8.3.2.
351 Hoge Raad, 19/00135, Abschnitte 6.3, 6.5, 8.3.2.
352 Hoge Raad, 19/00135, Abschnitt 6.6.
353 Hoge Raad, 19/00135, Abschnitt 6.6.
354 Hoge Raad, 19/00135, Summary of the Decision: The courts and the political domain.
355 Vgl. Hoge Raad, 19/00135, Abschnitt 6.3. Der Hoge Raad bezeichnete in seiner Entscheidung das 2 °C-Ziel als die maximale, noch vertretbare Erderwärmung. (Hoge Raad, 19/00135, Abschnitt 7.2.11)

welche konkreten Maßnahmen er zu dessen Erfüllung ergreifen möchte, und gewähre der Politik diesbezüglich einen Spielraum.[356]

7. Verhältnismäßigkeit

Der Hoge Raad prüfte zudem die Verhältnismäßigkeit des von ihm angeordneten Emissionsreduktionsziels.[357] Er verneinte einen Verstoß gegen den Verhältnismäßigkeitsgrundsatz im vorliegenden Fall, da die Regierung nicht hinreichend dargelegt habe, dass eine Emissionssenkung von mindestens 25 % bis Ende 2020 eine unmögliche oder unverhältnismäßige Belastung bedeuten würde.[358]

VI. Kritik am Urteil des Hoge Raad

Das Urteil des Hoge Raad erhielt auf der einen Seite großen Zuspruch, erntete auf der anderen Seite aber ebenso starke Kritik.[359]

1. Kurzzeitige Legislaturperioden der demokratisch legitimierten Parlamente

Zum Teil wird Verständnis für die hinter den Klimaklagen stehenden Akteure geäußert.[360] Die Diskrepanz zwischen den alarmierenden wissenschaftlichen Vorhersagen sowie den daraus abgeleiteten Empfehlungen der Klimaforschung einerseits und den in weiten Teilen von der Politik unzureichend getroffenen Maßnahmen andererseits erwecke den Eindruck, es bedürfe der Judikative, um den Staat zur Umsetzung von klimaschützenden Maßnahmen zu verpflichten.[361] Es wird der Verdacht geäußert, dass gewählte Parlamente und Regierungen aufgrund der verhältnismäßig kurzzeitigen Dauer ihrer demokratischen Rückbindungen bereits strukturell nicht geeignet seien, die mittel- bis langfristigen Folgen des Klimawandels zu bewältigen.[362]

---

356 Hoge Raad, 19/00135, Summary of the Decision: The courts and the political domain.
357 Hoge Raad, 19/00135, Abschnitt 7.5.3.
358 Hoge Raad, 19/00135, Abschnitt 7.5.3.
359 *Kirchner*, SZ vom 26.04.2020, Abschnitt 3.
360 *Wegener*, ZUR 2019, 3 (10).
361 Vgl. *Wegener*, ZUR 2019, 3 (10).
362 *Wegener*, ZUR 2019, 3 (10).

2. Überforderung der Menschenrechte sowie der Justiz

Andererseits wird kritisiert, dass es die Leistungsfähigkeit der individuellen Menschenrechte überspanne, aus ihnen Klimaschutzmaßnahmen abzuleiten, denn der Klimawandel stelle einen zu komplexen Vorgang dar.[363] Zudem überfordere es die Justiz, staatliche Maßnahmen gegen den Klimawandel zu beurteilen, da es sich dabei um nicht weniger als eine „überwältigende Menschheitsaufgabe" handele, die eine grundlegende Umgestaltung der Industriegesellschaften erfordere.[364] Die Judikative könne mit ihren auf individuellen (Grund-)Rechtsschutz ausgelegten Instrumenten und Fertigkeiten hierzu keinen im Ergebnis befriedigenden Beitrag leisten.[365] Auch seien die Reduktionsvorgaben des IPCC – so bedauerlich dies sei – ohnehin realpolitisch nicht umsetzbar.[366] Die „Idee einer Weltrettung durch Gerichtsbeschlüsse" führe daher letztlich in die Irre.[367]

3. Verstoß gegen den Grundsatz der Gewaltenteilung

Die maßgeblich geübte Kritik am Urteil des Hoge Raad ist ein Verstoß gegen den Grundsatz der Gewaltenteilung, weil sich das Gericht zu weit in der Politik vorbehaltene Bereiche begeben habe.[368] Dies entspricht dem Hauptargument des niederländischen Staates im Verfahren.[369] So führt *Wegener* aus, dass erfolgreiche Klimaklagen dazu führten, „die gewaltenteilenden demokratischen Systeme, zu denen es auch in ökologischer Perspektive keine besseren Alternativen gibt, tendenziell weiter [zu] delegitimieren".[370] Die Verantwortung für den Klimaschutz oder zumindest für die Bestimmung diesbezüglicher Zielvorgaben verschiebe sich, wie in der Entscheidung des Hoge Raad deutlich werde, vom parlamentarischen Gesetzgeber und der Regierung

---

363 *Wegener*, ZUR 2019, 3 (10, 11).

364 *Wegener*, VerfBlog vom 21.12.2019, Abschnitt 11.

365 *Wegener*, VerfBlog vom 21.12.2019, Abschnitt 11. A.A. dagegen *Groß*, Verfassungsrechtliche Klimaschutzverpflichtungen, 353 (363): „Die wissenschaftlichen Erkenntnisse über die Notwendigkeit zusätzlicher Anstrengungen sind mittlerweile so erdrückend, dass sie nur von ideologisch verblendeten Politiker*innen, nicht aber von rational analysierenden Richter*innen ignoriert werden können."

366 *Wegener*, ZUR 2019, 3 (13).

367 *Wegener*, ZUR 2019, 3.

368 *Kirchner*, SZ vom 26.04.2020, Abschnitt 3; *Wagner*, Klimahaftung, S. 129.

369 Hoge Raad, 19/00135, Abschnitt 2.2.3.

370 *Wegener*, ZUR 2019, 3.

hin zur Judikative.[371] Es bedürfe der gesellschaftlichen Anerkennung, dass der Klimawandel nur mit Wirtschaftseinbußen, Konsumverzichten und fundamentalen Änderungen der eigenen Lebensweise aufgehalten werden könne.[372] Die hierfür erforderlichen gesellschaftlichen Diskussionen müssten innerhalb der demokratisch legitimierten Organe und nicht im Gerichtssaal geführt werden.[373]

Der Justizminister der Niederlande *Sander Dekker* führte dagegen aus:

> [Die Justiz hätte] nichts anderes und nicht mehr gemacht, als die Gesetze und Regulierungen auszulegen, die das Parlament erlassen hat.[374] [...] [W]ir sollten glücklich sein, in einem Land zu leben, in dem auch die Exekutive solche Rechtsstreitigkeiten immer wieder verliert. Nicht umsonst schauen wir mit Argusaugen auf die Entwicklungen in Polen[375] und Ungarn: Wenn die Justiz nur der verlängerte Arm der Regierung wäre und ihr immer Recht gäbe, hätten wir ein größeres Problem.[376]

---

371 *Wegener*, ZUR 2019, 3 (12).

372 *Wegener*, ZUR 2019, 3 (13).

373 *Wegener*, ZUR 2019, 3 (13).

374 *Kirchner*, SZ vom 26.04.2020, Abschnitt 11.

375 Seit dem Machtwechsel Ende 2023 und der neuen pro-europäischen Regierung unter *Donald Tusk* ist von einer Verbesserung der Rechtsstaatlichkeit und Demokratie in Polen auszugehen. (lpb BW, Demokratie und Rechtsstaatlichkeit in Polen, Abschnitt 11)

376 *Kirchner*, SZ vom 26.04.2020, Abschnitt 11.

Die grundrechtsdogmatische Einordnung staatlicher Maßnahmen zum Klimaschutz – vor dem Klimabeschluss des BVerfG vom 24. März 2021 – 1 BvR 2656/18 u. a.

Im Anschluss an das Urteil des obersten Zivilgerichts der Niederlande stellte sich die rechtswissenschaftliche Literatur in Deutschland die Frage, ob ein entsprechendes Urteil, das den deutschen Staat zu einem bis zu einem konkret festgelegten Zeitpunkt zu erreichenden Emissionsminderungsziel verpflichtet, hierzulande möglich ist.[377] Dies lag auch darin begründet, dass kurz vor der Urteilsverkündung am 20.12.2019 durch den Hoge Raad in den Niederlanden eine Klimaklage vom VG Berlin am 31.10.2019 mangels Klagebefugnis (§ 42 Abs. 2 VwGO) als unzulässig abgewiesen worden war[378] und des Weiteren Verfassungsbeschwerden hinsichtlich ein Mehr an Klimaschutz anhängig waren.[379]

Wollen Bürger den deutschen Staat auf dem Rechtsweg zu einer strengeren Treibhausgasreduktion verpflichten, streben sie seit dem Inkrafttreten des Bundes-Klimaschutzgesetzes im Dezember 2019 eine Gerichtsentscheidung an, die den Bundesgesetzgeber zu einer Verschärfung der im KSG festgeschriebenen Minderungsregelungen verpflichtet. So haben die Beschwerdeführenden der dem Klimabeschluss des BVerfG vom 24. März 2021 zugrunde liegenden Verfassungsbeschwerden vor allem geltend gemacht, dass die vom

---

377 So beispielsweise: *Groß*, NVwZ 2020, 337 ff.; *Kahl*, JURA 2021, 117 ff.; *Stürmlinger*, EurUP 2020, 169 ff. und *Voland*, NVwZ 2019, 114 f., der zu dem Ergebnis kommt, dass ein Verfahren mit dem Ziel der Verschärfung der Emissionsreduktionsziele in Deutschland zwar zulässig sein könnte, aber mangels Verletzung einer grundrechtlichen Schutzpflicht nicht begründet sein würde (S. 120).

378 VG Berlin, NVwZ 2020, 1289 ff.

379 *Kahl*, JURA 2021, 117.

Bundesgesetzgeber in § 3 Abs. 1 und § 4 Abs. 1 S. 3 KSG i. V. m. Anlage 2 KSG normierten Treibhausgasemissionsreduktionen nicht ausreichend seien, um die Erderwärmung bei 1,5 °C oder zumindest bei deutlich unter 2 °C anzuhalten.[380]

In Bezug auf die für ein solches Begehren zuständige Gerichtsbarkeit gilt, dass der Bürger einen Anspruch auf den Erlass eines Parlamentsgesetzes ausschließlich vor den Verfassungsgerichten geltend machen kann.[381] Existieren – wie im Falle des KSG – gesetzliche Vorschriften, die aus Sicht der Beschwerdeführer nicht streng genug sind, wird ein gesetzgeberisches Nachbessern und damit ein aktives Tun der Legislative verfolgt.[382] Hierfür ist die Rechtssatzverfassungsbeschwerde der richtige Rechtsbehelf.[383]

Anders als in den Niederlanden würde das BVerfG sein Urteil in einem solchen Fall nicht auf die EMRK, sondern auf das Grundgesetz stützen.[384] Denn im Gegensatz zum Rechtssystem der Niederlande, in dem die EMRK aufgrund des Art. 94 der niederländischen Verfassung höheren Rang als die niederländischen Gesetze hat[385], können sich Beschwerdeführer vor dem Bundesverfassungsgericht nicht unmittelbar auf die menschenrechtlichen Gewährleistungen aus der EMRK berufen.[386] Nach der Rechtsprechung des BVerfG ist die EMRK nur als Auslegungshilfe für die Grundrechte des Grundgesetzes zu berücksichtigen.[387]

Im Unterschied zu den Verfassungen einiger anderer Staaten[388] gibt es im deutschen Grundgesetz kein Grundrecht auf Schaffung oder Erhaltung einer sauberen Umwelt.[389] Es gab mehrfach Diskussionen über die Einführung eines solchen Grundrechts, letztendlich konnten sich die dies

---

380 BVerfG, Pressemitteilung Nr. 31/2021, Absatz 4.

381 BVerwG, NJW 1987, 2315 (2316).

382 Vgl. *Voland*, NVwZ 2019, 114 (116).

383 *Voland*, NVwZ 2019, 114 (116).

384 *Kirchner*, SZ vom 26.04.2020, Abschnitt 9.

385 *Groß*, NVwZ 2020, 337.

386 *Stürmlinger*, EurUP 2020, 169; *Voland*, NVwZ 2019, 114 (117).

387 BVerfG, NVwZ 2018, 1121 (1125).

388 Beispielsweise Art. 23 Abs. 2 Nr. 4 Verf. Belgien, § 20 Verf. Finnland, Art. 66 Abs. 1 Verf. Portugal, Art. 45 Abs. 1 Verf. Spanien.

389 BVerwG, NJW 1978, 554: „Bundesverfassungsrechtlich gibt es kein ‚Umweltgrundrecht', das subjektivrechtlich einen weitergehenden Schutz verleiht, als es die Art. 2 ff. GG zugunsten jeweils bestimmter Schutzgüter tun".

befürwortenden Ansichten jedoch nicht durchsetzen.[390] Die Staatszielbestimmung aus Art. 20a GG, die neben dem Umweltschutz auch den Klimaschutz erfasst, stellt kein subjektiv-öffentliches Recht, sondern eine objektive Verpflichtung des Staates dar.[391]

Die von den Folgen des Klimawandels ausgehenden Gefahren führen möglicherweise zu einer Beeinträchtigung des Grundrechts auf Leben und körperliche Unversehrtheit, Art. 2 Abs. 2 S. 1 GG, der Eigentumsfreiheit, Art. 14 Abs. 1 S. 1 Alt. 1 GG, und der Berufsfreiheit, Art. 12 Abs. 1 S. 1 GG.[392] Leben und Gesundheit der Bürger können beispielsweise durch Hitzewellen, Stürme, Überschwemmungen, Verschlechterung der Wasser- und Nahrungsmittelversorgung sowie die Ausbreitung von Krankheitsträgern geschädigt werden.[393] Die aufgrund der Veränderungen des Klimasystems zunehmende Wahrscheinlichkeit von Stürmen sowie Überflutungen kann die Beschädigung von Eigentum zur Folge haben.[394] Handelt es sich um Grundeigentum in Küstennähe oder auf Inseln droht infolge des Anstiegs des Meeresspiegels sogar der komplette Untergang.[395] Außerdem ist das Eigentum von Land- und Forstwirten gefährdet.[396] Beispielsweise kann die Getreideernte in der Landwirtschaft angesichts von Dürreperioden geringer ausfallen.[397] Dies begründet eine Beeinträchtigung der Substanz des Eigentums der Bauern.[398]

---

390 *Kahl*, JURA 2021, 117 (118). Aktuell spricht sich beispielsweise *Kersten* in einem Interview mit *Suliak* in LTO vom 07.05.2022 für ein „Umweltgrundrecht“ und eine diesbezügliche Grundgesetzänderung aus. „[A]ngesichts der enormen ökologischen Herausforderungen, die die Mütter und Väter des Grundgesetzes nicht im Blick hatten, muss unsere Verfassung durchökologisiert werden. Umwelt- und Tierschutz lediglich als Staatsziel in Art. 20a GG vorzusehen, wie man das noch 1994 und 2002 für ausreichend hielt, reicht heute nicht mehr. Wir brauchen vielmehr ein Umweltgrundrecht“. (*Suliak*, LTO vom 07.05.2022, Abschnitt 3)

391 BVerfG, 1 BvR 2656/18 u. a., Rn. 112.

392 *Bickenbach*, JZ 2020, 168 (170); *Groß*, EurUP. 2019, 353 (360, 361). Bejahend bezüglich Art. 2 Abs. 2 S. 1 GG sowie Art. 14 Abs. 1 GG sowie die Möglichkeit der Beeinträchtigung von Art. 12 Abs. 1 GG in Betracht ziehend: *Stürmlinger*, EuRUP 2020, 169 (181).

393 *Bickenbach*, JZ 2020, 168 (170).

394 *Voland*, NVwZ 2019, 114 (117).

395 *Bickenbach*, JZ 2020, 168 (170); *Groß*, EurUP 2019, 353 (361).

396 *Bickenbach*, JZ 2020, 168 (170).

397 *Marquart*, Der Spiegel vom 23.08.2022.

398 *Krieger/Heintzen*, Hauptstadtfälle 2021, S. 5.

Extremwetterereignisse können ferner die Berufsfreiheit gefährden. So kann die Schifffahrt als Folge von Niedrigwasser in Flüssen eingeschränkt sein.[399] Damit besteht infolge des Klimawandels insbesondere die Möglichkeit einer Beeinträchtigung der Berufsfreiheit von Binnenschiffern.[400]

Die meisten den Klimawandel von deutschem Boden verursachenden Treibhausgasemissionen gehen nicht vom Staat, sondern von Privaten aus.[401] Dabei ist zu beachten, dass der deutsche Gesetzgeber in § 4 Abs. 1 S. 3 KSG i. V. m. Anlage 2 KSG bestimmte jährliche Mengen privater Treibhausgasemissionen zugelassen hat. Während es unstrittig ist, dass vom Staat selbst emittierte Treibhausgase der Abwehrfunktion der Grundrechte zuzuordnen sind,[402] stellt sich hinsichtlich privater Emissionen die in diesem Kapitel zu untersuchende Frage, ob sich eine auf strengere Reduktionsvorgaben im KSG gerichtete Verfassungsbeschwerde vor dem BVerfG auf die Abwehr- oder die Schutzdimension der angeführten Grundrechte stützen kann. Um in die Thematik dieser beiden unterschiedlichen Grundrechtsfunktionen einzuführen, wird zunächst erläutert, wie das BVerfG neben der Abwehrfunktion der Grundrechte eine zusätzliche Schutzfunktion entwickelt hat (A, B) und welche Kritik diesbezüglich geäußert worden ist (C). Anschließend wird insbesondere das Differenzierungskriterium zwischen grundrechtlichem Abwehrrecht und grundrechtlicher Schutzpflicht (D) sowie das in beiden Bereichen unterschiedliche Maß an Rechtssicherheit (F) dargestellt. Den Abschnitt abschließend wird die Frage beantwortet, ob die vom deutschen Staat im KSG zugelassenen Treibhausgasemissionen Privater dogmatisch schlüssig innerhalb der grundrechtlichen Abwehr- oder Schutzpflichtendimension erfasst werden sollten (G).

A. Von den Grundrechten als Abwehrrechten zur Multifunktionalität der Grundrechte

Die Grundrechte hatten zunächst die Funktion, staatliche Macht zu beschränken und den Menschen bestimmte Rechte und Freiheiten zu gewähren, die

399 *Ciesinger*, Tagesspiegel vom 20.08.2022, Absätze 2, 3, 6.
400 *Bickenbach*, JZ 2020, 168 (170).
401 *Bickenbach*, JZ 2020, 168 (170).
402 Vgl. *Isensee*, in: Hdb. des Staatsrechts, Band IX, § 191, Rn. 15.

vor staatlichen Beeinträchtigungen geschützt werden sollten (Abwehrrechte gegen den Staat).[403] Das BVerfG führte in einem Urteil aus dem Jahr 1951 bezüglich des historischen Ursprungs der Grundrechte aus:

> Die Grundrechte haben sich aus den im 18. Jahrhundert proklamierten Rechten der Freiheit und Gleichheit entwickelt. Ihr Grundgedanke war der Schutz des Einzelnen gegen den allmächtig und willkürlich gedachten Staat.[404]

Konkretisierend stellte es in einem Urteil aus dem Jahr 1975 fest, dass „[d]ie im Zentrum unserer Verfassung stehenden Grundrechtsnormen [...] als Abwehrrechte de[r] Bürger im Verhältnis zum Staat einen Bereich freier, eigenverantwortlicher Lebensgestaltung" gewährleisten.[405]

Bereits im 19. Jahrhundert gab es einen beachtlichen Teil der deutschen Staatsrechtslehrer, die den Grundrechten auch staatliche Aufgaben, unter anderem die Gewährung von Sicherheit, entnahmen.[406] Während die Verfasser des Grundgesetzes noch von einem restriktiven abwehrrechtlichen Grundrechtsverständnis ausgingen[407], weshalb der Text des Grundgesetzes vorwiegend Abwehrrechte enthält[408], gewann im deutschen rechtswissenschaftlichen Schrifttum nach Inkrafttreten des Grundgesetzes am 24. Mai 1949 die Entwicklung von über die klassische abwehrrechtliche Dimension hinausgehenden Funktionen der Grundrechte an Bedeutung.[409] Das Bundesverfassungsgericht versuchte hingegen zunächst an dem traditionellen Grundrechtsverständnis festzuhalten[410], wurde in der Folgezeit

---

403 *Epping*, Grundrechte, Kapitel 3, Rn. 123; *Moritz*, Staatliche Schutzpflichten, S. 95; *Stern*, DÖV 2010, 241, 242. Die Dokumente in der Zeit der Anfänge der Grundrechte, die englische Magna Charta, die englischen und amerikanischen Bill of Rights und die französische Déclaration des Droits de Lommer et du Citoyen bis zu den europäischen Grundrechtsverfassungen des 19. Jahrhunderts, verstanden die Grundrechte als individuelle Abwehrrechte gegen staatliche Eingriffe in verfassungsrechtlich normierte Rechte und Freiheiten. (*Stern*, DÖV 2010, 241 [242])

404 BVerfGE 1, 97 (104).

405 BVerfGE 39, 68 (70).

406 *Stern*, DÖV 2010, 241 (242).

407 *Szczekalla*, Schutzpflichten, S. 456.

408 *Isensee*, Das Grundrecht auf Sicherheit, S. 27.

409 *Stern*, DÖV 2010, 241 (242).

410 BVerfGE 1, 97 (104 f.).

aber zum „Vorreiter der Multifunktionalität der Grundrechte“.[411] Im für die Entwicklung der Grundrechte bedeutsamen sog. Lüth-Urteil aus dem Jahr 1958[412] wiederholte das Gericht zunächst, dass sich aus der geschichtlichen Entwicklung der Grundrechte ergebe, dass „die Grundrechte in erster Linie dazu bestimmt [sind], die Freiheitssphäre des einzelnen vor Eingriffen der öffentlichen Gewalt zu sichern; sie sind Abwehrrechte des Bürgers gegen den Staat.“[413] Sodann stellte das BVerfG fest, dass es neben der abwehrrechtlichen Komponente der Grundrechte eine „Verstärkung der Geltungskraft der Grundrechte“ gebe.[414] Diese bestehe darin, „daß das Grundgesetz, das keine wertneutrale Ordnung sein will, in seinem Grundrechtsabschnitt auch eine objektive Wertordnung aufgerichtet hat“.[415] Diese Multifunktionalität der Grundrechte bezeichnete das BVerfG knapp zehn Jahre später bereits als „ständige[] Rechtsprechung“.[416] Im sog. Mitbestimmungs-Urteil aus dem Jahr 1979 stand der Wertebezug nicht mehr im Vordergrund; dort sprach das BVerfG stattdessen von „objektive[n] Prinzipien“ der Grundrechte.[417] Seitdem ist es sowohl in der Rechtsprechung als auch in der Literatur anerkannt, dass aus den Grundrechten neben den subjektiv-rechtlichen Abwehrrechten auch objektiv-rechtliche Gehalte abzuleiten sind.[418] Solche werden im Grundsatz für alle Grundrechte anerkannt.[419] Auf Grundlage dieser objektiv-rechtlichen Gehalte hat das BVerfG – wie im Folgenden dargestellt wird – die staatlichen Schutzpflichten entwickelt.[420] Diese Grundrechtsfunktion stellt heute „die zentrale Figur der objektivrechtlichen Dimension der Grundrechte“ dar.[421]

---

411 *Stern*, DÖV 2010, 241 (242).
412 *Stern*, DÖV 2010, 241 (243).
413 BVerfGE 7, 198 (204).
414 BVerfGE 7, 198 (205).
415 BVerfGE 7, 198 (205).
416 BVerfGE 21, 362 (371, 372).
417 BVerfGE 50, 290 (337).
418 BVerfG, 1 BvR 2656/18 u. a., Rn. 152; *Pietrzak*, JuIs 1994, 748, 749; *Stern*, DÖV 2010, 241 (243).
419 *Moritz*, Staatliche Schutzpflichten, S. 96.
420 BVerfG, NJW 1975, 573 (575); BVerfG, 1 BvR 2656/18 u. a., Rn. 152.
421 *Klein*, Juz' 2006, 960.

B. Die Entdeckung der staatlichen Schutzpflichten aus den Grundrechten

Schutzpflichten lassen sich lediglich in wenigen Fällen unmittelbar aus dem Verfassungstext entnehmen.[422] Explizite Verpflichtungen zum Schutz bestimmter Rechtsgüter sind in Art. 1 Abs. 1 S. 2 GG sowie Art. 6 Abs. 1 und Abs. 4 GG enthalten.[423] Das BVerfG führt aus, dass „eine positive staatliche Schutz- und Handlungspflicht [... in der Regel] erst im Wege der Verfassungsinterpretation aus den in den Grundrechten verkörperten Grundentscheidungen hergeleitet“ werden kann.[424]

Es hat im Jahr 1975 in seinem ersten Urteil zur Zulässigkeit der Abtreibung in den ersten drei Monaten der Schwangerschaft eine grundrechtliche Schutzpflicht des Staates für das werdende Leben unmittelbar aus Art. 2 Abs. 2 S. 1 GG anerkannt und sich zudem auf Art. 1 Abs. 1 S. 2 GG bezogen.[425] Das Gericht führt aus:

> Die Pflicht des Staates, jedes menschliche Leben zu schützen, läßt sich deshalb bereits unmittelbar aus Art. 2 Abs. 2 Satz 1 GG ableiten. Sie ergibt sich darüber hinaus auch aus der ausdrücklichen Vorschrift des Art. 1 Abs. 1 Satz 2 GG; denn das sich entwickelnde Leben nimmt auch an dem Schutz teil, den Art. 1 Abs. 1 GG der Menschenwürde gewährt. Wo menschliches Leben existiert, kommt ihm Menschenwürde zu.[426]

Der Erste Senat konkretisiert die staatliche Schutzpflicht wie folgt:

> Die Schutzpflicht des Staates ist umfassend. Sie verbietet nicht nur – selbstverständlich – unmittelbare staatliche Eingriffe in das sich entwickelnde Leben, sondern gebietet dem Staat auch, sich schützend und fördernd vor dieses Leben zu stellen, das heißt vor allem, es auch vor rechtswidrigen Eingriffen von Seiten anderer zu bewahren.[427]

---

422 *Epping*, Grundrechte, Kapitel 3, Rn. 125.
423 *Goerlich*, DÖV 1982, 631 (633); *Schwabe*, Probleme der Grundrechtsdogmatik, S. 211.
424 BVerfGE 56, 54 (81).
425 BVerfGE 39, 1 (41).
426 BVerfGE 39, 1 (41).
427 BVerfGE 39, 1 (42).

Mit diesem Urteil, das als „wegweisende[] Entscheidung“[428] und „juristischer Paukenschlag“[429] betitelt wurde, etablierte das BVerfG die Dimension der Grundrechte als staatliche Schutzpflichten.[430]

Seitdem gewann die Idee der aus den Grundrechten abzuleitenden Schutzpflichten sowohl in der Rechtsprechung des Bundesverfassungsgerichts als auch in der Literatur stetig an Bedeutung.[431] Sie ist heute fester Bestandteil der Grundrechtsdogmatik.[432] Das BVerfG hat neben der staatlichen Schutzpflicht für das werdende Leben vor Abtreibung[433] u. a. eine solche vor den Gefahren der friedlichen Nutzung der Kernenergie[434], vor Flug[435]- und Straßenverkehrslärm[436], vor der Ozonbelastung[437], vor Luftverschmutzung[438] sowie vor den vom Klimawandel ausgehenden Gefahren[439] angenommen. Aus diesen Entscheidungen wird deutlich, dass die staatliche Verpflichtung zum Schutz der Grundrechte auf Leben und körperliche Unversehrtheit aus Art. 2 Abs. 2 S. 1 GG die bedeutsamste aus den Grundrechten abzuleitende Schutzpflicht darstellt.[440]

I. Die dogmatische Herleitung der grundrechtlichen Schutzpflichten durch das BVerfG

In seinem ersten Urteil zum Schwangerschaftsabbruch[441] leitete das BVerfG die Schutzpflicht des Staates für das ungeborene Leben unmittelbar aus Art. 2 Abs. 2 S. 1 GG ab und merkte darüber hinaus an, dass sie sich auch aus Art. 1

---

428 *Moritz*, Staatliche Schutzpflichten, S. 96.

429 *Isensee*, Das Grundrecht auf Sicherheit, S. 27.

430 *Szczekalla*, Schutzpflichten, S. 92.

431 *Stern*, DÖV 2010, 241 (243).

432 *Isensee*, in: Hdb. des Staatsrechts, Band IX, § 191, Rn. 25; *Klein*, JuS 2006, 960; *Stern*, DÖV 2010, 241 (243, 247).

433 BVerfGE 39, 1 (41 f.); BVerfGE 88, 203 (251).

434 BVerfGE 49, 89 (140 ff.); BVerfGE 53, 30 (57 ff.).

435 BVerfGE 56, 54 (73 f.).

436 BVerfGE 79, 174 (201 f.).

437 BVerfG, NJW 1996, 651.

438 BVerfG, NJW 1998, 3264 (3265 f.).

439 BVerfG, NJW 2021, 1723.

440 *Calliess*, Rechtsstaat und Umweltstaat, S. 314; *Calliess*, JZ 2006, 321 (322); *Pietrzak*, JuS 1994, 748; *Schmidt*, in: ErfK ArbR, Einleitung zum GG, Rn. 39.

441 BVerfGE 39, 1.

Abs. 1 S. 2 GG ergebe.[442] Dagegen entnahm das Gericht im zweiten Urteil zum Schwangerschaftsabbruch[443] die staatliche Schutzpflicht aus Art. 1 Abs. 1 S. 2 GG und stellte fest, dass diese inhaltlich in Art. 2 Abs. 2 GG konkretisiert werde.[444] Ähnlich führte das BVerfG im Beschluss betreffend die Gesundheitsgefahren durch Ozon zur Begründung der staatlichen Schutzpflicht aus:

> In der Rechtsprechung des BVerfG ist geklärt, daß Art. 2 II 1 i.V. mit Art. 1 I 2 GG den Staat verpflichtet, sich schützend und fördernd vor die Rechtsgüter Leben und körperliche Unversehrtheit zu stellen, d.h. auch, sie vor rechtswidrigen Eingriffen von seiten Dritten zu bewahren.[445]

Im atomrechtlichen Kalkar-Beschluss sah das BVerfG den Grund für die staatlichen Schutzpflichten in der im Grundrechtsteil festgelegten objektiven Werteordnung.[446] Art. 1 Abs. 1 S. 2 GG wird in dem Beschluss nicht als die den grundrechtlichen Schutzpflichten allgemein zugrunde liegende Verfassungsnorm interpretiert, sondern lediglich als Beispiel der im Grundgesetz am deutlichsten formulierten Pflicht des Staates zum Schutz von Rechtsgütern.[447] Diesen Gedankengang weiterverfolgend stützte sich das BVerfG im

---

442 BVerfGE 39, 1 (41).

443 BVerfGE 88, 203.

444 BVerfGE 88, 203 (251). Das BVerfG führt insoweit wörtlich aus: „Die Verfassung untersagt nicht nur unmittelbare staatliche Eingriffe in das ungeborene Leben, sie gebietet dem Staat auch, sich schützend und fördernd vor dieses Leben zu stellen, d.h. vor allem, es auch vor rechtswidrigen Eingriffen von seiten anderer zu bewahren (vgl. BVerfGE 39, 1 [42]). Ihren Grund hat diese *Schutzpflicht* in Art. 1 Abs. 1 GG, der den Staat ausdrücklich zur Achtung und zum Schutz der Menschenwürde verpflichtet; ihr Gegenstand und – von ihm her – ihr Maß werden durch Art. 2 Abs. 2 GG näher bestimmt."

445 BVerfG, NJW 1996, 651.

446 BVerfGE 49, 89 (141 f.).

447 BVerfGE 49, 89 (141 f.): „Nach ständiger Rechtsprechung des Bundesverfassungsgerichts enthalten die grundrechtlichen Verbürgungen nicht lediglich subjektive Abwehrrechte des Einzelnen gegen die öffentliche Gewalt, sondern stellen zugleich objektivrechtliche Wertentscheidungen der Verfassung dar, die für alle Bereiche der Rechtsordnung gelten und Richtlinien für Gesetzgebung, Verwaltung und Rechtsprechung geben [...]; dies wird am deutlichsten in Art. 1 Abs. 1 Satz 2 GG ausgesprochen, wonach es Verpflichtung aller staatlichen Gewalt ist, die Würde des Menschen zu achten und zu schützen. Daraus können sich verfassungsrechtliche Schutzpflichten ergeben, die es gebieten, rechtliche Regelungen so auszugestalten, dass auch die Gefahr von Grundrechtsverletzungen eingedämmt bleibt."

zweiten atomrechtlichen Beschluss zu den grundrechtlichen Schutzpflichten des Staates (Mülheim-Kärlich-Beschluss) bezüglich deren Herleitung allein auf den objektiv-rechtlichen Gehalt des Art. 2 Abs. 2 GG.[448] Das BVerfG bekräftigte diesen dogmatischen Weg im Fluglärm-[449] sowie im Straßenverkehrslärm-Beschluss[450], in denen es zur Begründung der staatlichen Schutzpflicht erneut ausschließlich auf den objektiv-rechtlichen Gehalt des Art. 2 Abs. 2 GG abstellt. Ebenso legte es im Waldschäden-Beschluss dar, dass „eine Schutzpflicht des Gesetzgebers allenfalls im Wege der Verfassungsinterpretation aus einer in Art. 14 I 1 GG enthaltenen Grundentscheidung" hergeleitet werden kann.[451] Und auch im Klimabeschluss des BVerfG, auf den im weiteren Verlauf der Arbeit noch ausführlich eingegangen wird, spricht der Erste Senat von „aus der objektiven Funktion des Grundrechts [Art. 2 Abs. 2 S. 1 GG] abgeleiteten Schutzpflichten".[452]

Die Auswertung der vorgestellten wegweisenden Urteile zu den grundrechtlichen Schutzpflichten zeigt, dass das BVerfG zwei unterschiedliche

---

448 BVerfGE 53, 30 (57): „Als verfassungsrechtlicher Prüfungsmaßstab kommt das in Art. 2 Abs. 2 GG gewährleistete Grundrecht auf Leben und körperliche Unversehrtheit in Verbindung mit dem Anspruch auf effektiven Rechtsschutz in Betracht. Nach anerkannter Rechtsprechung schützt dieses Grundrecht nicht nur als subjektives Abwehrrecht gegen staatliche Eingriffe. Vielmehr folgt darüber hinaus aus seinem objektiv-rechtlichen Gehalt die Pflicht der staatlichen Organe, sich schützend und fördernd vor die darin genannten Rechtsgüter zu stellen und sie insbesondere vor rechtswidrigen Eingriffen von seiten anderer zu bewahren."

449 BVerfGE 56, 54 (73): „Als verfassungsrechtlicher Prüfungsmaßstab kommt vor allem das durch Art. 2 Abs. 2 GG geschützte Recht auf körperliche Unversehrtheit in Betracht. Nach anerkannter Rechtsprechung schützt dieses Grundrecht den Staatsbürger nicht nur als subjektives Abwehrrecht gegen staatliche Eingriffe. Vielmehr folgt darüber hinaus aus seinem objektiv-rechtlichen Gehalt die Pflicht der staatlichen Organe, sich schützend und fördernd vor die in Art. 2 Abs. 2 GG genannten Rechtsgüter zu stellen und sie insbesondere vor rechtswidrigen Eingriffen von seiten anderen zu bewahren." Siehe hierzu auch: *Moritz*, Staatliche Schutzpflichten, S. 101, 102.

450 BVerfGE 79, 174 (201, 202): „Nach der Rechtsprechung des Bundesverfassungsgerichts erschöpft sich das Grundrecht jedoch nicht in einem subjektiven Abwehrrecht gegenüber solchen Eingriffen. Aus ihm ist vielmehr auch eine Schutzpflicht des Staates und seiner Organe für das geschützte Rechtsgut abzuleiten, deren Vernachlässigung von dem Betroffenen mit der Verfassungsbeschwerde geltend gemacht werden kann."

451 BVerfG, NJW 1998, 3264 (3265).

452 BVerfG, 1 BvR 2656/18 u. a., Rn. 145.

dogmatische Begründungsversuche für die staatlichen Schutzpflichten anführt.[453] Auf der einen Seite stellt es allein auf den aus dem jeweiligen Grundrecht folgenden objektiv-rechtlichen Gehalt ab, auf der anderen Seite führt das Gericht in der Regel zusätzlich hierzu den Wortlaut des Art. 1 Abs. 1 S. 2 GG an.[454]

II. (Abweichende) Begründungsansätze in der Literatur

In der Literatur ist die Rechtsprechung des BVerfG zu den aus den Grundrechten folgenden staatlichen Schutzpflichten im Wesentlichen auf Zustimmung gestoßen.[455] Das gilt jedenfalls für ihre Existenz.[456] Hingegen bestehen hinsichtlich ihrer dogmatischen Herleitung unterschiedliche Begründungsansätze.[457]

Eine Ansicht folgt der einen vom BVerfG angeführten Argumentation und will die Schutzpflichten aus dem objektiv-rechtlichen Gehalt des jeweiligen Grundrechts ableiten.[458] Eine andere Meinung stellt – entsprechend dem zweiten Begründungsansatz des BVerfG – auf Art. 1 Abs. 1 S. 2 GG als „Basis der grundrechtlichen Schutzpflichten" ab und zieht zusätzlich die objektiv-rechtliche Funktion der einzelnen Grundrechte heran.[459] Eine weitere Auffassung in der rechtswissenschaftlichen Literatur will die grundrechtlichen Schutzpflichten des Staates mit dem Staatszweck Sicherheit begründen.[460] Aufgrund des Gewaltmonopols des Staates und der Verpflichtung der Bürger zum

453 Vgl. *Klein*, NJW 1989, 1633 (1635).

454 Vgl. *Klein*, NJW 1989, 1633 (1635).

455 *Szczekalla*, Schutzpflichten, S. 244 m. w. N.

456 *Epping*, Grundrechte, Kapitel 3, Rn. 124; *Pietrzak*, JuS 1994, 748; *Szczekalla*, Schutzpflichten, S. 244.

457 *Ruschemeier/Senders*, in: Hahn/Petras/Valentiner/Wienfort, Grundrechte, § 8, S. 93; *Szczekalla*, Schutzpflichten, S. 244; *v. Steinau-Steinrück*, Infektionskrankheiten, S. 127. Im Folgenden werden zwecks Übersichtlichkeit nicht alle in der Literatur vertretenen Begründungsansätze für die grundrechtlichen Schutzpflichten aufgeführt. Für einen Überblick hierzu kann verwiesen werden auf *Moritz*, Staatliche Schutzpflichten, S. 97–99.

458 So *Merten*, in: GS Burmeister, 227 (232, 233); *Pietrzak*, JuS 1994, 748 (749); *Szczekalla*, Schutzpflichten, S. 335, der die Ableitung grundrechtlicher Schutzpflichten „aus dem objektiv-rechtlichen Gehalt der Grundrechte" bestätigt „und zwar unabhängig von einer ergänzenden oder stützenden Bezugnahme auf Art. 1 I 2 GG".

459 So *Ruschemeier/Senders*, in: Hahn/Petras/Valentiner/Wienfort, Grundrechte, § 8, S. 94.

460 *Isensee*, in: Hdb. des Staatsrechts, Band IX, § 191, Rn. 181.

Verzicht auf Privatjustiz müsse der Staat für den Schutz der Bürger untereinander sorgen.[461] In den Grundrechten seien als objektiv-rechtliche Gehalte diejenigen Rechtsgüter aufgeführt, die innerhalb der staatlichen Friedensordnung unabdingbar seien[462], weshalb der Staat zu deren Schutz verpflichtet sei.[463]

III. Die Ableitung grundrechtlicher Schutzpflichten aus Art. 1 Abs. 1 S. 2 GG i. V. m. dem objektiv-rechtlichen Gehalt des jeweils zu schützenden Grundrechts

Für die Herleitung der grundrechtlichen Schutzpflichten allein auf den objektiv-rechtlichen Gehalt der Grundrechte abzustellen, erscheint möglich. Jedoch ergeben sich durch einen solchen Begründungsweg Schwierigkeiten im Hinblick auf den Grundsatz der Gewaltenteilung. Die Verfassungsfortbildung umfasst zwar die Berücksichtigung gesellschaftlicher Veränderungen weitgehend ohne Anknüpfungspunkt im Wortlaut der Verfassung.[464] Dennoch sollte – soweit wie möglich – zur Wahrung der Gewaltenteilung auf bestehende Verfassungsnormen Bezug genommen werden. So überzeugt der Gedanke, dass die Grundrechte nur dann hinreichend verwirklicht werden, wenn nicht nur der Staat selbst Eingriffe unterlässt, sondern auch vor Eingriffen Privater schützt. Denn diese stellen in der heutigen Zeit eine gleichwertige Gefahrenquelle dar. Das alleinige Abstellen auf dieses teleologische Argument der objektiv-rechtlichen Gehalte der Grundrechte lässt jedoch einen möglichen Ansatzpunkt im Wortlaut der Verfassung außer Acht und stellt deshalb nicht den überzeugendsten Weg für die Herleitung der grundrechtlichen Schutzpflichten dar.

Dieselbe Argumentation gilt für diejenige Ansicht in der Literatur, die an den Staatszweck Sicherheit in Verbindung mit den in den Grundrechten festgeschriebenen Rechtsgütern anknüpfen will. Auch gegen diese Meinung muss eingewandt werden, dass sie keinen Anknüpfungspunkt in der Verfassung nachweist.[465]

---

461 *Isensee*, in: Hdb. des Staatsrechts, Band IX, § 191, Rn. 181.

462 *Klein*, NJW 1989, 1633 (1636).

463 *Isensee*, in: Hdb. des Staatsrechts, Band IX, § 191, Rn. 222.

464 *Huber*, ZBJV 1971, 172 (186, 187): „Gewöhnliche Auslegung geht dagegen [im Gegensatz zur Konkretisierung] vom Normtext oder geht mehr von ihm aus."; *Musil*, in: FS Bundesfinanzhof, 151 (155).

465 Vgl. *Calliess*, Rechtsstaat und Umweltstaat, S. 442.

Ein Ansatzpunkt für die aus den Grundrechten folgende Dimension der staatlichen Schutzpflichten lässt sich im Wortlaut der Verfassung insbesondere in Art. 1 Abs. 1 S. 2 GG finden, der davon spricht, dass die Würde des Menschen vom Staat „zu achten und zu schützen ist".[466] Zwar enthält auch Art. 6 Abs. 1 und Abs. 4 GG staatliche Pflichten zum Schutz bestimmter Rechtsgüter, sodass sich daraus schlussfolgern lässt, dass solche den Grundrechten nicht fremd sind. Art. 1 Abs. 1 GG ist aber aufgrund seiner systematischen Stellung am Anfang der Verfassung und als zentrales objektiv-rechtliches Konstitutionsprinzip[467] besser geeignet, für die Auslegung aller Normen des GG herangezogen zu werden.[468] So führt das BVerfG aus:

> [D]as Grundgesetz [hat] eine wertgebundene Ordnung aufgerichtet, die den einzelnen Menschen und seine Würde in den Mittelpunkt aller seiner Regelungen stellt. [...] Diese Grundentscheidung der Verfassung bestimmt Gestaltung und Auslegung der gesamten Rechtsordnung.[469]

Eine in rechtsdogmatischer Hinsicht saubere Herleitung der Schutzpflichten sollte daher an Art. 1 Abs. 1 S. 2 GG anknüpfen. Umstritten ist, ob die Norm Grundrechtscharakter hat.[470] Dagegen könnte Art. 1 Abs. 3 GG sprechen, der von den „nachfolgenden Grundrechte[n]" spricht[471] sowie die Tatsache, dass ein Eingriff in die Menschenwürde anders als bei den anderen Grundrechten keiner Rechtfertigung zugänglich ist[472]. Gegen diese Ansicht ist anzuführen, dass Art. 1 GG im Grundrechtsteil der Verfassung platziert ist.[473] Insbesondere aber erscheint es nicht nachvollziehbar, dass die Norm, die die Würde des Individuums als Basis der gesamten Verfassung enthält, kein subjektives Recht gewähren soll.[474] Art. 1 Abs. 1 GG wird daher von der herrschenden Meinung zu Recht als subjektives Recht mit Grundrechtscharakter eingeordnet.[475] Als einziges Grundrecht enthält der Wortlaut des Art. 1 Abs. 1 GG die

---

466 Vgl. *Sauer*, in: Dreier, Band 1, Vorbemerkungen zu Art. 1 GG, Rn. 117.
467 *Linke*, JuS 2016, 888.
468 *Calliess*, Rechtsstaat und Umweltstaat, S. 440.
469 BVerfGE 39, 1 (67).
470 *Höfling*, in: Sachs GG, Art. 1 GG, Rn. 5.
471 *Linke*, JuS 2016, 888; *Wapler*, in: Dreier, Band 1, Art. 1, Rn. 45.
472 *Isensee*, in: HGR IV, § 87, Rn. 106.
473 *Linke*, JuS 2016, 888.
474 *Linke*, JuS 2016, 888.
475 *Höfling*, in: Sachs GG, Art. 1 GG, Rn. 5–7.

zwei verschiedenen Grundrechtsfunktionen („zu achten und zu schützen").[476] Art. 1 Abs. 1 GG kann als „Basis-Grundrecht" verstanden werden, dessen Gehalte für die Auslegung der anderen Grundrechte herangezogen werden können.[477] Die in Art. 1 Abs. 1 S. 2 GG festgeschriebene Schutzdimension kann so auf alle Grundrechte übertragen werden.[478] Damit folgen die grundrechtlichen Schutzpflichten des Staates aus Art. 1 Abs. 1 S. 2 GG i. V. m. dem objektiv-rechtlichen Gehalt der Einzelgrundrechte.[479] Der Verweis auf das Gewaltmonopol des Staates kann die dogmatische Herleitung der staatlichen Schutzpflichten aus teleologischer Sichtweise unterstützen.[480]

Die Schutzpflicht verpflichtet über Art. 1 Abs. 3 GG alle drei Gewalten, d.h. neben der Legislative auch die Exekutive sowie die Judikative. Mittlerweile hat das BVerfG ausdrücklich anerkannt, dass die Verletzung einer grundrechtlichen Schutzpflicht ein subjektives Recht auf staatlichen Schutz begründet.[481]

C. Kritik an der Figur der aus den Grundrechten folgenden staatlichen Schutzpflichten

Die vom BVerfG entwickelte Figur der grundrechtlichen Schutzpflichten ist in der Literatur überwiegend auf Zustimmung gestoßen.[482] Dennoch gab es im Schrifttum und zum Teil innerhalb der Justiz Stimmen, die Einwände gegen diese grundrechtliche Dimension geltend machten. Dabei wurden insbesondere zwei Kritikpunkte angeführt: die Umkehr der Grundrechte als ursprünglich freiheitssichernde Gewährleistungen sowie eine Gefährdung des Prinzips der Gewaltenteilung.[483]

---

476 *Höfling*, in: Sachs GG, Art. 1 GG, Rn. 48.

477 Vgl. *Calliess*, Rechtsstaat und Umweltstaat, S. 439.

478 *Calliess*, Rechtsstaat und Umweltstaat, S. 439, 440.

479 So auch: *Stern*, DÖV 2010, 241 (244).

480 *Calliess*, Rechtsstaat und Umweltstaat, S. 441, 442; *Szczekalla*, Schutzpflichten, S. 384.

481 BVerfGE 77, 170 (214 f.).

482 *Calliess*, JZ 2006, 321 (323).

483 Vgl. Sondervotum der Richterin *Rupp v. Brünneck* und des Richters *Simon*, BVerfGE 39, 68 (69): „Eine entgegengesetzte Verfassungsauslegung [, die den Gesetzgeber dazu verpflichtet, den Schwangerschaftsabbruch in jedem Stadium der Schwangerschaft unter Strafe zu stellen,] ist mit dem freiheitlichen Charakter der Grundrechtsnormen nicht vereinbar und verlagert in folgenschwerem Ausmaß Entscheidungskompetenzen

I. Die Umkehr der Grundrechte in Eingriffskompetenzen

In einem Sondervotum zum ersten Abtreibungsurteil des BVerfG hatten eine Richterin und ein Richter ihre Kritik gegen die Konstruktion der grundrechtlichen Schutzpflichten dargelegt.[484] In Bezug auf die notfalls festgelegte Verpflichtung des Gesetzgebers zum Erlass von Strafnormen zur Erfüllung der aus Art. 2 Abs. 2 S. 1 GG i. V. m. Art. 1 Abs. 1 GG folgenden Schutzpflicht für das ungeborene Leben äußersten sie Bedenken:

> Dies verkehrt die Funktion der Grundrechte in ihr Gegenteil. […] [D]ie Grundrechte [könnten so] unter der Hand aus einem Hort der Freiheitssicherung zur Grundlage einer Fülle von freiheitsbeschränkenden Reglementierungen werden.[485]

Auch *Goerlich* führte die Befürchtung an, dass die Konstruktion grundrechtlicher Schutzpflichten die „Grundrechte in Anspruchs- und Kompetenznormen weiterer Eingriffe in Grundrechte […] verkehren" würde.[486]

II. Das Prinzip der Gewaltenteilung

Als zweites Hauptargument gegen die aus den Grundrechten abzuleitenden Schutzpflichten des Staates wurde das aus dem Rechtsstaatsprinzip folgende Gewaltenteilungsprinzip angeführt. Den Grundsatz der Gewaltenteilung beschreibt das BVerfG wie folgt:

> Das Grundgesetz geht gerade im Verhältnis der obersten Verfassungsorgane zueinander von je eigenen, kompetenzrechtlich abgesteckten Verantwortungsbereichen dieser Organe aus, denen die Rechtsordnung in Form von Gestaltungs-, Beurteilungs- und Ermessensspielräumen Rechnung trägt.[487]

Der Verfassungsgerichtsbarkeit kommt hiernach die Aufgabe der Rechtsprechung anhand eines normativen Maßstabs zu.[488] Der Gesetzgeber hat

---

auf das Bundesverfassungsgericht." In Bezug auf die Gefährdung des Prinzips der Gewaltenteilung: *Böckenförde*, Staat, Verfassung, Demokratie, S. 189 ff.

484 Sondervotum der Richterin *Ruppv. Brünneck* und des Richters *Simon*, BVerfGE 39, 68 ff.

485 Sondervotum der Richterin *Ruppv. Brünneck* und des Richters *Simon*, BVerfGE 39, 68 (73).

486 *Goerlich*, DÖV 1982, 631 (633).

487 BVerfGE 62, 1 (51).

488 *Schlaich/Korioth*, Das Bundesverfassungsgericht, Rn. 511.

als unmittelbar demokratisch legitimiertes Organ eine besondere Regelungsbefugnis.[489] Diese findet wiederum ihre Grenzen in den Vorgaben der Verfassung, die vom BVerfG bestimmt werden.[490] Das BVerfG legt damit die Reichweite der demokratischen Entscheidungskompetenz des Gesetzgebers fest, in dem ihm – dies ist durch die Verfassung so vorgesehen – die Letztentscheidungsbefugnis zukommt.[491]

Böckenförde sieht in der Anerkennung der – auch die staatlichen Schutzpflichten umfassenden – objektiv-rechtlichen Gehalte der Grundrechte eine Gefährdung des Prinzips der Gewaltenteilung.[492] Die neue Grundrechtsdimension sei erst im Wege der Verfassungsfortbildung entwickelt worden und bedürfe zur genaueren Bestimmung ihres Inhalts – mangels Vorgaben in der Verfassung – der weiteren Konkretisierung durch das BVerfG.[493] Die im Wege der Verfassungsfortbildung geschaffenen Wertungen erlangten Verfassungsrang und stellten somit Verfassungsgesetzgebung dar.[494] Dies führe zu einer Annäherung der an sich verschiedenen Kompetenzen von BVerfG und Legislative.[495] Neben dem Gesetzgeber würde nun auch das BVerfG rechtssetzend tätig.[496] „[D]ie Entfaltung der Grundrechte als objektive Grundsatznormen und die Kompetenz des Verfassungsgerichts zu deren Konkretisierung“[497] führe zu „eine[r] Veränderung in der Zuordnung der Gewalten und eine[r] Verlagerung des Schwerpunkts zwischen ihnen.“[498] Es vollziehe „sich ein gleitender Übergang vom parlamentarischen Gesetzgebungsstaat

---

489 *Schlaich/Korioth*, Das Bundesverfassungsgericht, Rn. 514.

490 *Schlaich/Korioth*, Das Bundesverfassungsgericht, Rn. 514.

491 Vgl. *Böckenförde*, Staat, Verfassung, Demokratie, S. 190.

492 *Böckenförde*, Staat, Verfassung, Demokratie, S. 189 f.

493 Vgl. allgemein in Bezug auf den Bereich der Verfassungsfortbildung (*Böckenförde* spricht insofern von Konkretisierung): „Konkretisierung ist die (schöpferische) Ausfüllung von etwas nur der Richtung oder dem Prinzip nach Festgelegtem, das im übrigen offen ist und allererst der gestaltenden Ver-bestimmung zu einer vollziehbaren Norm bedarf.“ (*Böckenförde*, Staat, Verfassung, Demokratie, S. 186)

494 *Böckenförde*, Staat, Verfassung, Demokratie, S. 187.

495 *Böckenförde*, Staat, Verfassung, Demokratie, S. 190.

496 *Böckenförde*, Staat, Verfassung, Demokratie, S. 190.

497 *Böckenförde*, Staat, Verfassung, Demokratie, S. 190.

498 *Böckenförde*, Staat, Verfassung, Demokratie, S. 190.

zum Jurisdiktionsstaat."[499] Das Verfassungsgericht werde zu einem „stärker politischen [...] Organ".[500] Letztlich schlussfolgert *Böckenförde* hieraus:

> Wer die maßgebliche Funktion des vom Volk gewählten Parlaments für die Rechtsbildung festhalten, einen fortschreitenden Umbau des Verfassungsgefüges zugunsten eines verfassungsgerichtlichen Jurisdiktionsstaates vermeiden will, muß auch daran festhalten, daß die – gerichtlich einforderbaren – Grundrechte ‚nur' subjektive Freiheitsrechte gegenüber der staatlichen Gewalt und nicht zugleich (verbindliche) objektive Grundsatznormen für alle Bereiche des Rechts sind.[501]

III. Die Notwendigkeit eines zeitgemäßen Grundrechtsverständnisses und die Wahl eines geeigneten gerichtlichen Kontrollmaßstabs

Aus gutem Grund konnte sich die Ansicht, die die Grundrechte lediglich als Abwehrrechte gegen den Staat versteht, nicht halten.[502] Zwar stand eine Zeit lang, insbesondere nach 1945 als Folge der Erlebnisse unter der nationalsozialistischen Herrschaft, die Begrenzung der staatlichen Macht und somit die abwehrrechtliche Funktion der Grundrechte im Fokus.[503] Die Beschränkung allein auf diese Grundrechtsdimension würde einem zeitgemäßen Grundrechtsverständnis in einer Gegenwart, in der viele Gefahren für die Bürger nicht von Seiten des Staates herrühren, aber nicht mehr entsprechen.[504] Die Lebensumstände sind im modernen Industriestaat komplexer geworden, was zu einer Vielfalt von Konfliktmöglichkeiten der Bürger untereinander führt.[505] Die Inanspruchnahme von Freiheitsrechten der einen kann die Gefährdung und Beeinträchtigung von Freiheitsrechten der anderen zur Folge haben.[506] So wird beispielsweise das Grundrecht auf Leben und körperliche Unversehrtheit, Art. 2 Abs. 2 S. 1 GG, in den wenigsten Fällen durch staatlich ausgeübte Gewalt gefährdet.[507] Zur Abwehr der Mehr-

---

499 *Böckenförde*, Staat, Verfassung, Demokratie, S. 190.
500 *Böckenförde*, Staat, Verfassung, Demokratie, S. 191.
501 *Böckenförde*, Staat, Verfassung, Demokratie, S. 194.
502 *Hufen*, Grundrechte, § 5, Rn. 4; *Stern*, DÖV 2010, 241 (244).
503 *Becker*, in: Stern/Sodan/Möstl, Band 3, § 59, Rn. 21.
504 *Calliess*, JZ 2006, 321 (322); *Stern*, DÖV 2010, 241 (244, 249).
505 *Calliess*, Rechtsstaat und Umweltstaat, S. 309.
506 *Merten*, in: GS Burmeister, 227 (231, 232); *Pietrzak*, JuS 1994, 748.
507 *Schmidt*, in: ErfK ArbR, Einleitung zum GG, Rn. 34.

zahl der diese Rechtsgüter bedrohenden Gefahren – wie beispielsweise im Straßenverkehr, im Arbeitsleben, durch Umweltgefährdung, Atomkraft oder Terrorismus – ist ein aktiver Staat erforderlich, der präventiv für Schutz und Sicherheit sorgt und dafür zwangsläufig auch in Freiheitsrechte eingreifen muss.[508] Insofern kann der im Sondervotum der beiden Richter zum Urteil des BVerfG betreffend den Schwangerschaftsabbruch geäußerten Kritik, die Grundrechte würden in Eingriffskompetenzen umgekehrt, nicht gefolgt werden.[509] Vielmehr können die Freiheitsrechte der Bürger nur gewährleistet werden, indem der Staat auch in Freiheitsrechte eingreift. *Merten* macht daher zu Recht deutlich, dass der „Freiheitsschutz [...] notwendigerweise auch der Freiheitsreglementierung“ bedarf.[510]

Insbesondere die Corona-Pandemie hat aufgezeigt, dass es sich bei den grundrechtlichen Schutzpflichten um „einen der großen juristischen Problemkreise“ unserer Zeit handelt.[511] Hier musste der Staat zum Schutz der Freiheitsrechte der Nichtinfizierten in die Freiheitsrechte der Infizierten eingreifen.[512] Eine moderne Interpretation der Grundrechte muss daher sowohl Schutz vor dem Staat als auch Schutz durch den Staat erfassen.[513] Würde den Grundrechten nur die Abwehrfunktion entnommen, so bestünde kein Schutz der Freiheitsrechte gegenüber privater Gewalt.[514] Bei ausschließlicher Ableitung von Schutzpflichten aus den Grundrechten wären diese staatlicher Willkür ausgesetzt.[515] Für einen umfassenden Grundrechtsschutz sind daher beide Funktionen der Grundrechte unerlässlich.[516]

Die von *Böckenförde* angeführten Bedenken gegen die Grundrechtsdimension der staatlichen Schutzpflichten können nicht überzeugen. Um die

508 *Merten*, in: GS Burmeister, 227 (232); *Schmidt*, in: ErfK ArbR, Einleitung zum GG, Rn. 34.

509 Vgl. *Merten*, in: GS Burmeister, 227 (232).

510 *Merten*, in: GS Burmeister, 227 (232).

511 *Weinrich*, UWP 2021, 238. Zur Einordnung der Corona-Pandemie als Anwendungsfall der staatlichen Schutzpflicht des Art. 2 Abs. 2 S. 1 GG: BVerfG, NJW 2020, 1429 (1430).

512 Vgl. *Isensee*, in: Hdb. des Staatsrechts, Band IX, § 191, Rn. 207.

513 *Isensee*, in: Hdb. des Staatsrechts, Band IX, § 191, Rn. 1; *Stern*, DÖV 2010, 241 (249).

514 *Isensee*, in: Hdb. des Staatsrechts, Band IX, § 191, Rn. 45.

515 *Isensee*, in: Hdb. des Staatsrechts, Band IX, § 191, Rn. 45.

516 *Dietlein*, Schutzpflichten, S. 87: „Erst grundrechtliche Achtungspflicht und Schutzpflicht gemeinsam formieren einen geschlossenen Schutzgürtel um die

Funktionsfähigkeit der Verfassung und damit auch ihre Legitimität wahren zu können, muss sie an veränderte gesellschaftliche, wirtschaftliche und technologische Veränderungen angepasst werden. Hieraus folgt die Befugnis des BVerfG zur Verfassungsfortbildung. Wie dargestellt, verlangt ein modernes Verständnis der Grundrechte nicht nur Schutz vor dem Staat im Wege der grundrechtlichen Abwehrrechte, sondern ebenso Schutz vor von privaten Dritten ausgehenden Gefahren und dementsprechend eine Schutzfunktion der Grundrechte. Dass das BVerfG dabei auch – in gewissem Umfang – einen Inhalt dieser Grundrechtsdimension bestimmen muss, stellt *Böckenförde* zurecht fest. Nur so können die Schutzpflichten des Staates ihre Wirkung entfalten. Die hierbei notwendige Vornahme politischer Wertungen liegt darin begründet, dass das BVerfG es mit „politischen Rechtsstreitigkeiten" zu tun hat.[517] Allein die Existenz staatlicher Schutzpflichten sowie deren weitere Konkretisierung durch das BVerfG stellen daher keinen Verstoß gegen das Prinzip der Gewaltenteilung dar. Entscheidend ist, inwieweit das BVerfG den Inhalt der grundrechtlichen Schutzpflichten vorgeben kann. Insofern kommt es auf den Umfang der gerichtlichen Kontrolldichte an. Dieser muss auf der einen Seite ein ausreichendes Schutzniveau gewährleisten, darf auf der anderen Seite dem BVerfG aber nicht Aufgaben der Legislative übertragen. Welcher Kontrollmaßstab sich hierfür anbietet und inwiefern die Justiz dem Gesetzgeber dabei Vorgaben hinsichtlich der Umsetzung grundrechtlicher Schutzpflichten machen darf, wird im weiteren Verlauf der Arbeit untersucht.

D. Der Eingriffsbegriff als Differenzierungsmerkmal zwischen Abwehrrecht und Schutzpflicht sowie die unterschiedlichen Rechtsfolgen im System der grundrechtlichen Dogmatik

Das Abwehrrecht und die staatliche Schutzpflicht sind konträre Dimensionen des Freiheitsgrundrechts.[518] Die Grundrechte als Abwehrrechte (status negativus) schützen den Einzelnen vor ungerechtfertigten staatlichen

---

grundrechtliche Gewährleistung". *Epping*, Grundrechte, Kapitel 3, Rn. 123; *Klein*, JuS 2006, 960; *Isensee*, in: Hdb. des Staatsrechts, Band IX, § 191, Rn. 45.

517 *Leibholz*, JöR 6 (1957), 110 (125).

518 *Isensee*, in: Hdb. des Staatsrechts, Band IX, § 191, Rn. 1.

Eingriffen.[519] Der Staat kann die Grundrechte der Bürger nur unter Rückgriff auf ein Parlamentsgesetz einschränken.[520] Aus der abwehrrechtlichen Funktion der Grundrechte folgt somit das Recht der Individuen auf Unterlassung rechtswidriger staatlicher Eingriffe.[521]

Die grundrechtlichen Schutzpflichten (status positivus) erfassen die Fälle, in denen kein staatlicher Eingriff in den Schutzbereich eines Grundrechts vorliegt, sondern ein Grundrecht durch nichtstaatliche „Gewalten" gefährdet oder beeinträchtigt wird.[522] Das sind vor allem Handlungen Privater.[523] Daneben folgt eine staatliche Schutzpflicht für die Grundrechte der Bürger vor Naturkatastrophen.[524]

Die Rechtsprechung des BVerfG[525] sowie die Literatur[526] stellen damit auf den Eingriffsbegriff als Differenzierungsmerkmal zwischen Abwehrrecht und Schutzpflicht ab.[527] Aufgrund der Tatsache, dass die Schutzpflicht die Abwesenheit einer staatlichen Grundrechtsbeschränkung verlangt, während das Abwehrrecht einen staatlichen Eingriff voraussetzt, ergibt sich, dass beide Grundrechtsdimensionen im jeweiligen Fall nur alternativ, nicht

---

519 VG Berlin, NVwZ 2020, 1289 (1292); *Epping*, Grundrechte, Kapitel 3, Rn. 123; *Stürmlinger*, EurUP 2020, 169 (176).

520 *Hobusch*, JURA 2019, 278; *Hufen*, Grundrechte, § 5, Rn. 4. Das wesentliche Rechtfertigungsprinzip ist das ungeschriebene Prinzip der Verhältnismäßigkeit (*Isensee*, in: Hdb. des Staatsrechts, Band IX, § 191, Rn. 43).

521 *Hufen*, Grundrechte, § 5, Rn. 4; *Isensee*, in: Hdb. des Staatsrechts, Band IX, § 191, Rn. 259; *Pietrzak*, JuS 1994, 748.

522 BVerfGE 39, 1 (42); *Dietlein*, Schutzpflichten, S. 87; *Klein*, JuS 2006, 960; *Merten*, in: GS Burmeister, 227 (236); *Szczekella*, Schutzpflichten, S. 94, 96.

523 *Isensee*, in: Hdb. des Staatsrechts, Band IX, § 191, Rn. 1; *Szczekella*, Schutzpflichten, S. 96.

524 VG Berlin, NVwZ 2020, 1289 (1292); *Epping*, Grundrechte, Kapitel 3, Rn. 124; *Szczekella*, Schutzpflichten, S. 98.

525 BVerfG, 1 BvR 2656/18 u. a., Rn. 145: Art. 2 Abs. 2 S. 1 GG „schützt nicht nur als subjektives Abwehrrecht gegen staatliche Eingriffe. Es schließt auch die staatliche Pflicht ein, sich schützend und fördernd vor die Rechtsgüter Leben und körperliche Unversehrtheit zu stellen und sie vor rechtswidrigen Eingriffen von Seiten anderer zu bewahren."

526 So beispielsweise *Calliess*, Rechtsstaat und Umweltstaat, S. 309: „Im Zentrum der Abgrenzung zwischen Abwehr- und Schutzdimension steht damit der Begriff des staatlichen Grundrechtseingriffs." *Szczekalla*, Schutzpflichten, S. 406: „Die Reichweite der Schutzfunktion ist […] abhängig vom Eingriffsbegriff".

527 *Dietlein*, Schutzpflichten, S. 87; *Szczekella*, Schutzpflichten, S. 94.

aber kumulativ anwendbar sind.[528] Die grundrechtliche Schutzpflicht sieht als Rechtsfolge eine positive Leistung (in den meisten Fällen in Form einer gesetzgeberischen Tätigkeit[529]) vor.[530] Damit stellen die grundrechtlichen Schutzpflichten eine „Umkehr der tradierten Abwehrfunktion der Grundrechte“[531] dar.

E. Die staatlichen Schutzpflichten im Grundrechtsdreieck Staat - Opfer - Störer

Der Staat ist in der abwehrrechtlichen Konstellation sowohl der Verursacher der möglichen Gefahr als auch der Garant des in Frage stehenden Grundrechts des Bürgers.[532] Dagegen stellt – sofern in der Schutzpflichtenkonstellation wie im Regelfall die Gefahr von einem privaten Dritten ausgeht – dieser den potenziellen Widersacher des Grundrechts dar, während der Staat die Aufgabe des Grundrechtsgaranten übernimmt.[533] Damit enthält die klassische Schutzpflichtenkonstellation zwei Grundrechtsträger mit entgegengesetzten Interessen:[534] Derjenige, dessen Grundrechte von dem Handeln des Privaten gefährdet werden (Opfer), und derjenige, von dem das grundrechtsgefährdende Handeln ausgeht (Störer).[535] Das die Freiheit ausübende Verhalten des einen Bürgers stellt eine Bedrohung der Freiheitsrechte des anderen Bürgers dar.[536] Als Beispiel kann die die Schutzpflichtenrechtsprechung des BVerfG prägende Situation des Schwangerschaftsabbruchs angeführt werden. Dort stehen sich das Recht des Nasciturus auf Leben und das Persönlichkeitsrecht der Mutter (ggfs. auch das Recht auf Leben und Gesundheit) gegenüber.[537] Der Staat muss beim Erfüllen seiner Schutzpflicht beachten, dass der Schutz der Grundrechte des Opfers einen Eingriff in Grundrechte des Störers darstellen

528 *Dietlein*, Schutzpflichten, S. 87, 88.
529 Vgl. *v. Steinau-Steinrück*, Infektionskrankheiten, S. 129
530 *Dreier*, JURA 1994, 505 (512); *Isensee*, in: Hdb. des Staatsrechts, Band IX, § 191, Rn. 1; *Klein*, JuS 2006, 960; *Pietrzak*, JuS 1994, 748.
531 *Dreier*, JURA 1994, 505 (512).
532 *Isensee*, in: Hdb. des Staatsrechts, Band IX, § 191, Rn. 4, 5.
533 *Isensee*, in: Hdb. des Staatsrechts, Band IX, § 191, Rn. 4, 5.
534 *Pietrzak*, JuS 1994, 748; *Schmidt*, in: ErfK ArbR, Einleitung zum GG, Rn. 38;
535 *Isensee*, in: Hdb. des Staatsrechts, Band IX, § 191, Rn. 5.
536 *Epping*, Grundrechte, Kapitel 3, Rn. 126.
537 *Pietrzak*, JuS 1994, 748.

kann und sich insofern an der abwehrrechtlichen Dimension der Grundrechte messen lassen muss[538] (sog. Konstellation „Schutz durch Eingriff“[539]). Im Grundrechtsdreieck Staat – Opfer – Störer hat das Opfer ein Recht auf staatlichen Schutz, während dem Störer ein Recht auf Abwehr des staatlichen Eingriffs zusteht.[540] Auf der einen Seite sind dem staatlichen Eingriff in die Grundrechte durch das „Übermaßverbot“ Grenzen gesetzt, auf der anderen Seite darf der Schutz der Grundrechte des „Opfers“ nicht uneffektiv sein, sodass hier von der Beachtung eines „Untermaßverbots“ gesprochen werden kann.[541] Der Staat fungiert in dieser Konstellation als „Schiedsrichter“, der die verschiedenen Grundrechte gegeneinander abwägen muss.[542]

F. Die fehlende dogmatische Gleichgewichtigkeit der grundrechtlichen Abwehrfunktion im Vergleich zur grundrechtlichen Schutzfunktion

In dogmatischer Hinsicht besteht überwiegend die Auffassung, dass hinsichtlich der durch Abwehrrechte einerseits und Schutzpflichten andererseits geschützten Grundrechtspositionen keine Symmetrie vorliegt.[543] Die Abwehrdimension der Grundrechte ist im Vergleich zu deren Schutzdimension wesentlich wirkungsstärker.[544]

Die Eingriffsabwehrrechte sehen als Rechtsfolge ein konkretes staatliches Verhalten, nämlich das Unterlassen eines nicht gerechtfertigten Eingriffs in

538 *Epping*, Grundrechte, Kapitel 3, Rn. 131; *Gärditz*, in: Landmann/Rohmer, Umweltrecht, Art. 20a GG, Rn. 74; *Isensee*, in: Hdb. des Staatsrechts, Band IX, § 191, Rn. 5.

539 *Klein*, JuS 2006, 960 (961).

540 *Epping*, Grundrechte, Kapitel 3, Rn. 126; *Isensee*, in: Hdb. des Staatsrechts, Band IX, § 191, Rn. 5.

541 Grundlegend: BVerfG, NJW 1993, 1751 (1754, 1774); *Canaris*, AcP 184 (1984), 201 (228).

542 *Epping*, Grundrechte, Kapitel 3, Rn. 126.

543 Sondervotum der Richterin *Ruppv. Brünneck* und des Richters *Simon*, BVerfGE 39, 68 (71): Es bestehen „für die verfassungsgerichtliche Kontrolle wesentliche[] Unterschiede der beiden Grundrechtsaspekte“. *Badenhausen*-Fähnle, VR 2022, 1 (2); *Calliess*, JZ 2006, 321 (324).

544 *Badenhausen-Fähnle*, VR 2022, 1 (2) spricht davon, dass die Schutzpflichtendimension der Grundrechte „den Grundrechtsberechtigten hinsichtlich der gerichtlichen Kontrollmöglichkeiten nur ein ‚schwaches Schwert‘ an die Hand“ gibt. *Calliess*, JZ 2006, 321 (324). Vgl. ebenso: *Schmidt*, in: ErfK ArbR, Einleitung zum GG, Rn. 42:

die Freiheitsrechte der Bürger, vor. Staatliche Grundrechtseingriffe können ausnahmsweise zulässig sein, wenn sie die Schranken sowie die Schranken-Schranken (insbesondere den Verhältnismäßigkeitsgrundsatz, auch „Übermaßverbot" genannt[545],) des jeweiligen Grundrechts wahren.[546] Insofern liegt ein relativ klarer Kontrollmaßstab für die Abwehr von staatlichen Eingriffen in die Freiheitsrechte der Bürger vor.[547] Zusammenfassend kann auf die Ausführungen der Richterin *Ruppv. Brünneck* und des Richters *Simon* in ihrer abweichenden Meinung zum ersten Urteil des BVerfG bezüglich des Schwangerschaftsabbruchs verwiesen werden. Sie führen aus:

> Als Abwehrrechte haben die Grundrechte einen verhältnismäßig deutlich erkennbaren Inhalt; in ihrer Auslegung und Anwendung hat die Rechtsprechung praktikable, allgemein anerkannte Kriterien zur Kontrolle staatlicher Eingriffe – etwa den Grundsatz der Verhältnismäßigkeit – entwickelt.[548]

Im Gegensatz hierzu enthalten die Grundrechte bezüglich aus ihnen folgenden staatlichen Schutzpflichten kaum Vorgaben.[549] Das BVerfG führt aus:

> Dem Staat und seinen Organen kommt bei der Erfüllung derartiger Schutzpflichten ein weiter Einschätzungs-, Wertungs- und Gestaltungsbereich zu. Anders als die Grundrechte in ihrer Funktion als subjektive Abwehrrechte sind die sich aus dem objektiven Gehalt der Grundrechte ergebenden *staatlichen Schutzpflichten grundsätzlich unbestimmt*. Wie die staatlichen Organe solchen Schutzpflichten nachkommen, ist von ihnen prinzipiell in eigener Verantwortung zu entscheiden.[550] Bestimmte Anforderungen an die Art und das Maß des Schutzes lassen sich der Verfassung [...] grundsätzlich nicht entnehmen.[551]

„Prüfungsmaßstab und Kontrolldichte sind bei der Schutzfunktion der Grundrechte noch umstr. Soweit es um Freiheitsgrundrechte geht, sind sie großzügig zu handhaben, großzügiger als bei deren Abwehrfunktion (BVerfG 24.3.2021, NJW 2021, 1723, Rn. 152)."

545 *Merten*, in: GS Burmeister, 227 (238); *Schmidt*, in: ErfK ArbR, Einleitung zum GG, Rn. 42.

546 *Epping*, Grundrechte, Kapitel 3, Rn. 126.

547 *Epping*, Grundrechte, Kapitel 3, Rn. 126. Vgl. auch: *Calliess*, JZ 2006, 321 (324).

548 Sondervotum der Richterin *Ruppv. Brünneck* und des Richters *Simon*, BVerfGE 39, 68 (71).

549 *Epping*, Grundrechte, Kapitel 3, Rn. 126.

550 BVerfGE 115, 118 (159, 160). Hervorhebung durch die Verfasserin.

551 BVerfGE 92, 26 (46).

Die Maßstäbe für die Bestimmung des Umfangs und der Art der staatlichen Handlungspflicht zum Schutz der Freiheitsgrundrechte der Bürger müssen daher aus den grundrechtlichen Wertungen entwickelt werden.[552] Hierbei kommt im Rahmen der Maßstabsbildung hinsichtlich der grundrechtlichen Schutzpflichten erschwerend hinzu, dass zur Schutzpflichterfüllung im Gegensatz zur Eingriffsabwehr in der Regel verschiedene Handlungsoptionen möglich sind.[553] Die Schutzpflicht ist anders als das Abwehrrecht, das als Rechtsfolge das Unterlassen einer bestimmten staatlichen Handlung vorsieht, nicht konkret definierbar.[554] Das BVerfG beschreibt:

> [Es ist eine] höchst komplexe Frage […], wie eine positive staatliche Schutz- und Handlungspflicht […] durch aktive gesetzgeberische Maßnahmen zu verwirklichen ist. Je nach der Beurteilung der tatsächlichen Verhältnisse, der konkreten Zielsetzungen und ihrer Priorität sowie der Eignung der denkbaren Mittel und Wege sind verschiedene Lösungen möglich.[555]

Aufgrund der in den Grundrechten kaum vorhandenen Maßgaben zur Schutzpflichterfüllung sowie der diesbezüglich in der Regel denkbaren Fülle an Handlungsmöglichkeiten folgert das BVerfG, dass es die Überprüfung der durch den Gesetzgeber vorgenommenen Schutzmaßnahmen nur begrenzt nachprüfen könne.[556] Dem Staat stehe hierbei ein weiter Einschätzungs-, Wertungs-, und Gestaltungsspielraum zu, dessen Umfang im Einzelfall von der „Eigenart des in Rede stehenden Sachbereichs, den Möglichkeiten, sich ein hinreichend sicheres Urteil zu bilden und der Bedeutung der auf dem Spiele stehenden Rechtsgüter" abhänge.[557] In der bisherigen verfassungsgerichtlichen Rechtsprechung lassen sich – entsprechend dieser unterscheidenden Vorgaben – verschiedene Prüfmaßstäbe der grundrechtlichen Schutzpflichten finden. Dabei fällt auf, dass sich das BVerfG nicht immer an die selbst gesetzten Differenzierungskriterien hält.[558] Dies führt im Gegensatz zur gefestigten

---

552 *Epping*, Grundrechte, Kapitel 3, Rn. 126.

553 *Calliess*, JZ 2006, 321 (324); *Epping*, Grundrechte, Kapitel 3, Rn. 127; *Pietrzak*, JuS 1994, 748; *v. Steinau-Steinrück*, Infektionskrankheiten, S. 129.

554 *Pietrzak*, JuS 1994, 748.

555 BVerfGE 56, 54 (81).

556 BVerfG, NVwZ 2011, 991 (993, 994).

557 BVerfGE 77, 170 (214, 215).

558 Konkrete Ausführungen hierzu im vierten Kapitel, Teil A.

Dogmatik der Abwehrdimension der Grundrechte zu einem im Rahmen der Schutzpflichten bestehenden hohen Maß an Rechtsunsicherheit.[559]

G. Zurechnung des Handelns Privater aufgrund staatlicher Zulassung zum Staat – Zurechnung der im KSG zugelassenen Treibhausgasemissionen Privater zum Staat?

Wie dargelegt, ist entscheidendes Merkmal für die Abgrenzung der grundrechtlichen Abwehrdimension von der aus den Grundrechten folgenden konträren Funktion der Schutzpflichten des Staates das Vorliegen eines staatlichen Eingriffs. Unumstritten gibt es neben originär staatlichen Eingriffen Konstellationen, in denen die staatliche Einflussnahme auf privates Verhalten derart bestimmend ist, dass die daraus resultierende Beeinträchtigung von Grundrechten Dritter dem Staat zuzurechnen und folglich die Abwehrdimension der Grundrechte anwendbar ist.[560] Das gilt unter anderem für Fälle, in denen der Private als staatlicher Helfer auftritt.[561] Beispielsweise, wenn er eine der Exekutive durch Gesetz zugewiesene Aufgabe erfüllt (z. B. Straßenbauarbeiten, Abfallbeseitigung).[562] Darüber hinaus gibt es Bereiche, in denen der Staat an privatem Verhalten beteiligt ist, dies aber in geringerem Ausmaße als in dem vorgenannten Fall. Umstritten – und für die vorliegende Arbeit zur grundrechtsdogmatischen Einordnung der im KSG zugelassenen Mengen privater Treibhausgasemissionen relevant – ist die rechtliche Beurteilung der staatlichen Zulassung drittbelastenden Verhaltens Privater.

---

559 Sondervotum der Richterin *Rupp v. Brünneck* und des Richters *Simon*, BVerfGE 39, 68 (72): „(D)ie Erarbeitung eines geeigneten, die Gestaltungsfreiheit des Gesetzgebers respektierenden Instrumentariums wird möglicherweise zu den Hauptaufgaben der Rechtsprechung in den nächsten Jahrzehnten gehören." *Schmidt*, in: ErfK ArbR, Einleitung zum GG, Rn. 38: „Voraussetzungen, Justiziabilität und Grenzen der Schutzpflicht sind noch nicht umfassend geklärt; sie lassen sich wohl auch nicht allg. definieren, sondern nur für die einzelnen Grundrechte und bestimmte Gefährdungslagen entwickeln." *Szczekalla*, Schutzpflichten, S. 404.

560 *Calliess*, Rechtsstaat und Umweltstaat, S. 311.

561 *Calliess*, Rechtsstaat und Umweltstaat, S. 310.

562 *Hermes*, Das Grundrecht auf Schutz von Leben und Gesundheit, S. 83.

I. Die Mindermeinung in der Literatur (insbesondere *Murswiek*, *Schwabe* und *Szczekalla*)

Aufgrund der bereits dargelegten schwächeren Durchsetzungskraft der grundrechtlichen Schutz- gegenüber der grundrechtlichen Abwehrdimension versucht ein kleiner Teil der Literatur über eine erhebliche Ausdehnung des Eingriffsbegriffs Sachverhalte, die nach bisheriger Einordnung unter die grundrechtlichen Schutzpflichten zu subsumieren wären, der abwehrrechtlichen Prüfung zugänglich zu machen[563] („Konvergenztheorie“).[564] Dadurch soll eine Stärkung der grundrechtlichen Positionen des „Opfers“ erreicht werden.[565]

Murswiek verweist auf den Mülheim-Kärlich-Beschluss des Bundesverfassungsgerichts[566], in dem das Gericht ausführt, dass der Staat mit der Genehmigung eines Kernkraftwerks „eine eigene Mitverantwortung“ für die von diesem ausgehenden Gefahren übernimmt.[567] Den vom Gericht verwendeten Begriff der „Mitverantwortung“ deutet *Murswiek* so, dass die vom Kernkraftwerk ausgehenden Gefahren dem Staat aufgrund der von ihm erteilten Genehmigung zuzurechnen sind.[568] Das BVerfG prüfe in der Folge das der atomrechtlichen Genehmigung zugrunde liegende Atomgesetz wie ein „Eingriffsgesetz“ auf seine Verfassungsmäßigkeit.[569] Dies zeige, dass die von rechtmäßigen Handlungen Privater ausgehenden Risiken dem Staat als Folge einer von ihm diesbezüglich erteilten Erlaubnis zugerechnet werden könnten.[570] Dem zustimmend führt *Szczekalla* aus, dass es nicht überzeugend

---

563 *Calliess*, Rechtsstaat und Umweltstaat, S. 423, 436; *Calliess*, JZ 2006, 321 (325).

564 *Isensee*, in: Hdb. des Staatsrechts, Band IX, § 191, Rn. 256.

565 *Calliess*, JZ 2006, 321 (325).

566 *Murswiek*, Die staatliche Verantwortung für die Risiken der Technik, S. 61.

567 BVerfGE 53, 30 (58).

568 *Murswiek*, Die staatliche Verantwortung für die Risiken der Technik, S. 61.

569 *Murswiek*, Die staatliche Verantwortung für die Risiken der Technik, S. 63.

570 *Murswiek*, Die staatliche Verantwortung für die Risiken der Technik, S. 64. Nach der Ansicht von *Murswiek* und *Schwabe* können nicht nur die Folgen ausdrücklich erlaubten privaten Verhaltens, sondern alle Folgen von rechtmäßigem und damit nicht verbotenem Verhalten Privater dem Staat zugerechnet werden. Dies liege darin begründet, dass der Staat jedes nicht verbotene Verhalten z. B. durch Störungsverbote und Störungsabwehransprüche rechtlich gewährleiste. (*Murswiek*, Die staatliche Verantwortung für die Risiken der Technik, S. 66, 67; *Schwabe*, Probleme der Grundrechtsdogmatik, S. 213) Auf diesen Aspekt wird in der vorliegenden Arbeit nicht weiter eingegangen, da die Treibhausgasemissionen Privater durch das KSG ausdrücklich zugelassen werden.

sei, die staatliche Genehmigung drittbelastender Vorhaben in anderer grundrechtsdogmatischer Weise zu erfassen als die staatliche Umsetzung desselben Vorhabens.[571]

Das von Privaten ausgehende, dem Staat zurechenbare Verhalten könne einen Eingriff in die Grundrechte Dritter darstellen.[572] Dabei liege kein Eingriff durch einen Privaten vor, weil Private nicht Verpflichtete der Grundrechte seien.[573] Es bestehe aber eine Beeinträchtigung des durch das Grundrecht geschützten Guts durch privates Verhalten, welche dem Staat als mittelbar-faktischer Eingriff in das Grundrecht zugerechnet werde[574], sodass die Abwehrdimension anwendbar sei.[575]

Im Falle der ausdrücklichen staatlichen Zulassung privaten Verhaltens müsse die Zulassungsvorschrift auf ihre Verfassungsmäßigkeit, insbesondere auf die Wahrung des Verhältnismäßigkeitsgrundsatzes, überprüft werden.[576] *Schwabe* führt hierzu als Beispiel die durch Rechtsverordnung geregelten zulässigen Motorgeräusche für PKW an, die seiner Meinung nach zu hoch angesetzt seien.[577] Die Rechtsverordnung müsse aus der Perspektive des Art. 2 Abs. 2 S. 1 GG abwehrrechtlich beurteilt werden und stelle einen unverhältnismäßigen und damit nicht zu rechtfertigenden Eingriff in dieses Grundrecht

---

571 *Szczekalla*, Schutzpflichten, S. 407.

572 *Murswiek*, Die staatliche Verantwortung für die Risiken der Technik, S. 90; *Schwabe*, Probleme der Grundrechtsdogmatik, S. 213.

573 *Murswiek*, Die staatliche Verantwortung für die Risiken der Technik, S. 90.

574 *Murswiek*, Die staatliche Verantwortung für die Risiken der Technik, S. 90.

575 *Schwabe*, Probleme der Grundrechtsdogmatik, S. 215: „Verfassungsgemäß ist es hier allein, die staatliche Erlaubnis und die ihr korrespondierende Duldungspflicht unmittelbar an Art. 2 II 1 als Abwehrrecht zu messen; der Ableitung einer Schutzpflicht bedarf es dann keineswegs.“ *Szczekalla*, Schutzpflichten, S. 424: „Grundrechtseingriffe liegen [...] auch in jeder Vorschrift, die solche Beeinträchtigungen ‚nur‘ erlaubt.“

576 Murswiek, Die staatliche Verantwortung für die Risiken der Technik, S. 90, 109. Vgl. *Schwabe*, Probleme der Grundrechtsdogmatik, S. 213: „Es kann folglich im Prinzip das Grundrecht stets dann gegen den Staat effektiv werden, wenn das grundrechtlich abgesicherte Schutzgut gegen staatlich erlaubte Beeinträchtigungen durch Dritte nicht verteidigt werden kann; diese Erlaubnis, sowohl normativer Art wie auch durch Richterspruch konkretisiert, muß vor den Grundrechten als ‚klassischen‘ Abwehrrechten Bestand haben.“ Vgl. auch *Szczekalla*, Schutzpflichten, S. 437: „Bei Zugrundelegung der abwehrrechtlichen Konstruktion ist ein gesonderter Maßstab in Gestalt des Untermaßverbotes entbehrlich: Auch sprachlich läuft alles auf die Anwendung des ‚normalen‘ Verhältnismäßigkeitsgrundsatzes hinaus.“

577 *Schwabe*, Probleme der Grundrechtsdogmatik, S. 216.

dar.[578] Gerade im Bereich der von Privaten ausgehenden Umweltschädigungen sei aufgrund des Vorliegens einer staatlichen Genehmigung in vielen Fällen das Abstellen auf eine aus den Grundrechten abzuleitende Schutzpflicht nicht nötig, da über die Zurechnung des privaten Verhaltens zum Staat bereits die Abwehrdimension der Grundrechte anwendbar sei.[579]

Übertragen auf die im Bundes-Klimaschutzgesetz zugelassenen jährlichen Emissionsmengen privater Treibhausgase bedeutet dies, dass der Bundesgesetzgeber nach der „Konvergenztheorie“ nicht nur in die Freiheitsrechte der Emittenten eingreift, sondern auch ein Eingriff in Art. 2 Abs. 2 S. 1 GG, Art. 12 Abs. 1 S. 1 GG und Art. 14 Abs. 1 S. 1 Alt. 1 GG der von den Emissionen betroffenen Bürger vorliegt, weil diese verpflichtet sind, die im KSG zugelassenen Emissionen zu dulden.

II. Die Klageschrift der ersten verwaltungsgerichtlichen Klimaklage vor dem VG Berlin vom 29. Oktober 2018

Am 29. Oktober 2018 haben 13 Privatpersonen, bestehend aus drei Familien von Landwirten und ihren Kindern, die in Deutschland auf eigenem Grund und Boden ökologische Landwirtschaft betreiben, sowie der Umweltverband Greenpeace e. V. die erste verwaltungsgerichtliche Klimaklage vor dem VG Berlin erhoben.[580] Die landwirtschaftlichen Betriebe waren bereits in der Vergangenheit aufgrund von Extremwetterereignissen (Hitze und Starkregen) von Ernteeinbußen betroffen.[581] Langfristig befürchten die Kläger, dass sie bei fortschreitendem Klimawandel aufgrund unzureichenden Klimaschutzes ihre Betriebe nicht mehr bewirtschaften können; beispielsweise weil die Flächen mangels Bewässerung nicht mehr nutzbar sind oder kein ausreichender Hochwasserschutz hergestellt werden kann.[582] Die Bundesregierung hatte mit einem Kabinettsbeschluss vom 3.12.2014 das „Aktionsprogramm Klimaschutz 2020“ beschlossen.[583] Dort war das Ziel festgelegt worden, die Treibhausgasemissionen in Deutschland bis zum Jahr 2020 gegenüber

578 *Schwabe*, Probleme der Grundrechtsdogmatik, S. 216.
579 *Schwabe*, Probleme der Grundrechtsdogmatik, S. 217, 218.
580 VG Berlin, NVwZ 2020, 1289.
581 VG Berlin, NVwZ 2020, 1289.
582 VG Berlin, NVwZ 2020, 1289.
583 Aktionsprogramm Klimaschutz 2020, Kabinettsbeschluss vom 3. Dezember 2014.

dem Vergleichsjahr 1990 um 40 % zu reduzieren.[584] Dieses Klimaschutzziel 2020 sollte nach Prognosen der Bundesregierung aus den Jahren 2018 sowie 2019 verfehlt werden; demnach war voraussichtlich nur eine Reduktion von 32–33,4 % zu erwarten.[585]

Mit ihrer Klage beantragen die Kläger hauptsächlich die Verurteilung der Bundesregierung zur Ergreifung zusätzlicher Maßnahmen, um das von ihr selbst festgelegte Klimaschutzziel 2020 zu erreichen.[586] Die Klimaschutzprogramme der Bundesregierung, die alle Sektoren regulieren, seien hierfür nicht streng genug.[587] In ihrer Klageschrift machen die Kläger eine Verletzung von Art. 14 Abs. 1 GG, Art. 12 Abs. 1 GG sowie Art. 2 Abs. 2 S. 1 GG geltend.[588] Sie berufen sich insofern auf die Abwehrdimension der Grundrechte und führen unter der Überschrift „Eingriff" bezüglich einer Verletzung von Art. 14 Abs. 1 GG aus:

> Die Beklagte [die Bundesregierung] greift auch (mittelbar) in den Schutzbereich des Art. 14 Abs. 1 GG ein. Durch den Nichtvollzug des Klimaschutzziels 2020 gibt die Beklagte das selbstdefinierte Schutzniveau für 2020 mit dem definierten Emissionspfad auf, wodurch Dritte deutlich mehr Treibhausgasemissionen als seit 2007 fortlaufend durch das Klimaziel 2020 festgelegt, emittieren können. […] Die Beklagte muss sich diese Grundrechtsverletzung anrechnen lassen. Es handelt sich um einen mittelbaren Eingriff.[589]

Weiter führt die Klageschrift aus:

> Die Beklagte [die Bundesregierung] emittiert nicht selbst, sondern ermöglicht die Emissionen Dritter über dem definierten Schutzniveau, daher handelt es sich um einen mittelbaren oder faktischen Eingriff. […] Es handelt sich vorliegend um eine sog. Drittbeeinträchtigung, also eine Beeinträchtigung grundrechtlicher

584 Aktionsprogramm Klimaschutz 2020, Kabinettsbeschluss vom 3. Dezember 2014.
585 BMU, Klimaschutzbericht 2017, S. 6; Projektionsbericht 2019 für Deutschland, S. 23.
586 VG Berlin, NVwZ 2020, 1289.
587 *Günther/Heidel u. a.*, Klageschrift vom 25.10.2018, S. 79, 80. Ergänzende Anmerkung: Zum Zeitpunkt der Klageschrift war das Bundes-Klimaschutzgesetz noch nicht in Kraft getreten. Es gab nur einzelne Gesetze, die die Reduktion der Treibhausgasemissionen regelten (beispielsweise das TEHG und das EEG) und nicht alle Sektoren erfassten.
588 *Günther/Heidel u. a.*, Klageschrift vom 25.10.2018, S. 74 ff.
589 *Günther/Heidel u. a.*, Klageschrift vom 25.10.2018, S. 77, 78.

> Schutzgegenstände, die durch das Verhalten anderer Menschen eintreten, für die der Staat bzw. die Beklagte in verfassungsrechtlicher Hinsicht verantwortlich ist.[590]

Auch in Bezug auf Art. 12 Abs. 1 GG sehen die Kläger einen Eingriff in den Schutzbereich als gegeben an.[591]

Um die Einordnung als mittelbaren Eingriff zu bekräftigen, verweisen die Kläger auf die Ausführungen eines Nichtannahmebeschlusses des BVerfG vom 15. März 2018. In diesem hatte das Gericht ausgeführt:

> [D]er Grundrechtsschutz [ist] dabei nicht auf imperative Eingriffe beschränkt, d.h. auf Maßnahmen, die unmittelbar und gezielt (final) durch ein vom Staat verfügtes, erforderlichenfalls zwangsweise durchzusetzendes Ge- oder Verbot zu einer Verkürzung grundrechtlich geschützter Interessen führen. Grundrechte können vielmehr auch bei mittelbaren und faktischen Beeinträchtigungen betroffen sein, wenn diese in Zielsetzung und Wirkung imperativen Eingriffen gleichkommen. Hängt die Beeinträchtigung grundrechtlich geschützter Interessen vom Verhalten anderer Personen ab [...], so setzt die Bejahung eines Eingriffs voraus, dass der Staat diese als für ihn vorhersehbare Folge zumindest in Kauf nimmt.[592]

Die Kläger nehmen aufgrund der staatlichen Zulassung eine Zurechnung der Treibhausgasemissionen Privater zum Staat und dadurch einen mittelbar-faktischen Eingriff in Grundrechte davon Drittbetroffener an.[593] Folge der Bejahung des staatlichen Eingriffs ist die Anwendbarkeit des Übermaßverbots.[594] Damit übertragen die Kläger die Argumentationsweise der soeben dargestellten Ansichten in der Literatur (*Murswiek*, *Schwabe* und *Szczekalla*) auf den Bereich des Klimaschutzes.[595]

In Bezug auf das erst nach dem Urteil des VG Berlin am 1. Januar 2020 in Kraft getretene Bundes-Klimaschutzgesetz würde diese Ansicht dazu führen, dass sich eine auf strengere Reduktionsvorgaben im KSG gerichtete Verfassungsbeschwerde auf die Abwehrdimension der aus den Art. 2 Abs. 2 S. 1, Art. 12 Abs. 1, Art. 14 Abs. 1 folgenden Grundrechte berufen müsste.

---

590 *Günther/Heidel u. a.*, Klageschrift vom 25.10.2018, S. 80.

591 *Günther/Heidel u. a.*, Klageschrift vom 25.10.2018, S. 82.

592 BVerfG, NVwZ 2018, 1224 (1224, 1225).

593 *Günther/Heidel*, Klageschrift vom 25.10.2018, S. 80.

594 *Buser*, DVBl. 2020, 1389 (1392). Vgl. auch *Günther/Heidel u. a.*, Klageschrift vom 25.10.2018, S. 85, die eine Rechtfertigung mangels des Vorliegens eines förmlichen Gesetzes ablehnen.

595 *Buser*, DVBl. 2020, 1389 (1392).

III. Die herrschende Ansicht in der Literatur

Entgegen der soeben dargestellten Mindermeinung im rechtswissenschaftlichen Schrifttum sowie der dieser Argumentationsweise folgenden Klageschrift der Kläger vor dem VG Berlin geht die herrschende Ansicht in der Literatur davon aus, dass das die Grundrechte anderer Bürger beeinträchtigende private Verhalten aufgrund einer diesbezüglich vorliegenden staatlichen Zulassung dem Staat nicht als Eingriff zugerechnet werden könne.

Gegen das von *Szczekalla* angeführte Argument, die staatliche Zulassung von drittbelastendem Verhalten Privater müsse grundrechtsdogmatisch genauso behandelt werden wie das gleiche vom Staat unmittelbar ausgeführte Vorhaben führt *Calliess* an, dass die Abwehrdimension der Grundrechte einen *staatlichen* Eingriff verlange.[596] Dabei müsse man die zweistufige Struktur einer vom Staat erteilten Genehmigung beachten.[597] Die erste Stufe bestehe aus der Entscheidung des Staates, ein bestimmtes privates Verhalten zuzulassen, d.h. zu genehmigen.[598] Die von dem Dritten abzuwehrenden grundrechtlichen Beeinträchtigungen folgten aber nicht bereits aus der ersten Stufe, der Genehmigung.[599] Vielmehr führe erst die zweite Stufe, die tatsächliche Umsetzung des genehmigten Verhaltens durch den Privaten, möglicherweise zu der Beeinträchtigung der grundrechtlichen Positionen des Dritten.[600] Da die Entscheidung, das genehmigte Verhalten auszuführen oder nicht allein dem Willen des Privaten unterliege, könne die vom Staat erteilte Genehmigung nicht als Eingriff in die Grundrechte des Dritten angesehen werden.[601] Die Gefährdung der Grundrechte Dritter in den Fällen staatlicherseits zugelassenen Verhaltens Privater gingen von nicht-staatlichem Handeln aus, weshalb sich *Calliess* dafür ausspricht, diese Fälle der grundrechtlichen Schutzdimension zuzuordnen.[602]

---

596 *Calliess*, Rechtsstaat und Umweltstaat, S. 425. Dies betonend auch *Dietlein*, Schutzpflichten, S. 92: „Auf seine Eingriffsqualität hin kann lediglich staatliches, nicht aber privates Handeln untersucht werden."

597 *Calliess*, Rechtsstaat und Umweltstaat, S. 425. Vgl. auch: *Dietlein*, Schutzpflichten, S. 92.

598 *Calliess*, Rechtsstaat und Umweltstaat, S. 425.

599 *Calliess*, Rechtsstaat und Umweltstaat, S. 425.

600 *Calliess*, Rechtsstaat und Umweltstaat, S. 425, 426.

601 *Calliess*, Rechtsstaat und Umweltstaat, S. 425, 426.

602 *Calliess*, Rechtsstaat und Umweltstaat, S. 426. Ebenso: *Dietlein*, Schutzpflichten, S. 96, 97: „Im Grundsatz ist daher davon auszugehen, daß staatliche Kontrollgenehmigungen

Auf die erforderliche Differenzierung zwischen staatlichem Zulassungsakt und dem diesen umsetzenden privaten Verhalten weist auch *Dietlein* hin.[603] Er macht deutlich, dass der vom BVerfG verwendete Begriff der staatlichen „Mitverantwortung" keinen Eingriff in Grundrechte begründen könne.[604] Denn ein Eingriff in Grundrechte könne nicht aufgrund von gemeinschaftlicher Verantwortung von Staat und Privatem hergeleitet werden, sondern setze voraus, dass der staatliche Akt der Genehmigung als Eingriff in den Schutzbereich von Grundrechten betroffener Dritter zu werten sei.[605]

Als weiteres Argument gegen die Einordnung einer staatlichen Genehmigung von drittbelastendem Verhalten Privater als Eingriff in den Schutzbereich der Grundrechte Dritter wird angeführt, dass dies den Vorbehalt des Gesetzes zu stark ausweiten würde.[606] Immer wenn der Staat ein Genehmigungserfordernis vorsehe, hätte dies zur Folge, dass – sofern von dem zu genehmigenden Verhalten Privater wie in den meisten Fällen Beeinträchtigungen für die Grundrechte Dritter ausgingen – die Genehmigung einer gesetzlichen Grundlage bedürfe.[607] Hierbei müsse das Parlament nach der „Wesentlichkeitstheorie" die für die Verwirklichung der Grundrechte essentiellen Entscheidungen selber regeln.[608] In Fällen, in denen es um die Zulassung neuer Technologien gehe, könne dies dazu führen, dass die Verwaltung eine diesbezügliche Genehmigung aufgrund der veralteten Gesetzeslage nicht erteilen könne und die Bewertung der neuen Technologie durch Gesetz

---

eine Ausprägung der staatlichen Schutzfunktion darstellen und grundrechtlich am Maßstab der dem Staat obliegenden Schutzpflichten zu bemessen sind. Der staatliche Akt der Genehmigung greift nicht in den status negativus der von privatem Handeln betroffenen Grundrechtsträger ein und legt ihnen keine spezifischen Pflichten auf. Auch können staatliche Genehmigungen nicht als Grundlage dafür dienen, privates risikobehaftetes Handelns [sic] dem Staat als ‚eigenes' zuzurechnen. Verursacher des tatsächlichen Risikos ist allein der Private. Der Staat hat allein die ihm obliegende grundrechtliche Schutzpflicht zu erfüllen, nicht mehr."

603 *Dietlein*, Schutzpflichten, S. 92.

604 *Dietlein*, Schutzpflichten, S. 92.

605 *Dietlein*, Schutzpflichten, S. 92.

606 *Dietlein*, Schutzpflichten, S. 97.

607 *Dietlein*, Schutzpflichten, S. 97.

608 *Dietlein*, Schutzpflichten, S. 97.

abwarten müsse.[609] Es entstünde so eine mit der Verfassung nicht vereinbare Blockade neuartiger Technologien.[610]

Außerdem wird in der aus einer staatlichen Genehmigung resultierenden Zurechnung privaten Verhaltens zum Staat ein Verstoß gegen die im Grundgesetz ausgeschlossene unmittelbare Drittwirkung der Grundrechte (vgl. Art. 1 Abs. 3 GG) gesehen.[611]

IV. Die Notwendigkeit eines Streitentscheids

Die vorstehend angeführten unterschiedlichen Ansichten in der Literatur führen hinsichtlich der grundrechtsdogmatischen Einordnung und der daraus folgenden gerichtlichen Kontrolle der im Bundes-Klimaschutzgesetz zugelassenen Jahresemissionsmengen von Treibhausgasen Privater zu verschiedenen Ergebnissen. Die Mindermeinung in der Literatur rechnet die vom KSG genehmigten Treibhausgasemissionen Privater dem Staat zu und sieht darin einen mittelbar-faktischen staatlichen Eingriff in die Grundrechte der von den Emissionen betroffenen Dritten. Als Folge dessen prüft sie die Emissionszulassungsnormen des KSG hinsichtlich dieser Grundrechte (Art. 2 Abs. 2 S. 1, Art. 12 Abs. 1, Art. 14 Abs. 1 S. 1 Alt. 1 GG) anhand einer abwehrrechtlichen Prüfung, innerhalb derer insbesondere die Wahrung des „Übermaßverbots“ bzw. Verhältnismäßigkeitsgrundsatzes kontrolliert wird. Die herrschende Ansicht im Schrifttum sieht in der Zulassung privater Jahresemissionsmengen im KSG keinen staatlichen Eingriff in die Grundrechte der von den Emissionen betroffenen Bürger. Daher schließt sie eine abwehrrechtliche Prüfung der entsprechenden Vorschriften des KSG aus und spricht sich stattdessen für die gerichtliche Kontrolle anhand der aus den Grundrechten folgenden staatlichen Schutzpflichten aus. Da beide Auffassungen hinsichtlich der rechtlichen Beurteilung von im KSG festgelegten Zulassungen privater Treibhausgasemissionen zu verschiedenen Ergebnissen führen, ist ein Streitentscheid notwendig.

---

609 *Dietlein*, Schutzpflichten, S. 97.
610 *Dietlein*, Schutzpflichten, S. 97.
611 *Kahl*, JURA 2021, 117 (118, 119).

V. Keine Zurechnung staatlicherseits zugelassenen privaten Verhaltens zum Staat

1. Der mit einer staatlichen Genehmigung drittbelastenden Verhaltens Privater verfolgte Zweck des Schutzes von Grundrechten Dritter

Das zum Teil in der Literatur vorgebrachte Argument, die staatliche Zulassung eines privaten Vorhabens müsse in der Grundrechtsdogmatik ebenso eingeordnet werden wie die staatliche Umsetzung des gleichen Vorhabens kann nicht überzeugen. Während in letzterem Fall die Gefahren für die Grundrechte Dritter unmittelbar von staatlichem Handeln ausgehen, spricht gegen die Einordnung der staatlichen Zulassung von drittbelastendem Verhalten Privater als Eingriff des Staates in die Grundrechte betroffener Dritter die vom Staat mit der Genehmigung verfolgte Intention. Staatliche Genehmigungen sollen mögliche von privaten Handlungen für die Allgemeinheit oder einen bestimmten Personenkreis ausgehende Gefahren verhindern.[612] So sollen beispielsweise die in § 4 Abs. 1 S. 3 KSG i. V. m. Anlage 2 KSG zugelassenen Jahresemissionsmengen die Quantität der von Privaten ausgestoßenen Treibhausgasemissionen begrenzen, um unter anderem die hiervon ausgehenden Gefahren für die Grundrechte Dritter aus den Art. 2 Abs. 2 S. 1 GG und Art. 14 Abs. 1 S. 1 Alt. 1 GG zu reduzieren. Der Zulassung neben dem sie prägenden gefahrenpräventiven Charakter gleichzeitig einen staatlichen Eingriff in die Grundrechte Drittbetroffener zuzuschreiben, wäre widersprüchlich. Dies spricht dafür, die gesetzlichen Genehmigungsvorschriften als Umsetzung der aus den Grundrechten folgenden staatlichen Schutzpflichten zu verstehen.[613]

Eine entsprechende – mit ähnlicher Argumentation untermauerte – grundrechtsdogmatische Einordnung hat das BVerfG in einem Beschluss aus dem Jahr 1998 vorgenommen.[614] Der Beschwerdeführer der dem Nichtannahmebeschluss zugrunde liegenden Verfassungsbeschwerde war Eigentümer eines forst- und landwirtschaftlicher Betriebes im Schwarzwald, der einen

---

612 *Buser*, DVBl. 2020, 1389 (1392); *Calliess*, Rechtsstaat und Umweltstaat, S. 425; *Dietlein*, Schutzpflichten, S. 90, 91.

613 *Buser*, DVBl. 2020, 1389 (1392); *Calliess*, Rechtsstaat und Umweltstaat, S. 425; *Dietlein*, Schutzpflichten, S. 97.

614 BVerfG, NJW 1998, 3264 ff.

Wirtschaftswald von über 50 ha umfasste.[615] Als Grund für den Rückgang des Waldzuwachses in den Jahren 1983–1985 sah er die von gewerblichen und industriellen Anlagen, privaten Feuerungsanlagen und Fahrzeugen ausgehenden Emissionen und die dadurch entstandenen großräumig wirkenden Luftverunreinigungen an.[616] Die vom Beschwerdeführer gegen den Bund und das Land Baden-Württemberg auf Entschädigung in Höhe von 100.000 DM aus enteignendem Eingriff für den Rückgang des Waldzuwachses geführte Klage vor den Zivilgerichten war in allen Rechtszügen erfolglos.[617] Durch das letztinstanzliche Urteil sah der Beschwerdeführer sein Grundrecht auf Eigentum, Art. 14 Abs. 1 S. 1 Alt. 1 GG, verletzt.[618] Er war der Ansicht, dass der Staat sich die aus den privaten Emissionen entstehenden Schäden als Eingriff zurechnen lassen müsse, weil er mit der Zulassung der die Emissionen verursachenden Techniknutzung einen maßgeblichen Beitrag hierzu geleistet habe.[619]

Das BVerfG verneinte eine Verletzung des Grundrechts auf Eigentum aus Art. 14 Abs. 1 S. 1 Alt. 1 GG.[620] Es sah einen Entschädigungsanspruch aus enteignendem Eingriff im vorliegenden Fall als nicht gegeben an, da „ein dem Staat verfassungsrechtlich zurechenbarer Eingriff in geschütztes Eigentum nicht vorliegt."[621] Dies begründete das BVerfG wie folgt:

> [D]ie den Schadstoffausstoß begrenzenden immissionsrechtlichen Vorschriften sowie die darauf gestützten Genehmigungen [erschöpfen sich] darin, die Handlungsfreiheit der Emittenten einzuschränken, erweitern jedoch nicht zugleich deren Einwirkungsmöglichkeit zu Lasten der immissionsgeschädigten Grundeigentümer. Nach allem ist nicht erkennbar, daß gerade die Präventivkontrolle der mit dem Ausstoß von Luftschadstoffen verbundenen Techniknutzung als Anknüpfungspunkt für eine eingriffsrechtliche Mitverantwortung des Staates für die Folgen der allgemeinen Luftverunreinigung dienen könnte.[622]

---

615 BVerfG, NJW 1998, 3264.
616 BVerfG, NJW 1998, 3264.
617 BVerfG, NJW 1998, 3264.
618 BVerfG, NJW 1998, 3264.
619 BVerfG, NJW 1998, 3264.
620 BVerfG, NJW 1998, 3264.
621 BVerfG, NJW 1998, 3264.
622 BVerfG, NJW 1998, 3264 (3265).

Dieser Beschluss des BVerfG ordnet die staatliche Zulassung drittbelastenden Verhaltens Privater nicht als Eingriff des Staates in die betroffenen Grundrechte Dritter ein. Infolgedessen können sich die von den Emissionen beeinträchtigten Bürger bezüglich der gerichtlichen Überprüfung der gesetzlichen Zulassungsvorschriften nicht auf die Abwehrdimension der Grundrechte berufen.

2. Der Grundsatz der Privatautonomie bedingt private Verantwortung

Des Weiteren spricht gegen die Zurechnung der von staatlich genehmigtem privatem Verhalten ausgehenden Risiken zum Staat der Grundsatz der Privatautonomie. Zwar ist es ohne Zweifel, dass der Staat durch die Genehmigung privaten Verhaltens einen Teil der Verantwortung für die davon ausgehenden Gefahren tragen muss.[623] Die Zurechnung des staatlich zugelassenen Verhaltens Privater zum Staat führt aber zu einer umfassenden Verantwortung des Staates und einer Entlastung des Privaten von der Verantwortung seines Handelns.[624] Eine solche ungleiche Verteilung der Verantwortung ist nicht mit dem Grundsatz der Privatautonomie vereinbar.[625] Zu Recht verweist die herrschende Ansicht im Schrifttum auf die zweistufige Struktur der Genehmigung und darauf, dass es der freien Entscheidung des Privaten obliegt, ob er von der ihm erteilten Genehmigung Gebrauch machen möchte oder nicht. So kann man sich beispielsweise als Bürger oder Unternehmen bewusst dafür entscheiden, möglichst wenige Treibhausgase auszustoßen und damit dazu beizutragen, dass die im KSG festgeschriebenen Jahresemissionsmengen unterschritten werden. Führt der Private hingegen die genehmigte Handlung aus, so muss daraus folgen, dass auch er dafür verantwortlich ist. Das wäre bei einer grundrechtsdogmatischen Einordnung der staatlichen Genehmigung als Eingriff in die betroffenen Grundrechte Dritter nicht gegeben. Die Prüfung dieser Fallkonstellation innerhalb der grundrechtlichen Schutzpflichten macht dagegen deutlich, dass die Gefährdung der Grundrechte Dritter von privatem Handeln ausgeht und veranschaulicht so die private Verantwortung,

623 *Calliess*, Rechtsstaat und Umweltstaat, S. 425; *Dietlein*, Schutzpflichten, S. 92; *Pietzcker*, JZ 1985, 209 (210).

624 *Isensee*, in: Hdb. des Staatsrechts, Band IX, § 191, Rn. 258.

625 *Calliess*, Rechtsstaat und Umweltstaat, S. 425. Vgl. auch: *Buser*, DVBl. 2020, 1389 (1392).

untersucht aber gleichzeitig, ob der Staat genug zum Schutz der Grundrechte Dritter getan hat und schreibt dem Staat dadurch eine Mitverantwortung für die von dem staatlich zugelassenen privaten Verhalten ausgehenden Risiken zu. Der Gesichtspunkt der geteilten Verantwortung spricht damit auch für die Prüfung der im KSG zugelassenen privaten Treibhausgasemissionen im Rahmen der aus den Grundrechten folgenden staatlichen Schutzpflichten.

Auch gesellschaftlich hat der Gedanke, dass der individuelle Mensch eine Verantwortung für die von ihm verursachten – wenn auch staatlich genehmigten – Klimaschäden tragen muss, an Zuspruch gewonnen. In der Öffentlichkeit weitgehend bekannt ist die vom britischen Ölkonzern BP im Jahr 2004 entwickelte Idee des Carbon Footprints, des CO_2-Fußabdrucks, der die Menge der Treibhausgase angibt, die ein einzelner Mensch im Rahmen seiner alltäglichen Verhaltensweisen emittiert.[626] Dadurch sollte die Verantwortung der Unternehmen für den Klimawandel auf die Verbraucher übertragen werden.[627] Dies ist insofern kritisch zu betrachten, als die Firmen mit ihren Entschlüssen ebenfalls für die damit verbundenen Schäden einstehen müssen. Überzeugend ist aber auch hier der Gedanke, dass der Konsument mit seiner Entscheidung für ein klimaschädliches Produkt ebenfalls einen Teil der Verantwortung übernehmen muss. Dies anerkennend taucht der Begriff des CO_2-Fußabdrucks mittlerweile auch in dem Kapitel eines Berichts des IPCC auf.[628] Der Weltklimarat stellt darin fest, dass „[s]oziokulturelle Veränderungen und Änderungen des Lebensstils […] die Eindämmung des Klimawandels beschleunigen“ können.[629] Dabei hätten individuelle Mobilitätsentscheidungen das größte Potenzial, den CO_2-Fußabdruck zu senken.[630] Eine von der Universität Erfurt durchgeführte Umfrage von Mitte März 2023 hat ergeben, dass 49 % der befragten Personen ihren eigenen Klimaschutz für wirksam hielten, in Bezug auf politische Maßnahmen bejahten dies hingegen

---

626 *Probst*, DIE ZEIT vom 05.04.2023, S. 34.

627 *Probst*, DIE ZEIT vom 05.04.2023, S. 34.

628 Demand, Services and Social Aspects of Mitigation, in: IPCC, 2022: Climate Change 2022: Mitigation of Climate Change, S. 505.

629 Demand, Services and Social Aspects of Mitigation, in: IPCC 2022: Climate Change 2022: Mitigation of Climate Change, S. 505.

630 Demand, Services and Social Aspects of Mitigation, in: IPCC 2022: Climate Change 2022: Mitigation of Climate Change, S. 505.

nur 23 %.[631] Dies zeigt, dass ein Großteil der Bevölkerung ebenfalls die Ansicht teilt, dass das Individuum für von eigenem – durch den Staat erlaubtem – klimaschädlichem Verhalten ausgehende Schäden mitverantwortlich ist.

3. Der vom BVerfG verwendete Begriff der staatlichen „Mitverantwortung" im Mülheim-Kärlich-Beschluss aus dem Jahr 1979 (BVerfGE 53, 30)

Bezüglich des vom BVerfG im Mülheim-Kärlich-Beschluss verwendeten Begriffs der staatlichen „Mitverantwortung" ist festzustellen, dass das Gericht in den gesetzlichen Genehmigungsvorschriften für Atomkraftwerke keinen staatlichen Eingriff in die Grundrechte davon betroffener Dritter annimmt.[632] Vielmehr verweist es auf die von ihm entwickelte Schutzpflichtenrechtsprechung und sieht in den gesetzlich festgelegten Genehmigungsvoraussetzungen für Kernkraftwerke die Umsetzung der dem Gesetzgeber durch das Grundrecht auf Leben und körperliche Unversehrtheit, Art. 2 Abs. 2 S. 1 GG, auferlegten Schutzpflicht.[633] Das Gericht führt konkret aus:

> Dieser Schutzpflicht ist der Staat in der Weise nachgekommen, daß er die wirtschaftliche Nutzung der Atomenergie von einer vorherigen staatlichen Genehmigung und die Erteilung solcher Genehmigungen von näher geregelten materiell-rechtlichen und verfahrensrechtlichen Voraussetzungen abhängig gemacht hat. [...] Wird aber ein Kernkraftwerk trotz des in ihm verkörperten außerordentlichen Gefährdungspotentials im Allgemeininteresse an der Energieversorgung genehmigt, so bedeutet dies, daß die körperliche Integrität Dritter Gefährdungen ausgesetzt werden kann, die diese nicht beeinflussen und denen sie kaum ausweichen können. Damit übernimmt der Staat seinerseits eine eigene Mitverantwortung für diese Gefährdungen. Demgemäß erscheint es geboten, bei der verfassungsrechtlichen Beurteilung der materiell- und verfahrensrechtlichen Vorschriften für die Genehmigung von Kernkraftwerken nicht weniger strenge Maßstäbe anzulegen als bei der Prüfung staatlicher Eingriffsgesetze.[634]

---

631 Universität Erfurt, PACE 14 vom 24.03.2023.

632 A.A.: *Gärditz*, in: Landmann/Rohmer, Umweltrecht, Art. 20a GG, Rn. 75, der den Beschluss des BVerfG so deutet, dass das Gericht die Annahme eines Eingriffs des Staates in Grundrechte Drittbetroffener durch die staatliche Genehmigung eines Atomkraftwerks zumindest für möglich hält. Eine Übertragbarkeit dieser „grundrechtsdogmatisch fragwürdige[n] Stellung des Atomrechts" auf andere Fälle der staatlichen Zulassung drittbelastenden privaten Verhaltens schließt er aber aus.

633 BVerfGE 53, 30 (57).

634 BVerfGE 53, 30 (57, 58).

Das BVerfG nimmt in der Folge keine Verhältnismäßigkeitsprüfung vor, sondern kontrolliert, ob der durch die Genehmigungsvorschriften für das Grundrecht aus Art. 2 Abs. 2 S. 1 GG gewährte Schutz ausreichend ist:

> Inhaltlich sind also die Genehmigungsvoraussetzungen so gefaßt, daß aus verfassungsrechtlicher Sicht eine Genehmigung dann zu versagen ist, wenn die Anlage zu Schäden führen kann, die sich als Grundrechtsverletzung darstellen; auch im Hinblick auf ein verbleibendes Restrisiko in Gestalt einer künftigen Grundrechtsgefährdung läßt das Gesetz eine Genehmigung nur dann zu, wenn es nach dem Stand von Wissenschaft und Technik praktisch ausgeschlossen ist, daß solche Schadensereignisse eintreten.[635]

Die in diesem Beschluss getätigten Ausführungen des BVerfG zeigen eine Schutzpflichtenprüfung der atomrechtlichen Vorschriften, die aufgrund des von Kernkraftwerken ausgehenden großen Gefährdungspotentials und der durch die staatliche Genehmigung übernommenen Mitverantwortung umfangreich ausfällt. Grundrechtsdogmatisch ordnet das Gericht die staatliche Genehmigung von drittbelastendem Verhalten Privater der Schutzpflichtendimension der Grundrechte zu.[636]

Zudem ist darauf hinzuweisen, dass der Mülheim-Kärlich-Beschluss des BVerfG aus dem Jahr 1979 stammt und damit fast 20 Jahre älter ist als der bereits angeführte Beschluss des BVerfG aus dem Jahr 1998 zur Entschädigung für Waldschäden infolge von Luftverschmutzung.[637] Während das BVerfG im Mülheim-Kärlich-Beschluss aufgrund der atomrechtlichen Genehmigungsvorschriften von einer staatlichen „Mitverantwortung" für die von dem Atomkraftwerk ausgehenden Risiken spricht und diese Formulierung des Gerichts in der Literatur zum Teil zu Unsicherheiten bezüglich der grundrechtsdogmatischen Beurteilung der Zulassungsvorschriften geführt hat, ist die Einordnung der staatlichen Zulassung drittbelastenden privaten Verhaltens in dem Waldschäden-Beschluss des BVerfG aus dem Jahr 1998 eindeutig. Das BVerfG verneint ausdrücklich eine „eingriffsrechtliche Mitverantwortung des Staates" durch die Zulassungsnormen.

---

635 BVerfGE 53, 30 (59).

636 *Buser*, DVBl. 2020, 1389 (1392) vertritt dies nicht ganz so deutlich; er schreibt: „Letztlich wurde [… in dem Beschluss] aber offengelassen, ob aus der Mitverantwortung eine Eingriffsqualität folgt."

637 VG Berlin, NVwZ 2020, 1289 (1292).

4. Das Urteil des VG Berlin vom 31.10.2019 – 10 K 412/18

Der Ansicht des BVerfG aus dem Waldschäden-Beschluss folgt auch das VG Berlin. Es hat die bereits dargestellte Klage der drei Familien von Landwirten und ihren Kindern im Jahr 2019 mangels Klagebefugnis als unzulässig abgewiesen.[638] Die aus den Grundrechten (Art. 2 Abs. 2 S. 1 GG, Art. 14 Abs. 1 GG) folgende Abwehrdimension sei nicht einschlägig, weil kein mittelbar-faktischer Eingriff des Staates in die Grundrechte der Kläger vorliege.[639] Als Begründung verweist das Verwaltungsgericht auf den Waldschäden-Beschluss des BVerfG:

> Hier sind die Treibhausgasemissionen, auch soweit sie von deutschem Boden ausgehen, nicht dem Staat zurechenbar. Insoweit gilt für den Klimaschutz, was das BVerfG zu den Waldschäden entschieden hat: Die staatliche Präventivkontrolle der mit dem Ausstoß von Luftschadstoffen verbundenen Techniknutzung kann nicht als Anknüpfungspunkt für eine eingriffsrechtliche Mitverantwortung des Staates für die Folgen der allgemeinen Luftverunreinigung dienen.[640]

Eine erweiterte Auslegung des Eingriffsbegriffs würde „[d]ie dogmatisch bedeutsame Unterscheidung zwischen Eingriffen in Grundrechte, die einer Rechtfertigung bedürfen, und grundrechtlich begründeten Schutzpflichten des Staates" verwischen.[641] Im weiteren Verlauf des Urteils prüft das Verwaltungsgericht die aus den Art. 2 Abs. 2 S. 1 GG und Art. 14 Abs. 1 GG folgenden staatlichen Schutzpflichten, kann insoweit aber keine mögliche Verletzung feststellen.[642]

Übertragen auf § 4 Abs. 1 S. 3 KSG i. V. m. Anlage 2 KSG bedeutet die grundrechtsdogmatische Einschätzung des VG Berlin, dass die gesetzlich geregelte Zulassung jährlicher Mengen an privaten Treibhausgasemissionen keinen staatlichen Eingriff in die von den Emissionen nachteilig betroffenen Grundrechte Dritter darstellt. Demnach muss im Rahmen der Schutzpflichten geprüft werden, ob der Bundesgesetzgeber durch das KSG das für die Art. 2 Abs. 2 S. 1 GG, Art. 12 Abs. 1 GG und Art. 14 Abs. 1 S. 1 Alt. 1 GG nötige Mindestmaß an Schutz gewährt.

---

638 VG Berlin, NVwZ 2020, 1289.
639 VG Berlin, NVwZ 2020, 1289 (1292).
640 VG Berlin, NVwZ 2020, 1289 (1292).
641 VG Berlin, NVwZ 2020, 1289 (1292).
642 VG Berlin, NVwZ 2020, 1289 (1292–1295).

5. Der Beschluss des BVerfG vom 15.03.2018 – 2 BvR 1371/13

Der von den Klägern in der Klageschrift der Klimaklage vor dem VG Berlin angeführte Verweis auf die Ausführungen des BVerfG zum mittelbar-faktischen Eingriff in Grundrechte im Beschluss vom 15.03.2018 – 2 BvR 1371/13 führt nicht zu einer anderen rechtlichen Beurteilung von staatlichen Genehmigungen risikobehafteten Verhaltens Privater. Den Begriff des mittelbar-faktischen Eingriffs konkretisierend führt das BVerfG aus, dass grundrechtsbeeinträchtigendes Verhalten Privater dem Staat als Eingriff zugerechnet werden könne, wenn die Beeinträchtigung der Grundrechte Dritter für ihn vorhersehbar sei und er diese zumindest in Kauf genommen habe. Unter diese Voraussetzungen ließen sich ohne Weiteres viele Fälle der von staatlich genehmigten privaten Vorhaben ausgehenden Risiken als dem Staat zurechenbare Eingriffe fassen. Dass eine solche grundrechtsdogmatische Einordnung nicht überzeugen kann, ist dargelegt worden.

Bemerkenswerterweise führt das BVerfG im Fortgang des Beschlusses aus, dass die in völkerrechtlichen Vereinbarungen den USA gestattete Stationierung von US-Atomwaffen auf dem Fliegerhorst Büchel im Bundesgebiet und die davon ausgehende Gefahr von Unglücksfällen *keinen Eingriff* in die der Beschwerdeführerin der Verfassungsbeschwerde, eine in der Nähe des Stationierungsorts wohnende Bürgerin, aus Art. 2 Abs. 2 S. 1 GG und Art. 14 Abs. 1 S. 1 Alt. 1 GG zustehenden Grundrechte darstelle.[643] Es prüft, ob der Staat seine aus Art. 2 Abs. 2 S. 1 GG und Art. 14 Abs. 1 S. 1 Alt. 1 GG folgenden Schutzpflichten gewahrt hat, kann aber keine Verletzung feststellen.[644] Dies spricht dafür, dass auch das BVerfG bei der staatlichen Zulassung von drittbelastendem Verhalten anderer – zumindest weitgehend – eine Zurechnung der davon ausgehenden Risiken an den Staat ablehnt.[645]

6. Zwischenergebnis

Der Vorteil der Zurechnung von die Grundrechte Dritter belastenden Verhaltens Privater zum Staat besteht in der für die vorliegende Arbeit hinsichtlich

643 BVerfG, NVwZ 2018, 1224 (1227).

644 BVerfG, NVwZ 2018, 1224 (1227).

645 In diese Richtung gehend auch das VG Berlin (NVwZ 2020, 1289 [1292]): „In der von den Kl. zitierten Entscheidung zur Stationierung US-amerikanischer Atomwaffen auf dem Fliegerhorst Büchel prüft das BVerfG sowohl einen faktischen Eingriff als auch eine Schutzpflicht des Staates und verneint beides".

des Klimaschutzes relevanten Dreieckskonstellation (Emittent, von Emissionen betroffene Bürger und der die Emissionen zulassende Staat) darin, dass die grundrechtlichen Positionen der von den Emissionen betroffenen Bürger über die Ermöglichung der abwehrrechtlichen Prüfung gestärkt werden.[646] Im Gegensatz zur Schutzpflichtenprüfung, innerhalb derer beim anzuwendenden gerichtlichen Kontrollmaßstab noch ein großes Maß an Rechtsunsicherheit herrscht, kommt bei einer abwehrrechtlichen Prüfung hinsichtlich der gesetzlichen Vorschriften der Zulassung privater Treibhausgasemissionen auch bezüglich der Grundrechte aus Art. 2 Abs. 2 S. 1 GG, Art. 12 Abs. 1 GG und Art. 14 Abs. 1 S. 1 Alt. 1 GG das Übermaßverbot zur Anwendung. Insofern wird geprüft, ob der infolge der Zulassung der Treibhausgasemissionen resultierende Grundrechtseingriff in angemessenem Verhältnis zu den verfolgten Freiheitsgrundrechten der Emittenten (Berufsfreiheit, Wirtschaftsfreiheit[647]) steht. Insbesondere aufgrund der Tatsache, dass die vom Klimawandel gefährdeten Grundrechte aus Art. 2 Abs. 2 S. 1 GG einen Höchstwert innerhalb der Verfassung innehaben, erscheint eine effektive gerichtliche Kontrolle der diesbezüglich vorhandenen gesetzgeberischen Maßnahmen wünschenswert. Trotz dieses positiven Aspekts einer abwehrrechtlichen Prüfung der im KSG erlaubten Treibhausgasemissionen Privater kann diese aus den genannten Gründen dogmatisch nicht überzeugen.[648] Insofern muss auf die grundrechtliche Schutzpflichtendimension abgestellt werden.[649] Im weiteren Verlauf der Untersuchung wird versucht, durch die Erarbeitung eines universell anwendbaren Kontrollmaßstabs der grundrechtlichen Schutzpflichten mehr Rechtssicherheit zu erlangen. So würde auch ein

646 Vgl. *Calliess*, Rechtsstaat und Umweltstaat, S. 437.

647 *Badenhausen-Fähnle*, VR 2022, 1 (6).

648 Vgl. *Calliess*, Rechtsstaat und Umweltstaat, S. 437.

649 Vgl. *Calliess*, Rechtsstaat und Umweltstaat, S. 437.So explizit in Bezug auf den Bereich des Klimaschutzes: *Buser*, DVBl. 2020, 1389 (1392): „Danach ist der menschengemachte Klimawandel primär als Schutzpflichtenkonstellation aufzufassen.“ *Frenz*, ZNER 2021, 123. *Spieth/Hellermann*, NVwZ 2020, 1405 (1406): „Klagen, die darauf abzielen, die Bundesrepublik zu zusätzlichen Klimaschutzanstrengungen zu verpflichten, können sich allenfalls auf die Schutzpflichtendimension der Grundrechte stützen. Anderweitige Rechtsgrundlagen finden sich im geltenden Recht nicht. […] Die gerichtliche Kontrolle muss sich vor diesem Hintergrund auf die Frage beschränken, ob der Staat mit den getroffenen Klimaschutzmaßnahmen seinen grundrechtlichen Schutzpflichten gerecht wird.“

Abstellen auf diese Grundrechtsdimension eine wirksame Überprüfung der gesetzlichen Regelungen im Bereich des Klimaschutzes ermöglichen.

7. Sonderfall: Die von öffentlichen Straßen ausgehenden Treibhausgasemissionen Privater

Eine abwehrrechtliche grundrechtsdogmatische Einordnung wird von der überwiegenden Ansicht in der Rechtsprechung und in der Literatur in Fällen angenommen, in denen der Staat Einrichtungen schafft, deren bestimmungsgemäße Nutzung durch Private die Grundrechte Dritter beeinträchtigt.[650] Bedeutsamstes Beispiel hierfür sind die von einer öffentlichen Straße durch die private Nutzung ausgehenden Emissionen.[651] In dieser Konstellation wird weitestgehend die Zurechnung der privaten Emissionen zum Staat angenommen, da das private Verhalten auf staatlich geschaffenen Voraussetzungen aufbaue, die die Beeinträchtigungen der Grundrechte Dritter überhaupt erst ermöglichten.[652] So führt *Murswiek* aus:

> Die bestimmungsgemäße Nutzung [der Straße] ist unmittelbare Folge der Einrichtung und ihrer Widmung, und daß die Verkehrsimmissionen an einem konkreten Ort und in einem bestimmten Umfang auftreten, ist nicht auf das Verhalten des einzelnen Verkehrsteilnehmers zurückzuführen, sondern darauf, daß der Staat die Straße an dem bestimmten Ort in bestimmter Weise gebaut hat.[653]

Dementsprechend wäre in Bezug auf die im KSG zugelassenen Treibhausgasemissionen Privater aus dem Bereich Straßenverkehr (§ 4 Abs. 1 S. 3 KSG i. V. m. Anlage 2 KSG) nach der überwiegend vertretenen Auffassung die abwehrrechtliche Prüfung der Art. 2 Abs. 2 S. 1 GG, Art. 12 Abs. 1 GG, Art. 14 Abs. 1 S. 1 Alt. 1 GG einschlägig.[654]

---

650 BGH, NJW 1975, 1406; BGH, DVBl. 1977, 523 (524); *Calliess*, Rechtsstaat und Umweltstaat, S. 311; *Dietlein*, Schutzpflichten, S. 99; *Murswiek*, Die staatliche Verantwortung für die Risiken der Technik, S. 60.

651 *Calliess*, Rechtsstaat und Umweltstaat, S. 311; *Dietlein*, Schutzpflichten, S. 99; *Hermes*, Das Grundrecht auf Schutz von Leben und Gesundheit, S. 84.

652 BGH, NJW 1975, 1406; BGH, DVBl. 1977, 523 (524); *Dietlein*, Schutzpflichten, S. 99; *Hermes*, Das Grundrecht auf Schutz von Leben und Gesundheit, S. 84.

653 *Murswiek*, Die staatliche Verantwortung für die Risiken der Technik, S. 60.

654 Vgl. in Bezug auf die Beeinträchtigung von Straßenanliegern durch Verkehrslärm sowie Verkehrsimmissionen hinsichtlich Art. 2 Abs. 2 S. 1 GG: *Dietlein*, Schutzpflichten,

Dieser Ansicht ist zuzugestehen, dass es Fälle von staatlich geschaffenen Einrichtungen gibt, in denen die bestimmungsgemäße Nutzung durch Private dem Staat zugerechnet werden sollte. Als Beispiel hierfür kann die Benutzung von Glascontainern genannt werden.[655] Diese stellen für die Bürger die einzige Möglichkeit dar, ihr Altglas zu entsorgen, und es existieren nicht verschiedene Handlungsoptionen, die Dritte dabei mehr oder weniger belasten. Insofern scheint in diesem Fall keine Verantwortung des Privaten für sein Handeln vorzuliegen, sodass ein staatlicher Eingriff in die Grundrechte der betroffenen Anwohner angenommen werden kann.

In Bezug auf die hier relevanten von öffentlichen Straßen ausgehenden Treibhausgasemissionen Privater kann dagegen die Einordnung unter die Schutzpflichtendimension der Grundrechte eher überzeugen. Der einzige Unterschied zu den bereits dargestellten Fällen der staatlichen Zulassung privaten drittbelastenden Verhaltens besteht darin, dass der Staat die Straße baut und zur öffentlichen Nutzung zur Verfügung stellt, während in den „Genehmigungsfällen" der Private das genehmigte Vorhaben (z. B. den Bau eines Flughafens) ausführt. Das Zurverfügungstellen der Straße begründet eine staatliche Verantwortung für die davon ausgehenden privaten Emissionen. Neben dieser Verantwortung des Staates liegt aber auch eine solche des privaten Nutzers vor. Denn in den meisten Fällen obliegt es dem Willen des Privaten, ob er die Straße oder andere Verkehrsmittel benutzt. Zudem kann der Private bezüglich der Quantität der von seinem Verkehrsmittel ausgehenden Treibhausgasemissionen eine autonome Entscheidung treffen.[656] So

---

S. 99. Vgl. *Buser*, DVBl. 2020, 1389 (1392): „Einzig im Verkehrssektor ließe sich wohl ein Eingriff konstruieren, weil die CO2-Emissionen vom bestimmungsgemäßen Gebrauch staatlicher Verkehrsinfrastruktur ausgehen. Immerhin betrifft dies ca. 1/5 des deutschen CO2-Ausstoßes (nur Straßenverkehr)." *Buser* äußert sodann aber Bedenken hinsichtlich des Vorliegens eines staatlichen Eingriffs in diesen Fällen, da sich „die schwierige Frage der Kausalität zwischen einzelnen Treibhausgasemissionen und de[n] Grundrechtsbeeinträchtigungen, die am Ende einer langen Kette physikalischer Reaktionen stehen", stelle. Daraus schlussfolgert er, dass die „Eingriffskonstruktion für die Klimaverfassungsbeschwerden kaum zielführend sein" könne.

655 So z. B.: Hess. VGH, 2 UE 2287/96.

656 Insofern kann die Ansicht von *Murswiek* (*Murswiek*, Die staatliche Verantwortung für die Risiken der Technik, S. 60), der davon spricht, dass der Umfang der Verkehrsimmissionen nicht auf das Handeln des Einzelnen zurückzuführen sei, nicht überzeugen.

stoßen Elektroautos beispielsweise wesentlich weniger CO_2 aus als Diesel. Dies zeigt, dass neben der staatlichen Verantwortung für die von der Straße ausgehenden Treibhausgasemissionen auch eine private Verantwortung vorliegt. Wie bereits in den Fällen der staatlichen Genehmigung privaten Verhaltens dargestellt, kann eine solche Mitverantwortung nicht durch die Eingriffskonstellation, sondern durch die Schutzpflichtendimension der Grundrechte dogmatisch schlüssig dargestellt werden. Insofern sind auch die in § 4 Abs. 1 S. 3 KSG i. V. m. Anlage 2 KSG zugelassenen privaten Treibhausgasemissionen aus dem Bereich des Straßenverkehrs hinsichtlich der Art. 2 Abs. 2 S. 1 GG, Art. 12 Abs. 1 GG sowie Art. 14 Abs. 1 S. 1 Alt. 1 GG anhand der Funktion der grundrechtlichen Schutzpflichten zu prüfen.

Der Klimabeschluss des BVerfG[657] – restriktive Schutzpflichtenprüfung (Evidenzkontrolle) und grundrechtsdogmatische Neuentwicklung der intertemporalen Freiheitssicherung sowie der eingriffsähnlichen Vorwirkung

Wie im vorherigen Kapitel ausgeführt, schien sich eine auf strengere staatliche Klimaschutzmaßnahmen gerichtete Verfassungsbeschwerde ausschließlich auf die Schutzpflichtendimension der Grundrechte stützen zu können.[658] Diese weitgehend verbreitete grundrechtsdogmatische Einordnung erfuhr durch den Klimabeschluss des BVerfG vom 24. März 2021 eine Zäsur, in dem sich das BVerfG zum ersten Mal mit dem Thema des Klimaschutzes beschäftigte.[659] Im Tenor stellt das Gericht insoweit die Unvereinbarkeit von § 3 Abs. 1 S. 2 und § 4 Abs. 1 S. 3 KSG[660] in Verbindung mit Anlage 2 KSG mit den Grundrechten fest, als verfassungsrechtlich erforderliche Vorschriften über die Fortschreibung der Emissionsminderungsziele für die Zeit ab dem Jahr 2030 fehlten.[661] Der Beschluss wurde in der Folge von der Literatur als „historisch“[662], „epochal“[663], „spektakulär“[664], „bahnbrechende Sensation“[665],

---

657 BVerfG, 1 BvR 2656/18 u. a.

658 Etwas anderes gilt unstrittig – wie bereits dargelegt – für die von staatlichem Handeln verursachten Treibhausgase, die allerdings nur einen kleinen Teil der von deutschem Boden ausgehenden Emissionen ausmachen. Insofern ist die Abwehrdimension der Grundrechte einschlägig.

659 *Möllers/Weinberg*, JZ 2021, 1069.

660 In der vor dem 31.08.2021 geltenden Fassung.

661 BVerfG, 1 BvR 2656/18 u. a.

662 *Fücks*, Die Welt vom 02.05.2021, Abschnitt 1.

663 *Janisch*, SZ vom 29.04.2021, Abschnitt 2.

664 *Franzius*, KlimR 4/2022, 102.

665 *Frenz*, DVBl. 2021, 810.

„Meilenstein für den Klimaschutz"[666] und „[d]er Jahrhundert-Beschluss des Bundesverfassungsgerichts"[667] bezeichnet. Kaum eine andere Entscheidung des BVerfG wurde noch Wochen nach deren Bekanntwerden so zahlreich in den Massenmedien zitiert wie der Klimabeschluss.[668] Dabei überraschte er nicht nur hinsichtlich der Entscheidung[669], sondern insbesondere aufgrund der diese stützenden Begründung.[670] Im Schrifttum wurde vom Klimabeschluss des BVerfG als „eine[r] dogmatische[n] Wende im Umweltschutzverfassungsrecht"[671] und als Möglichkeit, „tektonische Verschiebungen der Grundrechtsdogmatik herbeizuführen"[672], gesprochen.[673]

Entsprechend der im zweiten Teil der vorliegenden Arbeit dargestellten Auffassung steigt das BVerfG nicht in eine abwehrrechtliche Prüfung der Grundrechte aus Art. 2 Abs. 2 S. 1 GG und Art. 14 Abs. 1 GG aufgrund der im KSG zugelassenen privaten Treibhausgasemissionen ein. Die Möglichkeit der Zurechnung privater Emissionen zum Staat aufgrund der diesbezüglich vorliegenden Zulassungsvorschriften des KSG erwähnt das BVerfG nicht einmal. Vielmehr prüft es zunächst – wie im Bereich des Umweltrechts üblich – die aus den Art. 2 Abs. 2 S. 1 GG und Art. 14 Abs. 1 GG folgenden staatlichen Schutzpflichten[674], kann aufgrund des von ihm angewandten restriktiven Prüfungsmaßstabs jedoch keine Verletzung feststellen (B). Überraschenderweise beendet das BVerfG nach Ablehnung eines Schutzpflichtenverstoßes nicht seine Prüfung, sondern stellt aufgrund eines Verstoßes gegen die von ihm neu entwickelte, aus den Grundrechten folgende „intertemporale Freiheitssicherung" die Verfassungswidrigkeit bestimmter Regelungen des KSG fest.[675] Dabei soll im weiteren Verlauf der vorliegenden Arbeit insbesondere

---

666 *Buser*, VerfBlog vom 30.04.2021, Abschnitt 1.

667 *Seibert*, DVBl. 2021, 1141.

668 *Faßbender*, NJW 2021, 2085.

669 *Sinder*, JZ 2021, 1078.

670 *Möllers/Weinberg*, JZ 2021, 1069: „Während die Entscheidung im Ergebnis Zustimmung verdient, ist der argumentative Weg zumindest diskutabel". *Weinrich*, UWP 2021, 238.

671 *Sinder*, JZ 2021, 1078 (1079).

672 *Franzius*, KlimR 4/2022, 102.

673 Auch *Calliess*, ZUR 2021, 355 spricht davon, dass „der grundrechtsdogmatische Weg [des Gerichts ...] viele Fragen auf[wirft]".

674 BVerfG, 1 BvR 2656/18 u. a., Rn. 143 ff.

675 BVerfG, 1 BvR 2656/18 u. a., Rn. 243 ff.

die Vereinbarkeit dieser grundrechtlichen Neuschöpfung mit der bisherigen Grundrechtsdogmatik untersucht werden (C).[676]

A. Das Vorbringen der Beschwerdeführenden

Dem Klimabeschluss des BVerfG liegen vier Verfassungsbeschwerden zugrunde, die sich vor allem gegen einzelne Vorschriften des Bundes-Klimaschutzgesetzes richten.[677] Die Beschwerdeführenden, hauptsächlich natürliche Personen, sowohl Minderjährige als auch Volljährige, in Deutschland sowie in Bangladesch und in Nepal Lebende, sind der Ansicht, die Regelungen des KSG sähen keine ausreichenden Reduktionen der von deutschem Boden ausgehenden Treibhausgasemissionen vor, um die aus ihrer Sicht erforderliche 1,5 °C-Grenze zu wahren. Sie berufen sich insbesondere auf eine Verletzung von Schutzpflichten aus Art. 2 Abs. 2 S. 1 GG, Art. 14 Abs. 1 S. 1 Alt. 1 GG und Art. 12 Abs. 1 S. 1 GG sowie „hinsichtlich künftiger Emissionsminderungspflichten für Zeiträume nach 2030 allgemein auf die Freiheitsrechte".[678]

B. Die aus den Grundrechten folgenden staatlichen Schutzpflichten

I. Die Beschwerdebefugnis hinsichtlich der Möglichkeit der Verletzung von aus den Art. 2 Abs. 2 S. 1 GG und Art. 14 Abs. 1 S. 1 Alt. 1 GG folgenden staatlichen Schutzpflichten

Im Rahmen der Prüfung der Beschwerdebefugnis stellt das BVerfG fest, dass die aus Art. 2 Abs. 2 S. 1 GG folgende Schutzpflicht „den Schutz vor Beeinträchtigungen durch Umweltbelastungen ein[schließt]. Das gilt auch für Gefahren, die der Klimawandel für das menschliche Leben und die Gesundheit verursacht."[679] Außerdem enthalte Art. 14 Abs. 1 GG eine „Schutzpflicht des Staates hinsichtlich der Eigentumsgefahren des Klimawandels".[680]

---

676 Kritisch diesbzgl. u. a. *Badenhausen-Fähnle*, VR 2022, 1 (5): „In dogmatischer Hinsicht ist dieser Gang jedoch äußerst verwunderlich und im Ergebnis auch nicht überzeugend."

677 BVerfG, 1 BvR 2656/18 u. a., Rn. 1.

678 BVerfG, 1 BvR 2656/18 u. a., Rn. 1, 38.

679 BVerfG, 1 BvR 2656/18 u. a., Rn. 99.

680 BVerfG, 1 BvR 2656/18 u. a., Rn. 171.

Es erscheine nicht von vornherein ausgeschlossen, dass die Folgen des Klimawandels noch zu Lebzeiten der Beschwerdeführenden zu einer Beeinträchtigung der in Art. 2 Abs. 2 S. 1 GG und Art. 14 Abs. 1 GG geschützten Rechtsgüter führten.[681] Durch eventuell bis zum Jahr 2030 zu großzügig zugelassene Treibhausgasemissionen in § 3 Abs. 1 S. 2, § 4 Abs. 1 S. 3 KSG i. V. m. Anlage 2 KSG[682] bestehe die Möglichkeit einer Verletzung der grundrechtlichen Schutzpflichten aus Art. 2 Abs. 2 S. 1 GG sowie Art. 14 Abs. 1 GG, sodass diesbezüglich die Beschwerdebefugnis der Beschwerdeführenden anzunehmen sei.[683]

II. Evidenzkontrolle im Rahmen der Schutzpflichtenprüfung – keine Verletzung der aus den Grundrechten folgenden staatlichen Schutzpflichten durch das KSG

Innerhalb der Begründetheitsprüfung stellt das BVerfG fest, dass die immensen Gefahren, die vom Klimawandel beispielsweise durch Hitzewellen, Überschwemmungen oder Wirbelstürme für die Rechtsgüter des Art. 2 Abs. 2 S. 1 GG ausgingen, eine Schutzpflicht des Staates zur Treibhausgasreduktion sowie darüber hinausgehend zur Ergreifung von Anpassungsmaßnahmen begründeten.[684] Die Tatsache, dass der Klimawandel ein globales Problem darstelle, das nur durch internationale Zusammenarbeit gelöst werden könne, stehe der Annahme einer Schutzpflicht des deutschen Staates nicht entgegen.[685] Daraus folgten jedoch Konsequenzen für die inhaltliche Ausgestaltung der Schutzpflicht.[686] Das BVerfG führt hierzu aus:

> Soweit die Schutzpflicht aus Art. 2 Abs. 2 Satz 1 GG gegen Gefahren des Klimawandels gerichtet ist, verlangt sie ein international ausgerichtetes Handeln zum globalen Schutz des Klimas und verpflichtet, im Rahmen internationaler Abstimmung (zum Beispiel durch Verhandlungen, in Verträgen oder in Organisationen) auf Klimaschutzaktivitäten hinzuwirken, in die eingebettet dann nationale Maßnahmen ihren Beitrag zum Stopp des Klimawandels leisten.[687]

---

681 BVerfG, 1 BvR 2656/18 u. a., Rn. 108.
682 In der vor dem 31.08.2021 geltenden Fassung.
683 BVerfG, 1 BvR 2656/18 u. a., Rn. 96, 97, 102.
684 BVerfG, 1 BvR 2656/18 u. a., Rn. 144, 148.
685 BVerfG, 1 BvR 2656/18 u. a., Rn. 149.
686 BVerfG, 1 BvR 2656/18 u. a., Rn. 149.
687 BVerfG, 1 BvR 2656/18 u. a., Rn. 149.

In Bezug auf die verfassungsgerichtliche Kontrollmöglichkeit der Schutzpflichterfüllung führt das BVerfG einen restriktiven Prüfungsmaßstab an:

> Ob ausreichende Maßnahmen getroffen sind, um grundrechtliche Schutzpflichten zu erfüllen, ist verfassungsgerichtlich nur begrenzt überprüfbar. Die aus den Grundrechten folgenden subjektiven Abwehrrechte gegen staatliche Eingriffe einerseits und die sich aus der objektiven Bedeutung der Grundrechte ergebenden Schutzpflichten andererseits unterscheiden sich insofern grundlegend voneinander, als das Abwehrrecht in Zielsetzung und Inhalt ein bestimmtes staatliches Verhalten verbietet, während die Schutzpflicht grundsätzlich unbestimmt ist. Die Entscheidung, in welcher Weise Gefahren entgegengewirkt werden soll, die Aufstellung eines Schutzkonzepts und dessen normative Umsetzung sind Sache des Gesetzgebers, dem grundsätzlich auch dann ein Einschätzungs-, Wertungs- und Gestaltungsspielraum zukommt, wenn er dem Grunde nach verpflichtet ist, Maßnahmen zum Schutz eines Rechtsguts zu ergreifen. Das Bundesverfassungsgericht stellt die Verletzung einer Schutzpflicht dann fest, wenn Schutzvorkehrungen entweder überhaupt nicht getroffen sind, wenn die getroffenen Regelungen und Maßnahmen offensichtlich ungeeignet oder völlig unzulänglich sind, das gebotene Schutzziel zu erreichen, oder wenn sie erheblich hinter dem Schutzziel zurückbleiben (vgl. BVerfGE 142, 313 <337 f. Rn. 70> m. w. N.; stRspr).[688]

Diesen Prüfungsmaßstab anlegend stellt das Gericht fest, dass die Vorschriften des KSG nicht offensichtlich ungeeignet seien, die Rechtsgüter aus Art. 2 Abs. 2 S. 1 GG zu schützen.[689] Hierfür sei ausreichend, dass das KSG das Ziel der Klimaneutralität verfolge, hierzu einen Emissionsreduktionspfad mit kontinuierlicher Minderung der Treibhausgase vorsehe und daher geeignet sei, eine bestimmte Temperaturerhöhung der Erde zu wahren.[690]

In der weiteren Prüfung lehnt das BVerfG einen völlig unzulänglichen Schutz von Art. 2 Abs. 2 S. 1 GG durch das KSG ab.[691] Ein solcher läge nach Ansicht des Gerichts ausschließlich vor, wenn der Bundesgesetzgeber sich auf Anpassungsmaßnahmen beschränke und auf die Reduktion von Treibhausgasen verzichte.[692] Dies sei aufgrund der Emissionsreduktionsvorgaben im KSG sowie in weiteren Gesetzen vorliegend nicht gegeben.[693]

---

688 BVerfG, 1 BvR 2656/18 u. a., Rn. 152.
689 BVerfG, 1 BvR 2656/18 u. a., Rn. 154.
690 BVerfG, 1 BvR 2656/18 u. a., Rn. 155, 156.
691 BVerfG, 1 BvR 2656/18 u. a., Rn. 157.
692 BVerfG, 1 BvR 2656/18 u. a., Rn. 157.
693 BVerfG, 1 BvR 2656/18 u. a., Rn. 157.

Auch blieben die die Rechtsgüter des Art. 2 Abs. 2 S. 1 GG schützenden Vorschriften des KSG nicht erheblich hinter dem Schutzziel zurück.[694] Die Beschwerdeführer hatten zum einen geltend gemacht, dass das in § 1 S. 3 KSG dem Klimaschutzgesetz zugrunde gelegte Klimaschutzziel des Pariser Abkommens zum Schutz der genannten Rechtsgüter nicht ausreichend sei.[695] Vielmehr müsse eine maximale Temperaturerhöhung von 1,5 °C angestrebt werden.[696] Dieser Auffassung folgt das BVerfG nicht.[697] Zwar weise der Sonderbericht des IPCC über die Folgen einer globalen Erwärmung um 1,5 °C von 2018 darauf hin, dass die Wahrscheinlichkeit für die Überschreitung von Kipppunkten bei 1,5 °C-Erderwärmung im Vergleich zu größeren Temperaturzunahmen erheblich reduziert werde.[698] Die Bewertungen des IPCC sprechen bei einer globalen Erwärmung von 1 °C von einem moderaten Risiko und bei 2,5 °C von einem hohen Risiko.[699] Aufgrund der in den Berechnungen des IPCC vorhandenen Unsicherheiten müsse dem Gesetzgeber bei der Schutzpflichterfüllung „derzeit jedoch ein erheblicher Entscheidungsspielraum" eingeräumt werden.[700] Der Bundesgesetzgeber dürfe daher in § 1 S. 3 KSG das Paris-Ziel zugrunde legen.[701]

Zum anderen waren die Beschwerdeführenden der Ansicht, dass die in § 3 Abs. 1 S. 2, § 4 Abs. 1 S. 3 KSG a. F. i. V. m. Anlage 2 KSG a. F. festgeschriebenen Emissionsreduktionen bis zum Jahr 2030 nicht geeignet seien, die in § 1 S. 3 KSG festgelegte Temperaturschwelle einzuhalten.[702] Dem pflichtet das BVerfG bei, dass tatsächliche Anhaltspunkte vorlägen, wonach die angeführten Emissionsreduktionsvorschriften des KSG einen deutschen Beitrag zur Einhaltung der 1,5 °C-Grenze unmöglich machten und die 1,75 °C-Grenze nur mit nach 2030 erfolgenden radikalen Reduktionen der Treibhausgasemissionen eingehalten werden könne.[703] Dennoch stellt das Gericht keinen

694 BVerfG, 1 BvR 2656/18 u. a., Rn. 158.
695 BVerfG, 1 BvR 2656/18 u. a., Rn. 158.
696 BVerfG, 1 BvR 2656/18 u. a., Rn. 159.
697 BVerfG, 1 BvR 2656/18 u. a., Rn. 165.
698 BVerfG, 1 BvR 2656/18 u. a., Rn. 161.
699 IPCC, 2018: Global Warming of 1,5 °C, S. 257 f., 3.5.2.5.
700 BVerfG, 1 BvR 2656/18 u. a., Rn. 162.
701 BVerfG, 1 BvR 2656/18 u. a., Rn. 163, 165.
702 BVerfG, 1 BvR 2656/18 u. a., Rn. 166.
703 BVerfG, 1 BvR 2656/18 u. a., Rn. 166.

Verstoß gegen die aus Art. 2 Abs. 2 S. 1 GG folgenden Schutzpflichten fest.[704] Konkret führt es aus:

> Dass die Gesundheitsfolgen einer Erderwärmung um 2 °C und des entsprechenden Klimawandels in Deutschland nicht durch ergänzende Anpassungsmaßnahmen verfassungsrechtlich hinreichend gelindert werden könnten, ist nicht zu erkennen.[705]

In Bezug auf die aus Art. 14 Abs. 1 GG folgende staatliche Schutzpflicht vor den Gefahren des Klimawandels wendet das BVerfG denselben Prüfungsmaßstab an und kann infolgedessen ebenfalls keinen Verstoß feststellen.[706] Auch hinsichtlich des Schutzes dieses Rechtsguts genügten Anstrengungen, das 2 °C-Ziel einzuhalten, da ergänzend Anpassungsmaßnahmen herangezogen werden könnten.[707]

Hinsichtlich der im Ausland (Nepal und Bangladesch) lebenden Beschwerdeführenden lässt das BVerfG offen, ob diesen gegenüber Schutzpflichten des deutschen Staates vor den Gefahren des Klimawandels bestehen, da jedenfalls eine diesbezügliche Verletzung nicht festgestellt werden könne.[708] Anders als gegenüber den in Deutschland lebenden Menschen stehe dem deutschen Staat gegenüber den im Ausland lebenden Personen neben der Reduktion von Treibhausgasen nicht die Möglichkeit zur Vornahme von Anpassungsmaßnahmen zu.[709] Deshalb sei der gerichtliche Prüfungsumfang weiter einzuschränken:

> Das bei inländischen Sachverhalten an Schutzvorkehrungen darüber hinaus anzulegende Kriterium, dass diese nicht erheblich hinter dem Schutzziel zurückbleiben dürfen, könnte auf eine gegen die Gefahren des Klimawandels gerichtete Schutzpflicht gegenüber den im Ausland lebenden Beschwerdeführenden nicht zur Anwendung kommen.[710]

Vielmehr könne nur überprüft werden, ob der Gesetzgeber Maßnahmen zur Begrenzung des Klimawandels überhaupt nicht getroffen habe oder die

---

704 BVerfG, 1 BvR 2656/18 u. a., Rn. 167.
705 BVerfG, 1 BvR 2656/18 u. a., Rn. 167.
706 BVerfG, 1 BvR 2656/18 u. a., Rn. 171, 172.
707 BVerfG, 1 BvR 2656/18 u. a., Rn. 172.
708 BVerfG, 1 BvR 2656/18 u. a., Rn. 174, 180.
709 BVerfG, 1 BvR 2656/18 u. a., Rn. 177, 178.
710 BVerfG, 1 BvR 2656/18 u. a., Rn. 181.

ergriffenen Regelungen offensichtlich ungeeignet oder völlig unzulänglich seien, um das erforderliche Schutzziel zu erreichen.[711] Dies sei vorliegend erkennbar nicht der Fall, da Deutschland dem Pariser Abkommen beigetreten sei und in § 1 S. 3 KSG die Temperaturschwelle des Übereinkommens übernommen habe sowie das Ziel, bis 2050 Klimaneutralität zu erreichen (§ 1 S. 3 KSG a. F.).[712]

III. Neben der Evidenzkontrolle bestehende weitere gerichtliche Kontrolldichten grundrechtlicher Schutzpflichterfüllung

Hinsichtlich der gerichtlichen Kontrolldichte der Schutzpflichten aus Art. 2 Abs. 2 S. 1 GG und Art. 14 Abs. 1 GG gegenüber den in Deutschland lebenden Beschwerdeführenden ist auf den nach Feststellung des Prüfungsumfangs vom BVerfG angeführten Verweis auf den Beschluss BVerfGE 142, 313 (337 f.), Rn. 70 sowie die hierzu angeführte Anmerkung „stRspr" hinzuweisen.[713] Der Zusatz „ständige Rechtsprechung" gibt vor, dass es in den vergangenen Entscheidungen des BVerfG im Hinblick auf die gerichtliche Überprüfung der Erfüllung grundrechtlicher Schutzpflichten durch den Staat keine anderen – sowohl weitergehenden als auch hinter dem angeführten Prüfungsmaßstab zurückbleibenden – Kontrolldichten gibt. Dem Beschluss, auf welchen das BVerfG im Klimabeschluss verweist, fehlt dagegen selbst noch der Zusatz „stRspr".[714] Der in BVerfGE 142, 313 (337 f.), Rn. 70 hinsichtlich der grundrechtlichen Schutzpflichten angewandte gerichtliche Kontrollmaßstab entspricht demjenigen des BVerfG im Klimabeschluss, enthält jedoch wiederum einen Verweis auf vier weitere Entscheidungen des BVerfG.[715] Diese enthalten

711 BVerfG, 1 BvR 2656/18 u. a., Rn. 180.

712 BVerfG, 1 BvR 2656/18 u. a., Rn. 180.

713 BVerfG, 1 BvR 2656/18 u. a., Rn. 152, 172.

714 BVerfGE 142, 313 (337 f.), Rn. 70; *Weinrich*, grundrechtliche Umweltschutzpflichten, S. 436.

715 BVerfGE 142, 313 (337 f.), Rn. 70: „Das Bundesverfassungsgericht kann die Verletzung einer solchen Schutzpflicht nur feststellen, wenn Schutzvorkehrungen entweder überhaupt nicht getroffen sind, wenn die getroffenen Regelungen und Maßnahmen offensichtlich ungeeignet oder völlig unzulänglich sind, das gebotene Schutzziel zu erreichen, oder wenn sie erheblich hinter dem Schutzziel zurückbleiben (vgl. BVerfGE 56, 54 [80]; 77, 170 [215]; 92, 26 [46]; 125, 39 [78 f.])."

zum Teil andere Prüfungsmaßstäbe.[716] Zwei der Beschlüsse werden im Folgenden dargestellt.

1. BVerfGE 56, 54

In dem Beschluss BVerfGE 56, 54 (80 f.) hat das BVerfG hinsichtlich einer aus Art. 2 Abs. 2 S. 1 GG folgenden staatlichen Schutzpflicht zur Bekämpfung von gesundheitsgefährdenden Auswirkungen des Fluglärms festgestellt, dass das Gericht nur prüfe, ob „der Gesetzgeber die genannte Pflicht evident verletzt hat".[717] Es macht sodann aber auf bestimmte Fälle einer notwendigen umfassenderen Schutzpflichtenprüfung aufmerksam: Zwar könne die Schutzpflichterfüllung „vom Bundesverfassungsgericht in der Regel nur begrenzt nachgeprüft werden, [... etwas anderes gelte jedoch, wenn] Rechtsgüter von höchster Bedeutung auf dem Spiele stehen."[718]

2. BVerfGE 77, 170

In dem des Weiteren angeführten Beschluss BVerfGE 77, 170 hatte der Zweite Senat über die aus Art. 2 Abs. 2 S. 1 GG folgende staatliche Schutzpflicht vor von der Lagerung chemischer Waffen (C-Waffen) der Streitkräfte der Vereinigten Staaten von Amerika auf dem Gebiet der Bundesrepublik Deutschland ausgehenden Gefahren zu befinden. Die Beschwerdeführenden, in der Nähe möglicher C-Waffen-Lagerstätten wohnende oder arbeitende Bürger, machten geltend, dass es mit Art. 2 Abs. 2 S. 1 GG nicht vereinbar sei, dass

---

716 In den Entscheidungen BVerfGE 92, 26 (46) sowie BVerfGE 125, 39 (78 f.) wendet das BVerfG hinsichtlich einer aus Art. 12 Abs. 1 GG sowie einer aus Art. 4 Abs. 1 und Abs. 2 GG folgenden Schutzpflicht hingegen den gleichen Prüfungsmaßstab an wie im Klimabeschluss. „Das Bundesverfassungsgericht kann deswegen die Verletzung einer Schutzpflicht nur feststellen, wenn die öffentliche Gewalt Schutzvorkehrungen entweder überhaupt nicht getroffen hat oder die getroffenen Regelungen und Maßnahmen gänzlich ungeeignet oder völlig unzulänglich sind, das gebotene Schutzziel zu erreichen, oder erheblich dahinter zurückbleiben". (BVerfGE 92, 26 [46])

„Das Bundesverfassungsgericht kann die Verletzung einer solchen Schutzpflicht nur feststellen, wenn Schutzvorkehrungen entweder überhaupt nicht getroffen sind, wenn die getroffenen Regelungen und Maßnahmen offensichtlich ungeeignet oder völlig unzulänglich sind, das gebotene Schutzziel zu erreichen, oder wenn sie erheblich hinter dem Schutzziel zurückbleiben". (BVerfGE 125, 39 [78 f.])

717 BVerfGE 56, 54 (80).

718 BVerfGE 56, 54 (81).

die Bundesregierung die ihr zur Verfügung stehenden Informationen über Art und Lagerungsort der C-Waffen nicht an die für die Gefahrenabwehr und den Katastrophenschutz zuständigen Landesbehörden weitergeleite habe.[719] Das BVerfG lehnte die Verfassungsbeschwerde als unzulässig ab, da die Beschwerdeführenden eine mögliche Verletzung von Art. 2 Abs. 2 S. 1 GG nicht dargelegt hätten.[720]

> [Zwar folgt die] unabhängige Verpflichtung der vollziehenden Gewalt, für die notwendigen Sicherheitsvorkehrungen bei der Lagerung der Waffen zu sorgen [... aus] Art. 2 Abs. 2 Satz 1 GG in seiner objektivrechtlichen Funktion als ,wertentscheidende Grundsatznorm'. [...] Dem Gesetzgeber wie der vollziehenden Gewalt kommt bei der Erfüllung dieser Schutzpflichten [jedoch] ein weiter Einschätzungs-, Wertungs- und Gestaltungsbereich zu [...]. Diese weite Gestaltungsfreiheit kann von den Gerichten je nach Eigenart des in Rede stehenden Sachbereichs, den Möglichkeiten, sich ein hinreichend sicheres Urteil zu bilden und der Bedeutung der auf dem Spiele stehenden Rechtsgüter nur in begrenztem Umfang überprüft werden. Der mit einer solchen Schutzpflicht verbundene grundrechtliche Anspruch ist im Blick auf diese Gestaltungsfreiheit nur darauf gerichtet, daß die öffentliche Gewalt Vorkehrungen zum Schutze des Grundrechts trifft, die nicht gänzlich ungeeignet oder völlig unzulänglich sind. Nur unter ganz besonderen Umständen kann sich diese Gestaltungsfreiheit in der Weise verengen, daß allein durch eine bestimmte Maßnahme der Schutzpflicht Genüge getan werden kann.[721]

Aufgrund dieses restriktiven Prüfungsmaßstabs konnte das BVerfG in der Folge keinen möglichen Verstoß gegen die aus Art. 2 Abs. 2 S. 1 GG folgende Schutzpflicht feststellen.[722]

An diesem Beschluss fällt auf, dass das BVerfG eine gegenüber der im Klimabeschluss bezüglich der in Deutschland lebenden Personen sowie in BVerfGE 142, 313; BVerfGE 92, 26 und BVerfGE 125, 39 noch geringere Kontrolldichte anwendet. Es prüft im Rahmen der aus Art. 2 Abs. 2 S. 1 GG folgenden Schutzpflichtenerfüllung nur, ob die getroffenen staatlichen Maßnahmen nicht gänzlich ungeeignet oder völlig unzulänglich sind; eine Prüfung, ob sie erheblich hinter dem Schutzziel zurückbleiben, unterbleibt. Damit entspricht der Kontrollmaßstab dem gegenüber den im Ausland

---

719 BVerfGE 77, 170 (216, 217).

720 BVerfGE 77, 170 (212 f.).

721 BVerfGE 77, 170 (214, 215).

722 BVerfGE 77, 170 (214–217).

wohnenden Beschwerdeführenden im Klimabeschluss. Insbesondere unter Berücksichtigung der Ausführungen des BVerfG im Fluglärm-Beschluss (BVerfGE 56, 54), in dem es eine umfassendere Schutzpflichtenprüfung bei Gefahren für Rechtsgüter von höchster Bedeutung verlangt, verwundert die im C-Waffen-Beschluss angewandte restriktive Kontrolldichte aufgrund des vorliegenden Ausmaßes der Gefahren von tödlich wirkendem Gas und der Bedeutung des hiervon bedrohten Rechtsguts menschliches Leben, welches nach der Verfassung einen „Höchstwert"[723] innehat. Auch hat das BVerfG im C-Waffen-Beschluss selbst ausgeführt, dass die Bedeutung der gefährdeten Rechtsgüter die Intensität der gerichtlichen Kontrolldichte mitbestimmt, wendet diesen Maßstab dann jedoch nicht auf den konkreten Fall an, indem es bei einer sehr eingeschränkten Prüfungsdichte verharrt. Insoweit weist die Rechtsprechung des BVerfG hinsichtlich der gerichtlichen Überprüfung der aus den Grundrechten folgenden Schutzpflichten Unstimmigkeiten auf.

Eine ähnliche Argumentation lässt sich in der abweichenden Meinung des Richters *Mahrenholz* zum C-Waffen-Beschluss des BVerfG finden.[724] Zwar lässt dieser letztlich offen, ob eine erhöhte gerichtliche Kontrolldichte hätte angewandt werden müssen, da die Bundesregierung nach seiner Ansicht die aus Art. 2 Abs. 2 S. 1 GG folgende Schutzpflicht evident verletzt hat.[725] Er macht aber dennoch auf eine im vorliegenden Fall naheliegende strengere gerichtliche Überprüfung der Schutzpflichten aufmerksam:

> Dahinstehen kann daher, ob sich die verfassungsgerichtliche Kontrolle des Verhaltens der Bundesregierung angesichts der Tragweite der Gefahren, um deren Begrenzung es geht, und angesichts der Bedeutung der bedrohten Rechtsgüter auf eine Evidenzkontrolle beschränken darf oder ob nicht vielmehr als Prüfungsmaßstab vorliegend eine intensivierte inhaltliche Kontrolle (vgl. z. B. BVerfGE 39, 1 [46, 51 ff.] – § 218 StGB-; 45, 187 [238] – Lebenslange Freiheitsstrafe -), zumindest aber eine erhöhte ‚Kontrolldichte' im Sinne einer Vertretbarkeitsprüfung zu gelten hat (vgl. z. B. Beschluß des Senats vom 12. Mai 1987 – 2 BvR 1226/83 u. a. – Familiennachzug). In der Rechtsprechung des Ersten Senats findet sich der Hinweis, daß

---

723 BVerfGE 46, 160 (164).

724 BVerfGE 77, 170 (234).

725 BVerfGE 77, 170 (236): „Nach meiner Auffassung ist es evident, daß die Bundesregierung diese Pflicht hat, daß sie mithin ihre Schutzpflicht und damit zugleich das Grundrecht der Beschwerdeführer aus Art. 2 Abs. 2 Satz 1 GG verletzt, wenn sie dieser Pflicht nicht nachkommt."

einer verfassungsgerichtlichen Nachprüfung der Verantwortung des Gesetzgebers Grenzen gezogen sind, ‚sofern nicht Rechtsgüter von höchster Bedeutung auf dem Spiele stehen' (BVerfGE 56, 54 [81]).[726]

3. Zwischenergebnis

Die beiden dargestellten Entscheidungen des BVerfG machen deutlich, dass der im Klimabeschluss hinsichtlich der aus Art. 2 Abs. 2 S. 1 GG sowie Art. 14 Abs. 1 GG folgenden Schutzpflichten gegenüber den in Deutschland lebenden Menschen angeführte Prüfungsmaßstab zu Unrecht als ständige Rechtsprechung bezeichnet wird.[727] So gibt es zum einen – wie BVerfGE 77, 170 veranschaulicht – noch restriktivere Kontrolldichten. Zum anderen zeigen die Anmerkungen in BVerfGE 56, 54, dass es in bestimmten Fällen die Möglichkeit einer über die Evidenzkontrolle hinausgehenden, wesentlich umfassenderen gerichtlichen Überprüfung grundrechtlicher Schutzpflichten gibt.

Die Beschlüsse BVerfGE 56, 54 sowie BVerfGE 77, 170 zeigen außerdem Widersprüche in der verfassungsgerichtlichen Rechtsprechung zu den grundrechtlichen Schutzpflichten auf. Das BVerfG stellt zum Teil abstrakte Kriterien zur Bestimmung des Umfangs der Kontrolldichte auf – wie beispielsweise die Bedeutung des gefährdeten Rechtsguts –, wendet diese dann aber nicht konsequent auf den konkreten Fall an.

Da das BVerfG im Klimabeschluss auf die weiteren in der Rechtsprechung des Gerichts entwickelten Prüfungsmaßstäbe der staatlichen Schutzpflichten nicht eingeht, sind ihm dogmatische Ungereimtheiten vorzuwerfen. Dies gilt vor allem aufgrund der Tatsache, dass sich nach vergangenen Entscheidungen des Gerichts bei gefährdeten Rechtsgütern von hoher Bedeutung – wie bei den vom Klimawandel gefährdeten Grundrechten aus Art. 2 Abs. 2 S. 1 GG – ein umfassenderer Kontrollmaßstab anbietet. *Berkemann* schreibt:

> [Es liegen] handwerkliche Mängel [vor …, die] so offenkundig [sind], dass man fragt, was das Gericht wirklich bewogen hat. Das Gericht missachtet […] etwa das schutzrechtliche Untermaßverbot […]. Es ist ganz offensichtlich, dass sich das

---

726 BVerfGE 77, 170 (236).

727 So auch *Weinrich*, grundrechtliche Umweltschutzpflichten, S. 436: „Was hier also ständige Rechtsprechung sein soll, erschließt sich nicht."

Gericht nicht auf eine nähere Erörterung seines ungemein restriktiven Kontrollmaßstabes zu Art. 2 Abs. 2 Satz 1 GG einlassen will.[728]

Auch in Betracht der vom BVerfG angewandten Kreativität und dogmatischen Flexibilität in Bezug auf die noch im weiteren Verlauf darzustellende grundrechtliche Neuschöpfung der intertemporalen Freiheitssicherung sowie der eingriffsähnlichen Vorwirkung[729] verwundern die kurzen Ausführungen zur Kontrolldichte grundrechtlicher Schutzpflichten. In der Literatur wurde angemerkt:

> [Das BVerfG hätte] statt der ‚Grundrechtsrevolution' durch die Erfindung einer neuen Eingriffskategorie in dogmatisch schlüssigerer Weise und auf bekanntem Terrain eine ‚Grundrechtsevolution' mit einer Weiterentwicklung der Dogmatik der grundrechtlichen Schutzpflichten [durchführen können].[730]

Dass unterschiedliche gerichtliche Kontrolldichten bei der Prüfung staatlicher Schutzpflichterfüllung einen im konkreten Fall erheblichen Unterschied machen können, zeigen die Ausführungen des BVerfG im Klimabeschluss zu den in Bangladesch und in Nepal lebenden Beschwerdeführenden.[731] Diesen gegenüber erfordert die Schutzpflichterfüllung nach Auffassung des Gerichts nur einen Schutz, der nicht offensichtlich ungeeignet oder völlig unzulänglich ist. Hierfür genüge der Beitritt Deutschlands zum Pariser Abkommen sowie das von der Bundesrepublik verfolgte Ziel, bis 2050 Klimaneutralität zu erreichen.[732] Hingegen verlangt der vom BVerfG gegenüber im Inland wohnenden Menschen angewandte, etwas weitergehende Prüfungsmaßstab einen nicht erheblich hinter dem Schutzziel zurückbleibenden Schutz. Erforderlich seien demnach staatliche Maßnahmen, die tatsächlich geeignet seien, eine maximale Temperaturerhöhung von 2 °C zu gewährleisten, wobei ergänzend Anpassungsmaßnahmen herangezogen werden müssten.[733] Im Unterschied zu dem äußerst restriktiven Prüfungsmaßstab hinsichtlich des Schutzes der Grundrechte der im Ausland lebenden Personen erfordert die

---

728 *Berkemann*, DÖV 2021, 701 (710).
729 *Haratsch*, I want you to panic!, Minute 5.
730 *Mosbacher*, Berliner Online-Beiträge zum Europarecht Nr. 145, S. 30.
731 *Weinrich*, grundrechtliche Umweltschutzpflichten, S. 435, 437.
732 BVerfG, 1 BvR 2656/18 u. a., Rn. 180.
733 BVerfG, 1 BvR 2656/18 u. a., Rn. 167, 172.

Schutzpflichterfüllung für die in Deutschland Lebenden nach Auffassung des BVerfG damit zumindest die Einhaltung einer bestimmten Temperaturgrenze (2 °C), wenn diese auch diejenige des Pariser Abkommens (Art. 2 Abs. 1 lit. a PA spricht von der Zielsetzung, „den Anstieg der durchschnittlichen Erdtemperatur deutlich unter 2 °C über dem vorindustriellen Niveau" zu halten,) überschreitet.

C. Der neue grundrechtsdogmatische Weg über die eingriffsähnliche Vorwirkung und die intertemporale Freiheitssicherung

Nach Ablehnung eines Schutzpflichtenverstoßes durch das BVerfG war das Ende der verfassungsgerichtlichen Prüfung und die Zurückweisung der Verfassungsbeschwerden als unbegründet zu erwarten. Überraschend[734] setzt das Gericht jedoch seine Prüfung fort und entwickelt eine – bisher in seiner Rechtsprechung nicht bekannte[735] – „eingriffsähnliche Vorwirkung [von § 3 Abs. 1 S. 2, § 4 Abs. 1 S. 3 KSG a. F. i. V. m. Anlage 2 KSG a. F.] auf die durch das Grundgesetz umfassend geschützte Freiheit".[736] Es steigt so in eine abwehrrechtliche Prüfung ein.[737] Dadurch ermöglicht das BVerfG eine Überprüfung der Regelungen des KSG anhand des Übermaßverbots.

Im Ergebnis stellt das BVerfG fest:

> § 3 Abs. 1 Satz 2 und § 4 Abs. 1 Satz 3 KSG [a. F.] in Verbindung mit Anlage 2 sind jedoch insoweit verfassungswidrig, als sie unverhältnismäßige Gefahren der Beeinträchtigung künftiger grundrechtlicher Freiheit begründen. […] Das Grundgesetz verpflichtet unter bestimmten Voraussetzungen zur Sicherung grundrechtsgeschützter Freiheit über die Zeit und zur verhältnismäßigen Verteilung von Freiheitschancen über die Generationen. Als intertemporale Freiheitssicherung schützen die Grundrechte die Beschwerdeführenden hier vor einer einseitigen Verlagerung der durch Art. 20a GG aufgegebenen Treibhausgasminderungslast in die Zukunft.

---

734 *Wahnschaffe/Lücke*, DÖV 2021, 1099 (1101) sprechen insofern von einer „bemerkenswerten Kehrtwende".

735 *Faßbender*, NJW 2021, 2085 (2088).

736 BVerfG, 1 BvR 2656/18 u. a., Rn. 183.

737 *Calliess*, in: Dürig/Herzog/Scholz, Band 3, Art. 20a GG, Rn. 161; *Lang*, NUR 2022, 230 (235) spricht von der „abwehrrechtliche[n] Konstruktion der intertemporalen Freiheitssicherung"; *Mosbacher*, Berliner Online-Beiträge zum Europarecht Nr. 145, S. 9; *Möllers/Weinberg*, JZ 2021, 1069 (1072).

> Insoweit fehlen Mindestregelungen über Reduktionserfordernisse nach 2030, die geeignet wären, einer notwendigen Entwicklung klimaneutraler Techniken und Praktiken rechtzeitig grundlegende Orientierung und Anreiz zu bieten.[738]

Die Besonderheiten dieser neuen grundrechtlichen Konstruktion sollen im Folgenden dargestellt und bewertet werden. Dabei wird der Neuschöpfung teilweise über den Bereich des Klimaschutzrechts hinausgehende Bedeutung zugemessen, weil eine Übertragung auf andere, ebenfalls generationenübergreifende Thematiken wie die Sozialversicherungssysteme oder die Staatsverschuldung in Erwägung gezogen wird.[739]

I. Die Ausführungen des BVerfG im Klimabeschluss

1. Keine konkrete Schutzbereichsbenennung möglich

Auffällig ist, dass das BVerfG im Unterschied zur sonstigen Prüfung staatlicher Eingriffe in Grundrechte keine konkret betroffenen grundrechtlichen Schutzbereiche bezeichnet.[740] Es spricht insofern nur vage von der „durch das Grundgesetz umfassend geschützte[n] Freiheit“[741], „de[n] Freiheitsrechte[n]“[742] oder „künftiger Freiheit“[743]. Dies liegt darin begründet, dass das Gericht die Gefahr erst in der Zukunft erfolgender staatlicher Eingriffe in Freiheitsrechte, die mit dem Ausstoß von Treibhausgasen einhergehen, prüft, weshalb es nicht in der Lage ist, die künftig eventuell beeinträchtigten Schutzbereiche konkret zu benennen.[744] Da nahezu jedes menschliche Verhalten die Emission von Treibhausgasen zur Folge hat, scheint praktisch jegliche grundrechtliche Freiheit gefährdet.[745]

2. Die eingriffsähnliche Vorwirkung

Das BVerfG führt aus:

> Die Entscheidung des Gesetzgebers, bis zum Jahr 2030 die in § 3 Abs. 1 Satz 2 KSG und § 4 Abs. 1 Satz 3 KSG in Verbindung mit Anlage 2 KSG geregelte Menge an

---

738 BVerfG, 1 BvR 2656/18 u. a., Rn. 183.

739 *Mosbacher*, Berliner Online-Beiträge zum Europarecht Nr. 145, S. 5.

740 *Möllers/Weinberg*, JZ 2021, 1069 (1073); *Ruttloff/Freihoff*, NVwZ 2021, 917 (918).

741 BVerfG, 1 BvR 2656/18 u. a., Rn. 183.

742 BVerfG, 1 BvR 2656/18 u. a., Rn. 183.

743 BVerfG, 1 BvR 2656/18 u. a., Rn. 186.

744 *Möllers/Weinberg*, JZ 2021, 1069 (1073).

745 *Stäsche*, EnWZ 2021, 193 (194).

> CO2-Emissionen zuzulassen, entfaltet eingriffsähnliche Vorwirkung auf die durch das Grundgesetz umfassend geschützte Freiheit der Beschwerdeführenden und bedarf verfassungsrechtlicher Rechtfertigung.[746]

Dies begründet das BVerfG damit, dass jede mit dem Ausstoß von CO_2 verbundene Freiheitsausübung ihre Schranken in Art. 20a GG, der den Staat zum Klimaschutz verpflichte[747], sowie den grundrechtlichen Schutzpflichten finde.[748] Art. 20a GG sei vom Gesetzgeber dahingehend konkretisiert worden, die Erderwärmung auf deutlich unter 2 °C und möglichst auf 1,5 °C gegenüber dem vorindustriellen Niveau zu begrenzen.[749] Wenn das diesen Temperaturvorgaben entsprechende CO_2-Budget zur Neige gehe, dürften Verhaltensweisen, die den Ausstoß von CO_2 zur Folge hätten, nur noch erlaubt werden, soweit sich die entsprechenden Grundrechte in Abwägung mit dem Klimaschutz durchsetzen.[750] Dabei nehme das Gewicht der Freiheitsrechte mit fortschreitendem Klimawandel immer weiter ab.[751] Deshalb begründeten „Vorschriften, die jetzt CO2-Emissionen zulassen, eine unumkehrbar angelegte rechtliche Gefährdung künftiger Freiheit [eingriffsähnliche Vorwirkung], weil sich mit jeder CO2-Emissionsmenge, die heute zugelassen wird, das verfassungsrechtlich vorgezeichnete Restbudget irreversibel verkleinert und CO2-relevanter Freiheitsgebrauch stärkeren, verfassungsrechtlich gebotenen Restriktionen ausgesetzt sein wird".[752] Diese Vorwirkung sei nicht bloß faktischer Art, sondern rechtlich vermittelt, weil die Verfassung selbst die umso stärkere Einschränkung von CO_2-relevanter Freiheitsausübung verlange, je geringer das CO_2-Restbudget sei.[753]

3. Die verfassungsrechtliche Rechtfertigung

Hinsichtlich der Anforderungen an die verfassungsrechtliche Rechtfertigung der Gefahr künftiger staatlicher Eingriffe in die nicht näher bezeichneten Freiheitsrechte stellt das BVerfG fest, dass „die beiden über das Ausmaß

---

[746] BVerfG, 1 BvR 2656/18 u. a., Rn. 183.
[747] BVerfG, 1 BvR 2656/18 u. a., Rn. 197.
[748] BVerfG, 1 BvR 2656/18 u. a., Rn. 185.
[749] BVerfG, 1 BvR 2656/18 u. a., Rn. 185.
[750] BVerfG, 1 BvR 2656/18 u. a., Rn. 185.
[751] BVerfG, 1 BvR 2656/18 u. a., Rn. 185.
[752] BVerfG, 1 BvR 2656/18 u. a., Rn. 186.
[753] BVerfG, 1 BvR 2656/18 u. a., Rn. 187.

künftiger Freiheitseinbußen mitbestimmenden Vorschriften des Klimaschutzgesetzes [§ 3 Abs. 1 S. 2, § 4 Abs. 1 S. 3 KSG a. F. i. V. m. Anlage 2 KSG a. F.] mit elementaren Grundentscheidungen des Grundgesetzes vereinbar [... sein müssen und] nicht zu unverhältnismäßigen Belastungen der künftigen Freiheit der Beschwerdeführenden führen“[754] dürfen. Als grundlegende Verfassungsbestimmung wird in der weiteren Prüfung Art. 20a GG herangezogen, weshalb § 3 Abs. 1 S. 2, § 4 Abs. 1 S. 3 KSG a. F. i. V. m. Anlage 2 KSG a. F. mit dieser Bestimmung vereinbar sein müssen.[755] Das Gebot der Verhältnismäßigkeit konkretisiert das BVerfG insofern, als die Grundrechte den Gesetzgeber dazu verpflichten, „die nach Art. 20a GG verfassungsrechtlich notwendigen Reduktionen von CO2-Emissionen bis hin zur Klimaneutralität vorausschauend so zu gestalten, dass die damit verbundenen Freiheitseinbußen trotz steigender Klimaschutzanforderungen weiterhin zumutbar ausfallen und die Reduktionslasten über die Zeit und zwischen den Generationen nicht einseitig zulasten der Zukunft verteilt sind“.[756] Das Verhältnismäßigkeitsgebot verlange daher eine gleichmäßige Verteilung des CO_2-Budgets.[757] Zwar wären in Zukunft selbst gravierende Freiheitseinbußen zur Verfolgung des Klimaschutzes verhältnismäßig und gerechtfertigt; gerade diese mögliche Rechtfertigbarkeit begründe die Gefahr, erhebliche Eingriffe in Freiheitsrechte hinnehmen zu müssen.[758] Weil die Weichen für künftige Freiheitseinschränkungen aber durch die heutigen Zulassungsvorschriften von Emissionen gestellt würden, müsse deren Einfluss auf künftige Freiheit aus heutiger Sicht verhältnismäßig sein.[759]

Im Anschluss an die abstrakt aufgestellten Anforderungen an die Rechtfertigung der eingriffsähnlichen Vorwirkung auf künftige Freiheit stellt das BVerfG im Rahmen der Subsumption hinsichtlich der Vereinbarkeit mit Art. 20a GG fest, dass das dort normierte Klimaschutzgebot durch § 1 S. 3 KSG verfassungsrechtlich maßgeblich und zulässig dahingehend konkretisiert worden sei, „den Anstieg der globalen Durchschnittstemperatur auf deutlich unter 2 °C und möglichst auf 1,5 °C gegenüber dem vorindustriellen

754 BVerfG, 1 BvR 2656/18 u. a., Rn. 188.
755 BVerfG, 1 BvR 2656/18 u. a., Rn. 190.
756 BVerfG, 1 BvR 2656/18 u. a., Rn. 192.
757 BVerfG, 1 BvR 2656/18 u. a., Rn. 192.
758 BVerfG, 1 BvR 2656/18 u. a., Rn. 192.
759 BVerfG, 1 BvR 2656/18 u. a., Rn. 192.

Niveau zu begrenzen".[760] Eine unmittelbare Überprüfung der heutigen Emissionszulassungsvorschriften des KSG anhand dieser Temperaturvorgabe sei nicht möglich.[761] Hierzu müsse das vom IPCC berechnete globale CO_2-Budget und in Bezug auf dieses das vom Sachverständigenrat für Umweltfragen (SRU) ermittelte nationale CO_2-Budget herangezogen werden.[762] Unter Berücksichtigung der Erkenntnisse des IPCC hat der SRU für das Ziel, den Anstieg der mittleren Erdtemperatur mit einer Wahrscheinlichkeit von 67 % auf 1,75 °C zu begrenzen, ein ab 2020 verbleibendes konkretes nationales Restbudget von 6,7 Gigatonnen ermittelt.[763] Dabei müsse berücksichtigt werden, dass die Berechnung sowohl des nationalen als auch des globalen CO_2-Restbudgets „nicht unerhebliche Unsicherheiten" hinsichtlich deren Größe beinhalte, wobei die Ungewissheiten in beide Richtungen – kleineres oder größeres Restbudget – gingen.[764] Die Bezifferung des nationalen Restbudgets beruhe zudem auf Wertungen.[765] So hat der SRU beispielsweise – von grundsätzlich verschiedenen Aufteilungsmöglichkeiten des globalen Restbudgets – eine solche nach der aktuellen Bevölkerungsanzahl gewählt.[766] Derzeit könne ein Verstoß von § 3 Abs. 1 S. 2 und § 4 Abs. 1 S. 3 KSG a. F. i. V. m. Anlage 2 KSG a. F. gegen Art. 20a GG nicht festgestellt werden.[767] Zwar würde das vom SRU ermittelte nationale Restbudget zur 67 prozentigen Einhaltung der 1,75 °C-Grenze durch die in § 4 Abs. 1 S. 3 KSG a. F. i. V. m. Anlage 2 KSG a. F. zugelassenen CO_2-Mengen bis 2030 „weitgehend aufgezehrt".[768] „Ein solches Maß an Verfehlung genügte verglichen mit den derzeit in der Berechnung des Restbudgets enthaltenen Unsicherheiten nicht für eine verfassungsgerichtliche Beanstandung."[769]

Nach Ansicht des BVerfG verstoßen § 3 Abs. 1 S. 2, § 4 Abs. 1 S. 3 KSG a. F. i. V. m. Anlage 2 KSG a. F. aber gegen den Grundsatz der Verhältnismäßigkeit.[770]

---

760 BVerfG, 1 BvR 2656/18 u. a., Rn. 197.
761 BVerfG, 1 BvR 2656/18 u. a., Rn. 215.
762 BVerfG, 1 BvR 2656/18 u. a., Rn. 215, 216.
763 SRU, Für eine entschlossene Umweltpolitik in Deutschland und Europa, S. 52.
764 BVerfG, 1 BvR 2656/18 u. a., Rn. 220.
765 BVerfG, 1 BvR 2656/18 u. a., Rn. 224.
766 SRU, Für eine entschlossene Umweltpolitik in Deutschland und Europa, S. 51.
767 BVerfG, 1 BvR 2656/18 u. a., Rn. 196, 214, 230.
768 BVerfG, 1 BvR 2656/18 u. a., Rn. 231.
769 BVerfG, 1 BvR 2656/18 u. a., Rn. 237.
770 BVerfG, 1 BvR 2656/18 u. a., Rn. 243.

Dieser erfordere, dass „hinreichende Vorkehrungen getroffen werden, um die ab 2031 auf die Beschwerdeführenden zukommende Minderungslast zu lindern und die damit verbundene Grundrechtsgefährdung einzudämmen“.[771] Zwar könne nicht sicher festgestellt werden, dass die nach 2030 drohenden Freiheitsbeeinträchtigungen zum Schutz des Klimas aus heutiger Sicht unzumutbar ausfallen werden.[772] Einer solchen Beurteilung stünden die Unsicherheiten und Wertungen in der Berechnung des nationalen CO_2-Restbudgets entgegen.[773] Das Risiko erheblicher Grundrechtseingriffe sei jedoch hoch und erfordere daher, heute Maßnahmen „zur grundrechtsschonenden Bewältigung der nach 2030 drohenden Reduktionslast“ zu unternehmen.[774] Der Gesetzgeber sei daher verpflichtet, „grundlegende Voraussetzungen und Anreize dafür zu schaffen“, dass Entwicklungen zur Ermöglichung CO_2-neutraler Verhaltensweisen in allen Lebensbereichen vorangetrieben werden.[775] Insofern sei „die Schaffung eines entwicklungsfördernden Planungshorizonts“ erforderlich.[776] Dem werde § 4 Abs. 1 S. 5 i. V. m. § 4 Abs. 6 S. 1 KSG a. F. nicht gerecht.[777] Die dort normierte einmalige Festlegung der ab dem Jahr 2031 geltenden jährlichen Minderungsziele durch Rechtsverordnung im Jahr 2025 erfolge zum einen zu spät und zum anderen nicht weit genug in die Zukunft.[778]

II. Die Kriterien zur Bestimmung einer eingriffsähnlichen Vorwirkung gesetzlicher Regelungen und die Abweichungen von der bisherigen Eingriffsdogmatik

Nachdem soeben die Ausführungen des BVerfG im Klimabeschluss zur intertemporalen Freiheitssicherung sowie zur eingriffsähnlichen Vorwirkung dargestellt worden sind, sollen die Kriterien zur Annahme einer eingriffsähnlichen Vorwirkung gesetzlicher Regelungen im Folgenden abstrakt bestimmt werden. Denn es ist die eingriffsähnliche Vorwirkung, die über die

---

771 BVerfG, 1 BvR 2656/18 u. a., Rn. 244.
772 BVerfG, 1 BvR 2656/18 u. a., Rn. 245.
773 BVerfG, 1 BvR 2656/18 u. a., Rn. 247.
774 BVerfG, 1 BvR 2656/18 u. a., Rn. 245.
775 BVerfG, 1 BvR 2656/18 u. a., Rn. 248.
776 BVerfG, 1 BvR 2656/18 u. a., Rn. 244.
777 BVerfG, 1 BvR 2656/18 u. a., Rn. 256.
778 BVerfG, 1 BvR 2656/18 u. a., Rn. 257, 258.

gegenwärtige Rechtfertigungsbedürftigkeit aktueller Normen entscheidet. Das Herausarbeiten der abstrakten Voraussetzungen dieser neuen Rechtsfigur ermöglicht sodann die Beantwortung der Frage, ob eine Übertragung auf außerhalb des Klimaschutzes liegende Themenbereiche möglich ist. Außerdem werden die Abweichungen von der bisherigen Eingriffsdogmatik erläutert.

1. Die Kriterien zur Bestimmung einer eingriffsähnlichen Vorwirkung gesetzlicher Regelungen

Nach dem Klimabeschluss des BVerfG lassen sich zwei Kriterien für die Annahme einer eingriffsähnlichen Vorwirkung ausmachen.[779]

a. Die Unumkehrbarkeit zukünftiger gerechtfertigter Grundrechtseingriffe

Zunächst spricht das BVerfG davon, dass künftige Grundrechtsgefährdungen unumkehrbar im geltenden Recht angelegt sein müssen.[780] Dies bejaht das Gericht im vorliegenden Fall der Emissionszulassungsnormen aufgrund eines nur begrenzt verfügbaren Emissionsbudgets.[781] Der die neue eingriffsrechtliche Figur begründende Gedanke lautet in Bezug auf den Bereich des Klimaschutzes: Je mehr Emissionen heute zugelassen werden, desto stärker muss der Staat in der Zukunft das mit dem Ausstoß von Treibhausgasen verbundene Verhalten Privater verbieten, da nur ein begrenztes Budget noch zu emittierender Treibhausgase zur Verfügung steht, um eine bestimmte Temperaturschwelle wahren zu können.[782] Allerdings lassen sich dem Klimabeschluss die genauen Voraussetzungen, wann eine Unumkehrbarkeit künftiger Freiheitsbeschränkungen – gerade im Hinblick auf außerhalb des Klimawandels liegende Thematiken – angenommen werden kann, nicht entnehmen.[783]

---

779 BVerfG, 1 BvR 2656/18 u. a., Rn. 186, 187; vgl. *Wahnschaffe/Lücke*, DÖV 2021, 1099 (1102).

780 BVerfG, 1 BvR 2656/18 u. a., Rn. 186.

781 BVerfG, 1 BvR 2656/18 u. a., Rn. 186.

782 So ausdrücklich bestätigend: BVerfG, 1 BvR 1565/21, Rn. 8: „Angesichts der begrenzten Menge von CO2-Emissionen, die noch in die Erdatmosphäre gelangen darf, reduzieren heute zugelassene Emissionen die für künftige Zeiträume verbleibenden Emissionsmöglichkeiten."

783 *Wahnschaffe/Lücke*, DÖV 2021, 1099 (1104) sprechen sich dafür aus, eine mit an Sicherheit grenzende Wahrscheinlichkeit zukünftig eintretender Grundrechtsbeeinträchtigung

So stellte auch die rechtswissenschaftliche Literatur im Anschluss an die Entscheidung fest, dass „[d]ie möglicherweise unumkehrbare Ingangsetzung, auf die sich das BVerfG stützt […] letztlich eine Wahrscheinlichkeitsprognose dar[stellt], die zudem in ihren Grundlagen und Prämissen unklar bleibt."[784] *Ruttloff/Freihoff* fragten sich:

> Wann darf der Gesetzgeber darauf vertrauen, dass eine eingeleitete Entwicklung sich in der Zukunft als umkehrbar herausstellt und wann muss er bei seiner gesetzgeberischen Prognoseentscheidung eine Unumkehrbarkeit unterstellen?[785]

Ungewiss ist insbesondere, welches Maß an Unklarheiten hinsichtlich der zukünftigen Eingriffe in Freiheitsrechte hinnehmbar ist.[786] Denn die später drohenden Freiheitsbeeinträchtigungen durch zukünftig erforderliche Klimaschutzmaßnahmen lassen sich heute weder nach Art noch Umfang konkret bezeichnen.[787] Auch das BVerfG weist auf die bestehenden Ungewissheiten bei der Berechnung des globalen sowie des nationalen CO_2-Budgets hin:

> Die Budgetbestimmung des Sachverständigenrats […] enthält aber nicht unerhebliche Unsicherheiten hinsichtlich der Größe des globalen […] und des nationalen […] Restbudgets und lässt daher keine zahlengenaue Schlussfolgerung zu. Die Unsicherheiten gehen dabei in beide Richtungen; tatsächlich könnte das Restbudget also auch kleiner sein als vom Sachverständigenrat angenommen […].[788]

Neben den Unklarheiten bezüglich der Berechnung des CO_2-Budgets bestehen solche auch hinsichtlich der Geschwindigkeit des Ausbaus erneuerbarer Energien. Insofern verlangt das BVerfG im Klimabeschluss für die Annahme einer eingriffsähnlichen Vorwirkung keine genaue Vorhersehbarkeit des Ausmaßes späterer Freiheitsbeschränkungen. Erforderlich ist aber jedenfalls, dass künftige Freiheitseinbußen „unausweichlich" sein müssen.[789]

---

zu verlangen, stellen jedoch gleichzeitig fest, dass das BVerfG selbst „[e]in solches Kriterium […] nicht explizit auf[stellt]".

784 *Ruttloff/Freihoff*, NVwZ 2021, 917 (919).

785 *Ruttloff/Freihoff*, NVwZ 2021, 917 (919).

786 *Ruttloff/Freihoff*, NVwZ 2021, 917 (919).

787 *Ruttloff/Freihoff*, NVwZ 2021, 917 (919).

788 BVerfG, 1 BvR 2656/18 u. a., Rn. 220.

789 BVerfG, 1 BvR 2656/18 u. a., Rn. 187.

b. *Die rechtlich vermittelte Vorwirkung*

Des Weiteren ist nach Ansicht des BVerfG für das Vorliegen einer eingriffsähnlichen Vorwirkung nötig, dass diese „nicht bloß faktischer Art, sondern […] rechtlich vermittelt" ist, also das Grundgesetz selbst die Notwendigkeit späterer staatlicher Eingriffe in Freiheitsrechte vorsieht.[790] Diese verfassungsrechtliche Verpflichtung zum Eingriff in Freiheitsrechte folgt im Bereich des Klimaschutzes zum einen aus Art. 20a GG und zum anderen aus den Schutzpflichten aus Art. 2 Abs. 2 S. 1, Art. 14 Abs. 1 S. 1 Alt. 1, Art. 12 Abs. 1 S. 1 GG.[791] Sie führt dazu, dass die späteren Eingriffe in Freiheitsrechte gerechtfertigt sein können. Dies begründet die Notwendigkeit der heutigen Rechtfertigungsbedürftigkeit künftiger Eingriffe in Freiheitsrechte, weil ein späterer Rechtsschutz gegen die dann gerechtfertigten Eingriffe nicht mehr möglich wäre.[792]

2. Übertragbarkeit der neuen eingriffsrechtlichen Figur auf die Staatsverschuldung sowie die sozialen Sicherungssysteme?

Die fehlende Konkretisierung hinsichtlich des im heutigen Recht unumkehrbar angelegten späteren Eingriffs in Freiheitsrechte führte im Schrifttum zu Diskussionen, ob die Rechtsfigur außerhalb der Thematik des Klimawandels auf andere Bereiche, insbesondere die sozialen Sicherungssysteme[793] sowie die Staatsverschuldung übertragen werden könne.[794] So wird aus dem Klimabeschluss zum Teil ein neues Grundrecht auf „generationengerechte Ausgestaltung des Rechts" abgeleitet.[795]

Rath/Benner sprechen sich für eine Anwendbarkeit der intertemporalen Freiheitssicherung auf alle Bereiche von intergenerationaler Bedeutung, insbesondere die sozialen Sicherungssysteme (Renten-, Kranken-, und Pflegeversicherung), aus.[796] Ebenso wie im Bereich des Klimaschutzes bestimmten

---

790 BVerfG, 1 BvR 2656/18, Rn. 187.

791 BVerfG, 1 BvR 2656/18 u. a., Rn. 185.

792 Vgl. *Mosbacher*, Berliner Online-Beiträge zum Europarecht Nr. 145, S. 11.

793 *Koop*, NVwZ 2022, 519 ff. untersucht die Übertragbarkeit der intertemporalen Freiheitssicherung auf die gesetzliche Rentenversicherung und lehnt eine solche im Ergebnis ab.

794 *Budras/Göbel*, FAZ vom 23.09.2021, Abschnitt 1. Bejahend: *Rath/Benner*, VerfBlog vom 07.05.2021.

795 *Rath/Benner*, VerfBlog vom 07.05.2021, letzter Abschnitt.

796 *Rath/Benner*, VerfBlog vom 07.05.2021, Abschnitt 7, letzter Abschnitt. Für die Übertragbarkeit auf soziale Sicherungssysteme ebenfalls: *Hagist*, Konsequenzen des „Klima-Urteils", S. 16.

beispielsweise die zurzeit geltenden gesetzlichen Rentenvorschriften (durch das Renteneintrittsalter und die Rentenleistungen) über die Höhe der in Zukunft zu zahlenden Beitrage und dadurch auch über die Möglichkeiten, von künftiger Freiheit Gebrauch zu machen.[797] Aufgrund des demografischen Wandels drohten jungen Generationen in Zukunft horrende Beitragszahlungen, wenn nicht zeitnah umfassende Reformen durchgesetzt würden.[798] Die Beibehaltung der heutigen Regelungen würden im Jahr 2050 Beitragssätze von 60 % zur Folge haben.[799] Daher sei die Ausübung allgemeiner Freiheitsrechte infolge der Finanzierung der gesetzlichen Rente bedroht.[800] Die heutigen Regeln begründeten eine eingriffsähnliche Vorwirkung[801] und müssten daher den Vorgaben der intertemporalen Freiheitssicherung entsprechen, weshalb Beiträge und Leistungen über die Generationen verhältnismäßig zu verteilen seien.[802]

Zum Teil wird außerdem die Übertragbarkeit der intertemporalen Freiheitssicherung auf die Staatsverschuldung in Betracht gezogen.[803] Hierfür werden zwei mögliche Ansatzpunkte einer eingriffsähnlichen Vorwirkung angeführt. Zum einen führe eine hohe Staatsverschuldung in Zukunft zu Freiheitsbeschränkungen, weil Staatsausgaben nicht mehr getätigt und staatliche Leistungen, die die Ausübung von Freiheitsrechten ermöglichten, nicht mehr gezahlt werden könnten.[804] Zum anderen verschiebe die Staatsverschuldung Tilgungs- und Zinslasten in die Zukunft, weshalb der dem intertemporalen Freiheitsschutz zugrunde liegende Gedanke, eine Belastung künftiger Generationen zu vermeiden, auch auf diesen Bereich anwendbar sei.[805]

---

797 *Beckmann*, UPR 2021, 241 (245), der den Gedanken der intertemporalen Freiheitssicherung aber für alle Bereiche ablehnt. *Rath/Benner*, VerfBlog vom 07.05.2021, Abschnitt 7.

798 *Rath/Benner*, VerfBlog vom 07.05.2021, Abschnitt 8.

799 *Hagist*, Konsequenzen des „Klima-Urteils", S. 16.

800 *Rath/Benner*, VerfBlog vom 07.05.2021, Abschnitt 8.

801 *Hagist*, Konsequenzen des „Klima-Urteils", S. 16.

802 *Kirchhof*, Intertemporale Freiheitssicherung, S. 38; *Rath/Benner*, VerfBlog vom 07.05.2021, Abschnitt 8.

803 *Traufetter*, Der Spiegel vom 09.07.2021.

804 *Beckmann*, UPR 2021, 241 (245).

805 *Kirchhof*, Intertemporale Freiheitssicherung, S. 40.

3. Der Nichtannahmebeschluss des BVerfG vom 18. Januar 2022 – 1 BvR 1565/21 u. a. (Landesklimaschutzgesetze)

Bevor die Übertragbarkeit der Konstruktion der intertemporalen Freiheitssicherung sowie der eingriffsähnlichen Vorwirkung auf außerhalb des Klimaschutzes liegende Bereiche mit intergenerationaler Bedeutung zu beurteilt ist, wird zunächst der Beschluss des BVerfG vom 18. Januar 2022 (1 BvR 1656/21 u. a.) wiedergegeben. Er stellt die erste Entscheidung des BVerfG dar, in der dieses die Möglichkeit hatte, sich zu der im Klimabeschluss vom 24. März 2021 neu entwickelten grundrechtlichen Dimension erneut zu äußern.[806] Dabei ist das Gericht augenscheinlich um eine weitgehende Beseitigung bestehender Unsicherheiten bemüht.[807] Dies wird dadurch deutlich, dass eine Begründung des Nichtannahmebeschlusses nicht notwendig gewesen wäre und eine solche in der Praxis nur selten erfolgt.[808] Bereits die Ausführungen des BVerfG im Klimabeschluss lassen einen restriktiven Anwendungsbereich des intertemporalen Freiheitschutzes vermuten. So spricht das Gericht davon, dass das Grundgesetz *„unter bestimmten Voraussetzungen* zur Sicherung grundrechtsgeschützter Freiheit über die Zeit und zur verhältnismäßigen Verteilung von Freiheitschancen über die Generationen" verpflichte.[809] Diese Voraussetzungen präzisiert das Gericht in 1 BvR 1565/21 u. a., weshalb die dortigen Ausführungen für eine mögliche Anwendbarkeit der Rechtsfigur auf außerhalb des Klimaschutzes liegende Bereiche bedeutsam sind.

Die Beschwerdeführenden der Verfassungsbeschwerden wenden sich teilweise gegen bereits bestehende Landesklimaschutzgesetze, teilweise rügen sie das Unterlassen einiger Landesgesetzgeber, einen Reduktionspfad für Treibhausgase gesetzlich festzulegen.[810] Aufgrund nicht oder nicht ausreichend getroffener Maßnahmen auf landesrechtlicher Ebene sehen sie ihre künftigen Freiheitsrechte durch später erforderliche massive CO_2-Reduktionslasten bedroht.[811] Außerdem machen sie eine Verletzung grundrechtlicher Schutzpflichten aus Art. 2 Abs. 2 S. 1 GG und Art. 14 Abs. 1 GG geltend.[812]

---

806 *Abel*, NR 2022, 197.
807 *Abel*, NR 2022, 197 (198).
808 *Abel*, NR 2022, 197 (198).
809 BVerfG, 1 BvR 2656/18 u. a., Leitsatz Nr. 4 (Hervorhebung durch die Verfasserin).
810 BVerfG, 1 BvR 1565/21 u. a., Rn. 1.
811 BVerfG, 1 BvR 1565/21 u. a., Rn. 1.
812 BVerfG, 1 BvR 1565/21 u. a., Rn. 1.

Das BVerfG nahm die Verfassungsbeschwerden nicht an, da sie keine Aussicht auf Erfolg hätten.[813] In der Begründung bestätigt der Kammerbeschluss die grundrechtliche Neuentwicklung der intertemporalen Freiheitssicherung des Ersten Senats aus dem Klimabeschluss vom 24. März 2021[814] und misst dieser ebenfalls eine gegenüber den grundrechtlichen Schutzpflichten weitreichendere Bedeutung im Bereich des Klimaschutzrechts bei.[815] Dies lässt sich anhand der wesentlich ausführlicheren Anmerkungen hinsichtlich der intertemporalen Freiheitssicherung im Vergleich zu den grundrechtlichen Schutzpflichten erkennen. So befasst sich die Kammer in 15 Randnummern mit der eingriffsähnlichen Vorwirkung auf künftige Freiheitsrechte und nur in einer Randnummer mit den aus den Art. 2 Abs. 2 S. 1 GG und Art. 14 Abs. 1 GG folgenden grundrechtlichen Schutzpflichten.[816]

In Bezug auf letztere verweist das BVerfG auf den im Klimabeschluss verneinten Verstoß grundrechtlicher Schutzpflichten aus Art. 2 Abs. 2 S. 1 GG und Art. 14 Abs. 1 GG aufgrund ausreichender gesetzlicher Vorschriften auf Bundesebene.[817] Darüber hinaus seien keine Regelungen auf Landesebene erforderlich.[818]

Die eingriffsähnliche Vorwirkung heutiger Normen betreffend führt das Gericht konkretisierend aus:

> Eine eingriffsähnliche Vorwirkung setzt hier voraus, dass der jeweilige Gesetzgeber selbst einem grob erkennbaren Budget insgesamt noch zulassungsfähiger CO2-Emissionen unterliegt. Zur Begründung der Rüge, künftige Freiheit werde unverhältnismäßig beschränkt, muss sich die Verfassungsbeschwerde außerdem grundsätzlich gegen die Regelung der Gesamtheit der gegenwärtig zugelassenen CO2-Emissionen und nicht bloß gegen punktuelles Tun oder Unterlassen des Staates richten.[819]

---

813 BVerfG, 1 BvR 1565/21 u. a., Rn. 2.
814 BVerfG, 1 BvR 1565/21 u. a., Rn. 3–18.
815 *Abel*, NR 2022, 197 (198).
816 BVerfG, 1 BvR 1656/21 u. a. Rn. 3–17 zur intertemporalen Freiheitssicherung; Rn. 18 zu den grundrechtlichen Schutzpflichten aus Art. 2 Abs. 2 S. 1 GG sowie Art. 14 Abs. 1 GG.
817 BVerfG, 1 BvR 1656/21 u. a., Rn. 18.
818 BVerfG, 1 BvR 1656/21 u. a., Rn. 18.
819 BVerfG, 1 BvR 1656/21 u. a., Rn. 4.

Das BVerfG betont mehrfach, dass gerade das begrenzte CO_2-Budget die Unumkehrbarkeit späterer Freiheitseinbußen begründe und damit als endliche Ressource – zumindest im Bereich des Klimaschutzes – Voraussetzung der eingriffsähnlichen Vorwirkung sei.[820] Denn nur aufgrund dessen komme „es im Anschluss an die aktuelle Zulassung von Emissionsmengen rechtlich zwangsläufig zu einer bestimmten weiteren Emissionsreduktionslast und damit verbundenen Freiheitsbeschränkungen".[821] Den Landesgesetzgebern sei jedoch weder durch das GG noch durch einfaches Bundesrecht ein grob überprüfbares CO_2-Budget vorgegeben, weshalb die jetzigen landesrechtlichen Regelungen keine eingriffsähnliche Vorwirkung auf künftige Freiheitsrechte entfalten könnten.[822]

Diese den Klimabeschluss präzisierenden Anmerkungen verdeutlichen den vom BVerfG angestrebten restriktiven Anwendungsbereich der intertemporalen Freiheitssicherung. Hiernach muss das Ob späterer Freiheitsbeschränkungen außer Frage stehen (das Gericht spricht insofern von „zwangsläufig"[823] und „unausweichlich"[824] im geltenden Recht angelegten künftigen Freiheitsbeschränkungen). Im Bereich des Klimaschutzes ist hierfür das Vorliegen einer begrenzten Ressource, die über die Zeit unumkehrbar aufgebraucht wird, erforderlich. Damit spätere Freiheitseinbußen unausweichlich sind, muss das CO_2-Budget außerdem zu einem solchen Zeitpunkt (weitgehend) aufgezehrt sein, in dem noch nicht genügend CO_2-neutrale Verhaltensweisen zur Verfügung stehen. Hierbei müssen die Unsicherheiten bezüglich der Geschwindigkeit der Umstellung der Wirtschaft auf emissionsfreie Technologien beachtet werden.[825] Denn dabei handelt es sich um einen komplexen Transformationsprozess, der nicht linear über die Zeit verläuft, sondern in Geschwindigkeit und Reichweite von zentralen Innovationen (beispielsweise im Bereich der Energieerzeugung und -speicherung) oder der Systemumstellung bestimmter Sektoren (z. B. Elektromobilität mit Ladeinfrastruktur) abhängig ist.[826] Hinsichtlich des Aufbrauchens des Emissionsbudgets vor

820 BVerfG, 1 BvR 1656/21 u. a., Rn. 10.
821 BVerfG, 1 BvR 1656/21 u. a., Rn. 10.
822 BVerfG, 1 BvR 1656/21 u. a., Rn. 14, 15.
823 BVerfG, 1 BvR 1656/21 u. a., Rn. 10.
824 BVerfG, 1 BvR 1656/21 u. a., Rn. 9.
825 *Eifert*, JURA 2021, 1085 (1094).
826 *Eifert*, JURA 2021, 1085 (1094).

dem Zeitpunkt der ausreichenden Nutzungsmöglichkeit emissionsfreier Technologien ist eine hohe Wahrscheinlichkeit zu fordern, weil nur dann die für die eingriffsähnliche Vorwirkung notwendigen zwangsläufigen Freiheitseinbußen angenommen werden können. Hingegen schaden die verbleibenden Unsicherheiten bei der Berechnung des CO_2-Budgets sowie der Geschwindigkeit der Wirtschaftstransformation nicht, soweit es um den Umfang späterer Freiheitseinbußen geht. Diesbezüglich lässt die eingriffsähnliche Vorwirkung Unklarheiten zu.

4. Keine Übertragbarkeit auf die Staatsverschuldung und die sozialen Sicherungssysteme

Gegen eine Übertragbarkeit der intertemporalen Freiheitssicherung auf den Bereich der Staatsverschuldung sowie der sozialen Sicherungssysteme spricht zunächst, dass hier im Gegensatz zu dem endlichen CO_2-Budget keine begrenzte Ressource vorliegt.[827] Dennoch soll im Folgenden der Frage nachgegangen werden, ob in den genannten Themenbereichen durch heutige Entscheidungen des Staates künftige Einschränkungen der den Bürgern zustehenden Freiheitsrechte in vergleichbarer Weise vorweggenommen werden.

Im Bereich der Fiskalpolitik kann nicht davon gesprochen werden, dass jeder aufgenommene Euro an neuen Schulden eine „unumkehrbar angelegte rechtliche Gefährdung künftiger Freiheit“[828] begründet[829], wie es das BVerfG für jede „CO2-Emissionsmenge, die heute zugelassen wird“, bezeichnet[830]. Denn die Einflüsse der Staatsverschuldung auf künftige Ausgaben und Leistungen des Staates werden durch das zukünftige Wirtschaftswachstum, die künftige finanzielle Situation des Staates und Währungsfragen mitbestimmt.[831]

An in Zukunft anfallende Tilgungs- und Zinslasten als spätere Freiheitsbeschränkungen heute junger Generationen anzuknüpfen, kann nicht überzeugen, weil die heutige Schuldenaufnahme zumindest zum Teil – dies lässt sich am Beispiel des Klimaschutzes veranschaulichen – gerade darauf abzielt, spätere Freiheit zu sichern. So kann die jetzige Aufnahme von Schulden für Investitionen in den Klimaschutz notwendig sein, um eine bestimmte

---

827 In Bezug auf die Staatsverschuldung: *Faßbender*, NJW 2021, 2085 (2089).

828 BVerfG, 1 BvR 2656/18 u. a., Rn. 186.

829 *Märtin/Mühlbach*, VerfBlog vom 18.05.2021, Abschnitt 11.

830 BVerfG, 1 BvR 2656/18 u. a., Rn. 186.

831 *Dittrich*, in: Müller/Dittrich, Linien der Rspr. d. BVerfG, Band 6, S. 223.

Temperaturschwelle zu wahren.[832] Eine vom Bundesministerium für Wirtschaft und Klimaschutz im März 2023 vorgestellte Studie zeigt, dass das Aufschieben von Klimaschutzmaßnahmen sowie Anpassungsmaßnahmen in der Zukunft zu großen wirtschaftlichen Schäden führen kann.[833] Die aufgrund des bereits eingetretenen Klimawandels entstandenen Schäden belaufen sich demnach im Zeitraum von 2000 bis 2021 in Deutschland auf mindestens 145 Milliarden Euro.[834] Je mehr die Erderwärmung zunehme, desto größer würden die weiteren Schäden sein.[835] Bis zum Jahr 2050 sei mit Klimafolgeschäden (beispielsweise Ertragsausfällen in der Landwirtschaft, Schäden an Gebäuden oder der Infrastruktur infolge von Starkregen und Überflutung) zwischen 280 und 900 Milliarden Euro zu rechnen.[836] Die zeitnahe Investition in Anpassungsmaßnahmen könne spätere Schäden reduzieren.[837] Daneben müsse jedoch auch der Klimaschutz vorangetrieben werden, da Anpassungsmaßnahmen Schäden nur bei schwachem Klimawandel verhindern könnten, bei starkem Klimawandel jedoch nur zu 60 %.[838] Dieses Beispiel zeigt, dass die heutige Schuldenaufnahme zu Investitionen führen kann, die die künftigen Freiheitsrechte junger Generationen schützen und nicht einschränken. *Sach* spricht dies zu Recht in einem Streitgespräch in der ZEIT in Bezug auf den Klimawandel und den Bildungsbereich an:

> Was nicht geht, ist, für die Zukunft zu sparen, aber dabei an der Zukunft zu sparen. Beim Klimaschutz, sagen alle Expert*innen, kommt es uns teurer, nicht zu handeln, als jetzt zu investieren. So ist es auch bei der Bildung.[839]

Insofern kann bei der Aufnahme von Schulden nicht von einer eingriffsähnlichen Vorwirkung auf künftige Freiheit gesprochen werden.

---

832 *Märtin/Mühlbach*, VerfBlog vom 18.05.2021, Abschnitte 1 und 4.
833 BMWK, Klimawandelkosten – Zusammenfassung, Abbildung 5 und Abbildung 6.
834 BMWK, Klimawandelkosten – Merkblatt 3.
835 BMWK, Klimawandelkosten – Zusammenfassung, Abbildung 5.
836 BMWK, Klimawandelkosten – Zusammenfassung, S. 7.
837 BMWK, Klimawandelkosten – Zusammenfassung, S. 7.
838 BMWK, Klimawandelkosten – Zusammenfassung, S. 7.
839 *Rudzio/Schirmer*, DIE ZEIT vom 10.08.2023, S. 10.

Auch eine Übertragung des intertemporalen Freiheitsschutzes auf die Sozialversicherungssysteme ist abzulehnen.[840] Dies soll am Beispiel der gesetzlichen Rentenversicherung verdeutlicht werden. Der demografische Wandel führt dazu, dass in Zukunft immer weniger Beitragszahler für die Rente von immer mehr Rentnern aufkommen müssen.[841] Außerdem ist damit zu rechnen, dass aufgrund der zunehmenden Lebenserwartung und der damit einhergehenden längeren Rentenbezugsdauer die Ausgaben der gesetzlichen Rentenversicherung steigen werden.[842] Trotzdem kann in den heutigen Regelungen zur gesetzlichen Rentenversicherung keine eingriffsähnliche Vorwirkung hinsichtlich künftiger Freiheitsrechte aufgrund einer dann horrenden Beitragshöhe gesehen werden.[843] Im Gegensatz zum Klimawandel, den unumkehrbare naturwissenschaftliche Gegebenheiten prägen, hängt die künftige Beitragshöhe von verschiedenen variablen Werten, insbesondere einer Zunahme der Beschäftigung von Frauen und einer verstärkten Zuwanderung ab.[844] Zudem kann der Gesetzgeber im parlamentarischen Verfahren den Umfang der Leistungen, die Finanzierung, die Belastung der Beitragszahler sowie die Höhe von Bundeszuschüssen an die gesetzliche Rentenversicherung verändern.[845] Dies zeigt, dass die künftigen Entwicklungen im Bereich der gesetzlichen Rentenversicherung deutlich mehr Unwägbarkeiten enthalten als der von naturwissenschaftlichen Kausalzusammenhängen geprägte Klimawandel, bei dem das Ob künftiger Freiheitseinbußen aufgrund eines endlichen CO_2-Budgets hinreichend sicher prognostiziert werden kann.[846] Die heutigen Vorschriften zur gesetzlichen Rente bestimmen nicht zwangsläufig – wie es vom BVerfG im Kammerbeschluss 1 BvR 1565/21 u. a. für die Annahme einer eingriffsähnlichen Vorwirkung noch einmal deutlich gefordert wird – über

840 *Dittrich*, in: Müller/Dittrich, Linien der Rspr. d. BVerfG, Band 6, S. 223. Ebenso in Bezug auf die gesetzliche Rentenversicherung: *Koop*, NVwZ 2022, 519 ff.; a.A.: *Kirchhof*, Intertemporale Freiheitssicherung, S. 34 ff.

841 *Koop*, NVwZ 2022, 519 (520).

842 *Koop*, NVwZ 2022, 519 (520).

843 *Koop*, NVwZ 2022, 519 (520).

844 *Dittrich*, in: Müller/Dittrich, Linien der Rspr. d. BVerfG, Band 6, S. 223; *Franzius*, FEU Research Paper No. 11/2021, S. 21; *Koop*, NVwZ 2022, 519 (520).

845 *Faßbender*, NJW 2021, 2085 (2089); *Koop*, NVwZ 2022, 519 (520, 521).

846 *Franzius*, FEU Research Paper No. 11/2021, S. 21.

spätere Freiheitseinbußen. Es fehlt insofern an der im Bereich des Klimawandels bestehenden Unumkehrbarkeit künftiger Entwicklungen.[847] Die vom BVerfG im Klimabeschluss entwickelte eingriffsähnliche Vorwirkung sollte daher als für diesen Bereich spezifische Sonderdogmatik verstanden werden.[848]

5. Die Abweichungen von der bisherigen Eingriffsdogmatik

Nachdem die abstrakten Kriterien für die Annahme einer eingriffsähnlichen Vorwirkung bestimmt worden sind, soll im Folgenden auf die Abweichungen von der bisherigen Eingriffsdogmatik eingegangen werden. Dies dient der im weiteren Verlauf der Arbeit zu untersuchenden Frage (Drittes Kapitel, C, V), ob die im Klimabeschluss vorgenommene Weiterentwicklung grundrechtsdogmatischer Strukturen überzeugen kann.

Das BVerfG hat den Begriff des Eingriffs im klassischen Sinne zunächst wie folgt bestimmt:

> [U]nter einem Grundrechtseingriff [wird] im Allgemeinen ein rechtsförmiger Vorgang verstanden, der unmittelbar und gezielt (final) durch ein vom Staat verfügtes, erforderlichenfalls zwangsweise durchzusetzendes Ge- oder Verbot, also imperativ, zu einer Verkürzung grundrechtlicher Freiheiten führt.[849]

---

847 Vgl. auch: *Abel*, NR 2022, 197 (198) in Bezug auf die in BVerfG, 1 BvR 1656/21 u. a. vorgenommene Konkretisierung der eingriffsähnlichen Vorwirkung: „Weiterhin scheint die 1. Kammer die dogmatische Konstruktion der intertemporalen Freiheitssicherung spezifisch auf die Herausforderung des Klimawandels beschränken zu wollen. Denn sie führt die eingriffsähnliche Vorwirkung eng auf die naturwissenschaftlich ‚unumkehrbaren tatsächlichen Auswirkungen von CO2-Emissionen auf die Erdtemperatur' zurück. Dies spricht dagegen, diese Dogmatik auf andere Probleme der intergenerationellen Gerechtigkeit wie die staatliche Schuldenaufnahme zu übertragen."

848 Ebenso: *Franzius*, FEU Research Paper No. 11/2021, S. 21; *Möllers/Weinberg*, JZ 2021, 1069 (1077). Vgl. auch *Eifert*, JURA 2021, 1085 (1092): „Der intertemporale Zugriff ist auf den extrem hohen und in den faktischen Anteilen naturwissenschaftlich gehärteten Grad an Verknüpfung gegenwärtiger Maßnahmen (zugelassener Emissionsmengen nach KSG) mit zukünftigen staatlichen Beschränkungen gestützt. Nur bei vergleichbar belastbaren, in allgemeineren politischen Zusammenhängen wohl regelmäßig nicht bestehenden Verdichtungen kann eine Übertragung vorgenommen werden."

849 BVerfG, 1 BvR 670/91, Rn. 80.

Auch die Literatur stellt für die Annahme eines „klassischen Grundrechtseingriffs" auf die Merkmale der Finalität, der Unmittelbarkeit, der Qualität als Rechtsakt sowie der Imperativität ab.[850] Der klassische Eingriffsbegriff findet weiterhin Anwendung, kann jedoch als alleiniger Maßstab nicht ausreichen, um einen angemessenen Schutz der Grundrechte vor staatlicher Gewalt zu begründen.[851] Während die Notwendigkeit der Erweiterung des engen Eingriffsverständnisses allgemein anerkannt ist, sind die Kriterien für die Annahme eines sogenannten modernen Eingriffs umstritten.[852] Dabei unterscheiden sich die Ansichten weniger im Ergebnis als vielmehr auf dem Weg dorthin.[853] Das BVerfG nimmt moderne Eingriffe jedenfalls dann an, „wenn diese in der Zielsetzung und in ihren Wirkungen [klassischen] Eingriffen gleichkommen".[854] Damit stellt die verfassungsgerichtliche Rechtsprechung zum einen auf die Finalität der Maßnahme und zum anderen auf die Intensität der Beeinträchtigung ab.[855] In der Literatur wird ein moderner Eingriff zum Teil[856] in jeder dem Staat zurechenbaren Maßnahme gesehen, die dem Einzelnen ein vom Schutzbereich eines Grundrechts umfasstes Verhalten unmöglich macht oder wesentlich erschwert.[857] Auf das Vorhandensein der einen klassischen Eingriff definierenden vier Merkmale soll es nicht mehr ankommen, sodass auch unbeabsichtigte, mittelbare Beeinträchtigungen von faktischem, ohne Zwang durchsetzbarem staatlichen Verhalten einen Grundrechtseingriff begründen können.[858] Nach

---

850 *Sachs*, in: Sachs GG, Vorb. zu Abschnitt I, Rn. 80.

851 Dies ist unstrittig. Siehe: *Hobusch*, JURA 2019, 278.

852 *Hobusch*, JURA 2019, 278.

853 *Hobusch*, JURA 2019, 278 (279); *Sachs*, in: Sachs GG, Vorb. zu Abschnitt I, Rn. 83.

854 BVerfGE 116, 202 (222). Vgl. ebenso: BVerfGE 118, 1 (20).

855 *Hobusch*, JURA 2019, 278 (280).

856 Daneben gibt es noch weitere Ansichten zur Herleitung eines modernen Eingriffs in Freiheitsrechte. Siehe hierzu die Darstellungen bei *Hobusch*, JURA 2019, 278 ff., der einen Eingriff annimmt, „wenn das staatliche Handeln für die grundrechtliche Beeinträchtigung kausal ist und zumindest eines der Kriterien des klassischen Eingriffs vorliegt, welches eine Zurechnung zum Staat indiziert." (*Hobusch*, JURA 2019, 278 [281]).

857 *von Coelln*, in: Gröpl/Windthorst/v. Coelln, StuKo GG, Vorbemerkungen zu den Grundrechten, Rn. 93.

858 *Hobusch*, JURA 2019, 278 (280); *Wahnschaffe/Lücke*, DÖV 2021, 1099 (1102).

bisheriger Dogmatik verlangt der Eingriff in Freiheitsrechte außerdem in aller Regel eine aktuelle, bereits eingetretene Freiheitsbeschränkung.[859] In bestimmten Fallgestaltungen lässt das BVerfG für die Annahme einer Grundrechtsverletzung aber eine „nicht unerhebliche[] Grundrechts*gefährdung*"[860] ausreichen.[861] Allerdings hat das Gericht dies schwerpunktmäßig im Bereich der grundrechtlichen Schutzpflichten festgestellt. Aus diesen könnten sich demnach Verpflichtungen ergeben, „rechtliche Regelungen so auszugestalten, daß auch die Gefahr von Grundrechtsverletzungen eingedämmt bleibt."[862] Auf diese Entscheidung (BVerfGE 49, 89 ff.) verweist das BVerfG im Klimabeschluss, wenn es auf die Notwendigkeit des Gesetzgebers zur Abwehr von Gefahren für die Grundrechte hinweist.[863] In Bezug auf die abwehrrechtliche Funktion der Grundrechte hat das BVerfG eine Gefährdung von Grundrechten unter bestimmten Voraussetzungen – soweit erkennbar[864] – bisher nur in Bezug auf Art. 2 Abs. 2 S. 1 GG als Eingriff gewertet.[865] Hinsichtlich der Wahrscheinlichkeit des Eintritts der Gefahr für die Rechtsgüter aus Art. 2 Abs. 2 S. 1 GG verlangt das BVerfG eine „nahe

---

859 *Mosbacher*, Berliner Online-Beiträge zum Europarecht Nr. 145, S. 12; *Wahnschaffe/Lücke*, DÖV 2021, 1099 (1103).

860 BVerfG, 2 BvL 8/77, Rn. 109 (Hervorhebung durch die Verfasserin).

861 Ebenso hinsichtlich einer Schutzpflicht aus Art. 2 Abs. 2 S. 1 GG: BVerfG, NJW 1998, 975 (976): „Bloße Grundrechtsgefährdungen liegen im allgemeinen noch im Vorfeld verfassungsrechtlich erheblicher Grundrechtsbeeinträchtigungen; sie können indes unter bestimmten Voraussetzungen Grundrechtsverletzungen gleichzuachten sein."

862 BVerfG, 2 BvL 8/77, Rn. 115. So auch: BVerfG, NVwZ 2010, 702 (703): „Nach der Rechtsprechung des BVerfG ist aus dem Grundrecht aus Art. 2 II 1 GG eine Schutzpflicht des Staates und seiner Organe abzuleiten. Sie gebietet dem Staat, sich schützend und fördernd vor *gefährdetes* menschliches Leben zu stellen, es insbesondere *vor* rechtswidrigen *Eingriffen* Dritter *zu bewahren*". (Hervorhebung durch die Verfasserin)

863 BVerfG, 1 BvR 2656/18 u. a., Rn. 194.

864 *Mosbacher*, Berliner Online-Beiträge zum Europarecht Nr. 145, S. 13. Vgl. insofern auch *Sachs*, in: Sachs GG, Vorb. zu Abschnitt I, Rn. 42: „Während der Sinn der Abwehrrechte am besten bei Abwesenheit jeder Störung verwirklicht ist, ist ihre Dogmatik weitestgehend auf die (Problem-)Fälle von Störungen im Genuss oder Gebrauch der jeweiligen Schutzgegenstände ausgerichtet."

865 BVerfGE 52, 214 (220); BVerfGE 66, 39 (57 ff.): „Die von den Beschwerdeführern behauptete Verletzung von Art. 2 Abs. 2 Satz 1 GG scheidet zwar nicht schon deshalb als mögliche Verletzung aus, weil lediglich eine Gefährdung, das heißt eine *drohende* Verletzung, der kraft Art. 2 Abs. 2 Satz 1 GG geschützten Rechtsgüter durch das

liegende, konkrete Gefahr [...]. [Nur] [u]nter diesen Umständen ist eine Grundrechtsgefährdung einer Grundrechtsverletzung gleich zu achten".[866]

Die im Klimabeschluss zu beurteilenden heutigen Vorschriften über die Zulassung von Treibhausgasen (§ 3 Abs. 1, § 4 Abs. 1 S. 3 KSG i. V. m. Anlage 2 KSG) lassen sich in Bezug auf künftige Freiheitsrechte nicht unter den klassischen Eingriffsbegriff fassen.[867] Zum einen fehlt es am Merkmal der Unmittelbarkeit, da die später drohenden Einschränkungen grundrechtlicher Freiheit erst durch in der Zukunft noch zu erlassende Rechtsnormen bewirkt werden. Zum anderen ist keine Finalität gegeben, denn Ziel der heutigen Vorschriften ist nicht die Beschränkung künftiger, mit dem Ausstoß von Treibhausgasen verbundener Freiheitsausübung.[868]

Da die Kriterien für die Annahme eines modernen Eingriffs umstritten und sehr vage gefasst sind, erscheint es nicht ausgeschlossen – mit entsprechender Begründung – in § 3 Abs. 1, § 4 Abs. 1 S. 3 KSG i. V. m. Anlage 2 KSG einen modernen Eingriff in die künftigen Freiheitsrechte zu sehen.[869] Das BVerfG geht jedoch mit der Schaffung einer neuen dogmatischen Figur der „eingriffsähnlichen Vorwirkung"[870] einen anderen Weg.[871] Dies lässt sich daran veranschaulichen, dass in den bisherigen Fällen mittelbarer Grundrechtsbeeinträchtigungen das diese begründende staatliche Handeln bereits bestand, während die hier zu erwartenden Einschränkungen in zehn Jahren durch einen dann erst erfolgenden, aus heutiger Sicht hypothetischen Rechtsakt eintreten.[872] Die Schwelle für die Annahme eines Eingriffs wird damit vorverlegt.[873] Insofern wird in der Literatur von einer „temporalen

angegriffene Verhalten geltend gemacht wird."; BVerfGE 77, 170 (220); BVerfG NJW 2002, 51 (52).

866 BVerfG, NJW 2002, 51 (52).

867 Vgl. *Wahnschaffe/Lücke*, DÖV 2021, 1099 (1102).

868 *Wahnschaffe/Lücke*, DÖV 2021, 1099 (1102).

869 *Wahnschaffe/Lücke*, DÖV 2021, 1099 (1102).

870 BVerfG, 1 BvR 2656/18 u. a., Rn. 183.

871 *Wahnschaffe/Lücke*, DÖV 2021, 1099 (1102).

872 Vgl. *Wahnschaffe/Lücke*, DÖV 2021, 1099 (1102).

873 *Möllers/Weinberg*, JZ 2021, 1069 (1073) sprechen insofern davon, dass „[d]ie Vorverlagerung und Entgrenzung des Eingriffsbegriffs durch die Figur der eingriffsähnlichen Vorwirkung [...] die Äquivalenz auch weit in der Zukunft liegender Eingriffe" begründet.

Entgrenzung des Eingriffsmaßstabs“[874] oder einer „verzeitlichte[n] Schwester des Eingriffs“[875] gesprochen.

Die Ausführungen des BVerfG zur „eingriffsähnlichen Vorwirkung“ machen außerdem deutlich, dass auch die Gefährdung von Freiheitsrechten[876] – außerhalb des Art. 2 Abs. 2 S. 1 GG, auf den sich in diesem Zusammenhang die bisherige verfassungsgerichtliche Rechtsprechung beschränkte – einen Eingriff darstellen kann. Dies stellt ein Novum innerhalb der Rechtsprechung des BVerfG dar.[877]

III. Die Abweichungen von der bisherigen Rechtfertigungsprüfung der Eingriffe in Freiheitsrechte

Die Veränderungen der Eingriffsdogmatik durch die neu entwickelte Figur der eingriffsähnlichen Vorwirkung ziehen Neuerungen auf der Prüfungsebene der Rechtfertigung von Eingriffen in Freiheitsrechte nach sich. So führt die aufgrund der zeitlichen Vorverlagerung der Eingriffsschwelle (bereits unter 3. Kapitel, C, I, 1 erwähnte) fehlende Möglichkeit der Anknüpfung an die Schutzbereiche konkreter Grundrechte im Rahmen der Rechtfertigung zu dem Folgeproblem, dass die Herleitung der Schranken, die je nach eingeschränktem Grundrecht unterschiedlich ausgestaltet sein können, im Klimabeschluss des BVerfG unklar bleibt.[878] Das Gericht macht hierzu keinerlei Ausführungen.[879] Es knüpft auch nicht an die Schranken der allgemeinen Handlungsfreiheit aus Art. 2 Abs. 1 GG an.[880] Insofern sind dem BVerfG dogmatische Mängel in der Begründung der intertemporalen Freiheitssicherung vorzuwerfen.

Auch die Verhältnismäßigkeitsprüfung, die im Rahmen der intertemporalen Freiheitssicherung maßgeblicher Bestandteil der Schranken-Schranken bleibt, erfährt eine Änderung ihrer Prüfungsstruktur. Den Grundsatz der

---

874 *Wahnschaffe/Lücke*, DÖV 2021, 1099 (1102).

875 *Eifert*, JURA 2021, 1085 (1093).

876 So die Formulierung des BVerfG selbst im Klimabeschluss (BVerfG, 1 BvR 2656/18 u. a., Rn. 186): „unumkehrbar angelegte rechtliche Gefährdung künftiger Freiheit“.

877 Vgl. *Mosbacher*, Berliner Online-Beiträge zum Europarecht Nr. 145, S. 13.

878 Vgl. *Polzin*, DÖV 2021, 1089 (1096).

879 BVerfG, 1 BvR 2656/18 u. a., Rn. 188: Dort werden ausdrücklich nur die Anforderungen zur Erfüllung der Schranken-Schranken beschrieben.

880 Vgl. BVerfG, 1 BvR 2656/18 u. a., Rn. 188.

Verhältnismäßigkeit leitet das BVerfG „aus dem Rechtsstaatsprinzip, im Grunde bereits aus dem Wesen der Grundrechte selbst“ ab.[881] Es führt aus, dass die Grundrechte, „als Ausdruck des allgemeinen Freiheitsanspruchs des Bürgers gegenüber dem Staat von der öffentlichen Gewalt jeweils nur so weit beschränkt werden dürfen, als es zum Schutz öffentlicher Interessen unerläßlich ist“.[882] Hieraus folgt, dass staatliche Maßnahmen nicht unbegrenzt erfolgen dürfen, sondern zu ihrer Rechtfertigung einem Zweck dienen müssen und an diesem in ihrem Umfang zu messen sind.[883] Insofern folgt aus dem Grundsatz der Verhältnismäßigkeit eine Begrenzung der Eingriffsmöglichkeiten des Staates in die Grundrechte der Bürger.[884] Daher wird dieser Prüfungsschritt auch als Übermaßverbot bezeichnet.[885] Hinsichtlich dessen dogmatischer Struktur bestand vor dem Klimabeschluss überwiegend Einigkeit.[886] Hiernach erfordert der Grundsatz der Verhältnismäßigkeit, dass das staatliche Verhalten einen legitimen Zweck in geeigneter, erforderlicher und angemessener Weise verfolgt.[887] Die Erforderlichkeit setzt voraus, dass der Staat unter den gleich wirksamen Maßnahmen, die die Rechtsgüter am wenigsten beeinträchtigende wählt.[888] Die Angemessenheit der Maßnahme erfordert eine Abwägung zwischen ihrem Nutzen und den durch sie verursachten Eingriffen in die Rechtsgüter.[889]

Diese vier Prüfungsschritte erwähnt das BVerfG im Klimabeschluss nicht. Vielmehr führt es – ohne weitergehende Begründung – aus:

> [Aus dem Gebot der Verhältnismäßigkeit folgt die Pflicht des Gesetzgebers] die nach Art. 20a GG verfassungsrechtlich notwendigen Reduktionen von CO2-Emissionen bis hin zur Klimaneutralität vorausschauend so zu gestalten, dass [...] die Reduktionslasten über die Zeit und zwischen den Generationen nicht einseitig zulasten der Zukunft verteilt sind.[890]

---

881 BVerfG, 1 BvR 513/65, Rn. 17.
882 BVerfG, 1 BvR 513/65, Rn. 17.
883 Vgl.: BVerfG, NJW 1997, 2165, 2166.
884 *Grzeszick*, in: Dürig/Herzog/Scholz, Band 3, Art. 20 GG, Rn. 109.
885 BVerfG, 1 BvR 2226/94 u. a., Rn. 263; *Grzeszick*, in: Dürig/Herzog/Scholz, Band 3, Art. 20 GG, Rn. 109.
886 Vgl.: *Grzeszick*, in: Dürig/Herzog/Scholz, Art. 20 GG, Rn. 112.
887 BVerfGE 115, 276 (304 f.); BVerfGE 117, 163 (182 ff.); BVerfGE 124, 300 (331).
888 BVerfG, 1 BvR 2226/94 u. a., Rn. 266; BVerfG, 1 BvR 2998/11 u. a., Rn. 92–94.
889 BVerfG, 1 BvR 2296/96, Rn. 38; BVerfG, 1 BvR 2380/21, Rn. 119.
890 BVerfG, 1 BvR 2656/18 u. a., Rn. 192.

Insofern leitet das Gericht aus dem Verhältnismäßigkeitsgrundsatz eine verfassungsrechtliche Pflicht zur „verhältnismäßigen Verteilung von Freiheitschancen über die Generationen“[891] ab. Diese Prüfung entspricht nicht mehr der bisherigen Dogmatik innerhalb der Rechtfertigung von Grundrechtseingriffen.[892] Zwar prüft das BVerfG die Möglichkeit „unverhältnismäßige[r] Belastungen der künftigen Freiheit der Beschwerdeführenden“.[893] Es nimmt insofern jedoch keine – der üblichen Verhältnismäßigkeitsprüfung entsprechende – Abwägung zwischen dem angestrebten Zweck des Klimaschutzes (vgl. Art. 20a GG) und den hierfür vorgenommenen Freiheitseinschränkungen vor.[894] Eine solche Prüfung wäre aus heutiger Sicht auch noch nicht möglich, weil hierfür die späteren Freiheitseingriffe nicht hinreichend genau feststehen.[895] Außerdem setzt die eingriffsähnliche Vorwirkung heutiger Regelungen gerade die Gefahr späterer *gerechtfertigter* Grundrechtseingriffe voraus.[896] Aus dem Gebot der Verhältnismäßigkeit wird vielmehr das Erfordernis der gleichmäßigen Verteilung des nach Art. 20a GG relevanten nationalen CO_2-Budgets über die Zeit abgeleitet. Es geht demnach um die Einschränkung heutiger und künftiger Freiheit, die im Verhältnis zueinander gerecht erfolgen muss. *Britz* spricht insoweit von einer „zeitübergreifende[n] Verhältnismäßigkeitsbetrachtung“.[897]

IV. Die unterschiedliche Rezeption der neuen grundrechtlichen Figur der intertemporalen Freiheitssicherung sowie der eingriffsähnlichen Vorwirkung in der rechtswissenschaftlichen Literatur

Im Anschluss an den Klimabeschluss begann im rechtswissenschaftlichen Schrifttum eine rege Diskussion über die vom BVerfG getroffene Entscheidung. Dabei ging es einem Großteil der Literatur weniger um das Ergebnis

891 BVerfG, 1 BvR 2656/18 u. a., Rn. 183.

892 Vgl. *Wahnschaffe/Lücke*, DÖV 2021, 1099 (1105, 1106).

893 BVerfG, 1 BvR 2656/18 u. a., Rn. 188.

894 Siehe: BVerfG, 1 BvR 2656/18 u. a., Rn. 192; *Haratsch*, I want you to panic!, Minute 18.

895 *Haratsch*, I want you to panic!, Minuten 19 und 20.

896 Vgl. BVerfG, 1 BvR 2656/18 u. a., Rn. 192: „Zwar können selbst gravierende Freiheitseinbußen künftig zum Schutz des Klimas verhältnismäßig und gerechtfertigt sein“.

897 *Britz*, NVwZ 2022, 825 (832).

als vielmehr um den grundrechtsdogmatischen Weg dorthin. Hierauf soll daher im Folgenden der Schwerpunkt des kommenden Abschnitts liegen. Nach einer Darstellung der unterschiedlichen im Schrifttum vorgebrachten Argumente für und gegen den verfassungsgerichtlich gewählten Weg (3. Kapitel, C, IV, 1 und 2), wird dargelegt (3. Kapitel, C, V), wieso die vom BVerfG entworfene Idee des intertemporalen Freiheitsschutzes an sich überzeugen kann, diese jedoch innerhalb der Grundrechtsdogmatik anstatt abwehrrechtlich in einer Schutzpflichtenprüfung besser hätte erfasst werden können.

Die dargestellten, vom BVerfG im Klimabeschluss vorgenommenen Änderungen der bisherigen Grundrechtsdogmatik werden im rechtswissenschaftlichen Schrifttum unterschiedlich beurteilt. Eine Ansicht stimmt der intertemporalen Freiheitssicherung im Hinblick auf deren grundrechtsdogmatische Verankerung zu.[898] So führen beispielsweise *Wahnschaffe/Lücke* aus, dass „der Herleitung und Anwendung der Gesamtkonstruktion einer intertemporalen Freiheitssicherung [...] die notwendige dogmatische Konsequenz nicht abzusprechen“ ist.[899] Der Klimabeschluss des BVerfG sei deshalb nicht nur hinsichtlich des Ergebnisses, sondern auch in Bezug auf den dieses stützenden grundrechtsdogmatischen Weg zu begrüßen.[900] Auch *Schlacke* spricht davon, dass das BVerfG „in dogmatisch überzeugender und innovativer Art und Weise auf der Basis von Freiheitsgrundrechten und in Verknüpfung mit dem Staatsziel Umweltschutz ein neues Grundrecht auf intertemporale Freiheitssicherung“ geschaffen habe.[901] Und *Eifert* bezeichnet die verfassungsgerichtliche Innovation als „dogmatisch aber eben eher minimalinvasiv, denn grundstürzend“, worin die „Stärke“ des Beschlusses liege.[902]

Die andere Ansicht übt – teilweise starke – Kritik an der dogmatischen Innovation des BVerfG. So spricht sich z. B. *Calliess* für das Ergebnis des

---

898 So unter anderem *Seibert*, DVBl. 2021, 1141 (1146), der die Konstruktion des intertemporalen Freiheitsschutzes als einen „neuartigen konsensfähigen juristischen Ansatz jenseits einer Schutzpflichtverletzung“ auffasst.

899 *Wahnschaffe/Lücke*, DÖV 2021, 1099 (1106).

900 *Wahnschaffe/Lücke*, DÖV 2021, 1099 (1107).

901 *Schlacke*, NVwZ 2021, 912 (916).

902 *Eifert*, JURA 2021, 1085 (1098).

Klimabeschlusses aus, ist aber von dem verfassungsgerichtlichen Weg dorthin nicht überzeugt:

> Nach der großen Party zur Feier der Entscheidung reibt sich aber auch der dem Ergebnis wohlgesinnte Leser nach vertiefter Lektüre der grundrechtlichen Herleitung leicht ‚verkatert' die Augen […]. Angesichts dessen fragt sich der geneigte Leser, warum das BVerfG solchermaßen in die Ferne schweift, wenn der Maßstab eigentlich doch so nah liegt: Anders als das BVerfG im Ergebnis annimmt, hätten die Schutzpflichten aus den Grundrechten des Art. 2 Abs. 2 und 14 GG zur Anwendung gebracht werden können.[903]

Polzin spricht davon, dass die innovative grundrechtliche Konstruktion des Ersten Senats „aufgrund der methodischen und grundrechtsdogmatischen Mängel […] juristisch nicht überzeugen kann".[904] *Badenhausen-Fähnle* bezeichnet den vom BVerfG eingeschlagenen grundrechtsdogmatischen Weg ebenso als „äußerst verwunderlich und im Ergebnis auch nicht überzeugend".[905] Wie *Calliess* spricht auch sie sich dafür aus, dass das BVerfG den Fall besser über eine intensivere Schutzpflichtenprüfung hätte lösen sollen.[906]

1. Die im rechtswissenschaftlichen Schrifttum angeführten Gründe für die Prüfung des intertemporalen Freiheitsschutzes innerhalb einer abwehrrechtlichen Konstruktion

Für die Konstruktion einer eingriffsähnlichen Vorwirkung und damit der Ermöglichung einer abwehrrechtlichen Prüfung der intertemporalen Freiheitssicherung werden im Schrifttum verschiedene Gründe angeführt. Zunächst sei die Prüfung innerhalb eines Abwehrrechts und nicht innerhalb einer grundrechtlichen Schutzpflicht in dogmatischer Hinsicht korrekt, da es um die Abwehr künftiger vorzunehmender staatlicher Eingriffe in die Freiheitsrechte der Bürger und nicht um von privaten Dritten oder der Natur

903 *Calliess*, FAZ vom 20.05.2021, S. 6. Kritisch ebenso *Geise*, Schutzpflichten und Abwehrrechte, S. 148: „Im Ergebnis ist die Entscheidung zwar zutreffend, die Begründung vermag jedoch nicht zu überzeugen." Ähnlich auch *Stohlmann*, VerfBlog vom 04.05.2021, Abschnitt 3: „So begrüßenswert der Beschluss im Ergebnis ist, so unergründlich erscheinen indes die dogmatischen Wege des Gerichts."

904 *Polzin*, DÖV 2021, 1089.

905 *Badenhausen-Fähnle*, VR 2022, 1 (5).

906 *Badenhausen-Fähnle*, VR 2022, 1 (5).

ausgehende Gefahren gehe.[907] Die bisherige Grundrechtsdogmatik zeige, dass bei staatlichen Eingriffen allein die abwehrrechtliche Seite der Grundrechte Anwendung finden könne.[908]

Zum Teil wird in der Literatur aber auch davon gesprochen, dass das BVerfG mit der grundrechtlichen Innovation keine rein abwehrrechtliche Prüfung vornehme, sondern eine Abwehr- mit einer Schutzpflichtendimension in intertemporaler Weise kombiniere.[909] Dies liege darin begründet, dass die künftig drohenden Freiheitseinschränkungen vom Umfang her umso intensiver ausfallen würden, je weniger Freiheitsbeschränkungen der Staat gegenwärtig vornehme.[910]

Die verfassungsgerichtliche Fortbildung der bisherigen Grundrechtsdogmatik für die Ableitung der intertemporalen Freiheitssicherung stehe der neuen Konstruktion nicht im Weg, weil kein Bruch mit der klassischen Dogmatik erfolge.[911] Ein bestimmtes Maß an dogmatischer Flexibilität sei hinnehmbar.[912] Dieses werde im vorliegenden Fall durch das BVerfG nicht überschritten.[913] Aufgrund der für die Annahme einer eingriffsähnlichen Vorwirkung notwendigen Unausweichlichkeit/Zwangsläufigkeit[914] späterer Freiheitseinschränkungen entferne sich die verfassungsgerichtliche Rechtsprechung trotz Verzichts auf einen aktuellen Grundrechtseingriff nicht zu weit von der klassischen Eingriffsdogmatik.[915] Gleiches gelte für die Erweiterung der Verhältnismäßigkeitsprüfung um die Abwägung heutiger und künftiger Freiheitseinbußen.[916]

---

907 *Möllers/Weinberg*, JZ 2021, 1069 (1072); *Wahnschaffe/Lücke*, DÖV 2021, 1099 (1107).

908 *Wahnschaffe/Lücke*, DÖV 2021, 1099 (1107, 1108).

909 *Schlacke*, NVwZ 2021, 912 (914).

910 *Schlacke*, NVwZ 2021, 912 (914). A.A. dagegen *Eifert*, der von einer rein abwehrrechtlichen Konstruktion ausgeht: „Auch wenn der Staat hier tätig werden muss, handelt es sich nicht um eine Leistungskonstellation." (*Eifert*, JURA 2021, 1085 [1095])

911 *Wahnschaffe/Lücke*, DÖV 2021, 1099 (1108).

912 *Wahnschaffe/Lücke*, DÖV 2021, 1099 (1108).

913 *Wahnschaffe/Lücke*, DÖV 2021, 1099 (1108).

914 So ausdrücklich: BVerfG, 1 BvR 1565/21, Rn. 4, 10.

915 *Wahnschaffe/Lücke*, DÖV 2021, 1099 (1108).

916 *Wahnschaffe/Lücke*, DÖV 2021, 1099 (1105, 1106, 1108).

2. Die im rechtswissenschaftlichen Schrifttum angeführten Gründe gegen die Prüfung des intertemporalen Freiheitsschutzes innerhalb einer abwehrrechtlichen Konstruktion

Andere Stimmen in der Literatur sehen im Klimabeschluss des BVerfG hingegen „immanente Unstimmigkeiten“.[917] Insofern wird – wie bereits in den vorangestellten Literaturauffassungen – auch hier darauf hingewiesen, dass es zu einer Annäherung der Abwehrrechts- an die Schutzpflichtdogmatik kommt.[918] Dies wird jedoch kritisch beurteilt, da es „zur allgemeinen Verwirrung um die Abgrenzung von Schutzpflichten und Abwehrrechten weiter beitragen“[919] werde. Das Abwehrrecht habe nach der ursprünglichen Dogmatik als Rechtsfolge das Unterlassen einer bestimmten staatlichen Handlung zur Folge.[920] Zwar solle die Konstruktion der eingriffsähnlichen Vorwirkung zum einen dazu führen, dass ein noch nicht konkret benanntes staatliches Handeln (die später drohenden Freiheitseinschränkungen zur Verfolgung des Klimaschutzes) zu unterlassen sei.[921] Zum anderen sei dies nur zu erreichen, indem der Gesetzgeber heute zu einem Tun – im Fall des Klimabeschlusses zur Festlegung der Minderungsziele für den Zeitraum nach 2030[922] – verpflichtet werde.[923] Eine solche Rechtsfolge entspräche aber eigentlich derjenigen der grundrechtlichen Schutzpflichten.[924] Das BVerfG deute „[a]uf diese Weise […] eine Schutzpflicht in ein Abwehrrecht um[…]“.[925] Dies werde insbesondere im Rahmen der Verhältnismäßigkeitsprüfung deutlich, in der der Erste Senat anstatt des eigentlich im Rahmen eines Abwehrrechts zu prüfenden Übermaßverbots versteckt das „(ungeliebte?) Untermaßverbot der Schutzpflichten“ prüfe.[926]

---

917 So: *Möllers/Weinberg*, JZ 2021, 1069 (1071).
918 *Möllers/Weinberg*, JZ 2021, 1069 (1073).
919 *Möllers/Weinberg*, JZ 2021, 1069 (1073).
920 *Möllers/Weinberg*, JZ 2021, 1069 (1073).
921 *Möllers/Weinberg*, JZ 2021, 1069 (1073).
922 BVerfG, 1 BvR 2656/18 u. a., Rn. 248 ff.
923 *Calliess*, FAZ vom 20.05.2021, S. 6; *Möllers/Weinberg*, JZ 2021, 1069 (1073).
924 *Badenhausen-Fähnle*, VR 2022, 1 (5); *Calliess*, FAZ vom 20.05.2021, S. 6; *Calliess*, ZUR 2021, 355 (356).
925 *Calliess*, ZUR 2021, 355 (357).
926 *Calliess*, ZUR 2021, 355 (357).

Zudem entferne sich das BVerfG weit von der bisherigen Dogmatik, weil die intertemporale Freiheitssicherung nicht – wie in der Abwehrrechtsdogmatik üblich – vor ungerechtfertigten staatlichen Eingriffen, sondern vor künftigen *gerechtfertigten* staatlichen Eingriffen schütze.[927] Wieso aber rechtmäßigem Staatshandeln vorzusorgen sei, bleibe rätselhaft.[928] Es sei widersprüchlich, dass aus heutiger Sicht verfassungswidrige Grundrechtsgefährdungen in später gerechtfertigte Grundrechtseingriffe mündeten.[929]

Calliess fragt sich sogar, ob das BVerfG eine „Verfassungsänderung durch die Hintertür" vornehme.[930] Einziger Anknüpfungspunkt für den intertemporalen Freiheitsschutz in der Verfassung sei Art. 20a GG, der explizit von „künftigen Generationen" spreche.[931] Zwar wird dieser im Klimabeschluss umfassend geprüft, letztlich aber keine Verletzung festgestellt.[932] Dadurch entfalle jedoch der verfassungsrechtliche Anknüpfungspunkt für den intertemporalen Freiheitsschutz.[933] Auch andere Stimmen in der rechtswissenschaftlichen Literatur äußern Bedenken, ob das BVerfG die Grenzen zulässiger Verfassungsfortbildung durch die Entwicklung des intertemporalen Freiheitsschutzes gewahrt hat. So merkt *Polzin* an, dass sich der innovative Ansatz des BVerfG „im Graubereich zwischen zulässiger Rechtsfortbildung und unzulässiger Verfassungsänderung bewegt".[934]

Die hinsichtlich der Grundrechtsdogmatik sowie des Gewaltenteilungsgrundsatzes (Stichwort: Verfassungsänderung) angeführten Kritikpunkte lassen diese Ansicht zu der Schlussfolgerung kommen, dass sich eine Verfassungsbeschwerde für mehr Klimaschutz auf die grundrechtlichen Schutzpflichten aus Art. 2 Abs. 2 S. 1 GG und Art. 14 Abs. 1 GG stützen sollte.[935]

---

927 *Möllers/Weinberg*, JZ 2021, 1069 (1074).
928 Vgl. *Möllers/Weinberg*, JZ 2021, 1069 (1074).
929 *Haratsch*, I want you to panic!, Minuten 20 und 21.
930 *Calliess*, FAZ vom 20.05.2021, S. 6.
931 *Calliess*, FAZ vom 20.05.2021, S. 6.
932 BVerfG, 1 BvR 2656/18 u. a., Rn. 230 ff.
933 *Calliess*, FAZ vom 20.05.2021, S. 6; *Calliess*, ZUR 2021, 355 (357).
934 *Polzin*, DÖV 2021, 1089.
935 *Calliess*, FAZ vom 20.05.2021, S. 6; *Calliess*, ZUR 2021, 355 (357); *Geise*, Schutzpflichten und Abwehrrechte, S. 149.

V. Alternativer Lösungsansatz: Die Verortung des im Bereich Klimaschutz geltenden intertemporalen Freiheitsschutzes innerhalb der grundrechtlichen Schutzpflichten aus Art. 2 Abs. 2 S. 1 GG, Art. 14 Abs. 1 S. 1 Alt. 1 GG i. V. m. Art. 20a GG

Unumstritten ist, dass das BVerfG mit der abwehrrechtlich eingefassten Innovation des intertemporalen Freiheitsschutzes die Verfassung fortgebildet hat. In Auseinandersetzung mit den diesbezüglich soeben dargestellten Kritikpunkten im rechtswissenschaftlichen Schrifttum wird in diesem Abschnitt das Vorgehen des Gerichts zum einen daraufhin untersucht, ob es sich innerhalb seiner Kompetenzen bewegt hat (1), zum anderen ist die grundrechtsdogmatische Einkleidung der neuen Konstruktion zu beurteilen (3).[936]

1. Die Kompetenz des BVerfG zur Verfassungsfortbildung – der an sich überzeugende Gedanke des aus Art. 20a GG i. V. m. den Freiheitsrechten folgenden intertemporalen Freiheitsschutzes

Calliess ist insofern zuzustimmen, als dass Art. 20a GG die alleinige Norm des Grundgesetzes verkörpert, die die staatlichen Gewalten zur Berücksichtigung der Belange künftiger Generationen verpflichtet. Hieraus kann aber nicht zwingend geschlussfolgert werden, dass ohne Anknüpfung an diese Verfassungsnorm die Innovation des intertemporalen Freiheitsschutzes eine unzulässige Verfassungsänderung beinhaltet.[937] Der Wortlaut einer Norm

---

936 Vgl. zu einer solchen zweistufigen Prüfung der Ausführungen des BVerfG im Klimabeschluss: *Polzin*, DÖV 2021, 1094: „Dabei stehen bei der Bewertung der kreativen Weiterentwicklung von Verfassungsrecht grundsätzlich zwei abstrakte Kriterien zur Verfügung. Zum einen stellt sich die Frage, ob die neu entdeckte verfassungsrechtliche Deutung und ihre Begründung juristisch überzeugen können. Der zweite Maßstab ist, ob die Grenzen der Verfassungsgerichtsbarkeit beachtet wurden."

937 Vgl. *Musil*, in: FS Bundesfinanzhof, 151 (156): „Allerdings wird durch [… die Wortlautgrenze] noch nichts über die Zulässigkeit richterlicher Rechtsanwendung ausgesagt. Auch Rechtsfortbildung kann zulässige Rechtsanwendung sein. In diesem Sinne kann die Grenze der Rechtsanwendung unter Ermittlung des ‚Willens des Gesetzgebers' bestimmt werden. Diese Konzeption haftet nicht am grammatikalisch zu bestimmenden Wortlaut, sondern bedient sich der wertenden Betrachtung, um zwischen zulässiger und unzulässiger Rechtsanwendung zu differenzieren. Die Ermittlung des gesetzgeberischen Willens hat nicht den Wortlaut, sondern auf einer abstrakten Ebene die Normbedeutung im Sinn. Diese muss sich nicht mit dem konkreten Wortlaut decken." Siehe insofern auch das BVerfG, das im Folgenden aber nicht zwischen Auslegung und Rechtsfortbildung unterscheidet: „Dabei umreißt

stellt zwar die Grenze richterlicher Auslegung, nicht aber diejenige zulässiger Rechtsfortbildung dar.[938] Daher wird letztere auch als „Rechtsschöpfung jenseits des Wortlauts" bezeichnet.[939] Dies gilt im besonderen Maße für die Verfassung, und innerhalb dieser spezifisch für den Bereich der Grundrechte.[940] Die Grundrechte sollen über eine lange Zeitspanne anwendbar sein und müssen sich daher an gesellschaftliche, wirtschaftliche und technologische Veränderungen anpassen können.[941] Dies erfordert eine in hohem Maße offene Formulierung dieser Vorschriften.[942] Hieraus folgt die Möglichkeit der Richter, sich im Rahmen der Interpretation der Grundrechte von der Textauslegung entfernen zu können.[943] Zum Teil lassen sie den Wortlaut weit hinter sich zurück.[944] Die Grundrechtsverwirklichung durch Rechtsfortbildung trägt einen „schöpferischen Charakter".[945] Es müssen Lösungen entworfen werden, über die der Verfassungsgeber noch nicht oder nicht in der erforderlichen Tiefe befunden hat.[946] Entscheidend ist „die Beachtung eines aktuellen Wertungshorizontes"[947], um die Verfassung den aktuellen Gegebenheiten anzupassen.[948] Nur so kann die Funktionsfähigkeit des Rechts und dadurch auch dessen Legitimität gewahrt bleiben.[949] Insofern könnte der Gedanke des intertemporalen Freiheitsschutzes – mit entsprechender

---

die Auffassung, ein Richter verletze seine Gesetzesbindung gemäß Art. 20 III GG durch jede Auslegung, die nicht im Wortlaut des Gesetzes vorgegeben ist, die Aufgabe der Rechtsprechung zu eng. [...] Eine [...] reine Wortinterpretation schreibt die Verfassung nicht vor. Der Wortlaut des Gesetzes zieht im Regelfall keine starre Auslegungsgrenze." (BVerfG, NJW 2012, 669 [672])

938 *Huber*, ZBJV 1971, 172 (187): „Gewöhnliche Auslegung geht dagegen [im Gegensatz zur Konkretisierung] vom Normtext oder geht mehr von ihm aus."; *Musil*, in: FS Bundesfinanzhof, 151 (155).

939 *Musil*, in: FS Bundesfinanzhof, 151 (156).

940 Vgl. *Chiariello*, Der Richter als Verfassungsgeber?, S. 409–413.

941 *Chiariello*, Der Richter als Verfassungsgeber?, S. 409.

942 *Chiariello*, Der Richter als Verfassungsgeber?, S. 409, 410.

943 *Huber*, ZBJV 1971, 172 (186).

944 *Huber*, ZBJV 1971, 172 (186).

945 Vgl. *Hesse*, Grundzüge, Rn. 60.

946 Vgl. *Hesse*, Grundzüge, Rn. 56.

947 *Chiariello*, Der Richter als Verfassungsgeber?, S. 413.

948 Vgl. *Chiariello*, Der Richter als Verfassungsgeber?, S. 359: Der Verfassung müsse „grundsätzlich die Reaktionsfähigkeit auf sozialen Wandel" zugesprochen werden. *Huber*, ZBJV 1971, 172 (186).

949 *Chiariello*, Der Richter als Verfassungsgeber?, S. 360, 361.

Herleitung und Begründung – trotz fehlender Erwähnung künftiger Generationen im Wortlaut der Freiheitsrechte an diese anknüpfen.[950] Aus der Bindung des Gesetzgebers an die Grundrechte, Art. 1 Abs. 3 GG, könnte geschlussfolgert werden, dass die Legislative die Aushöhlung der Grundrechte künftiger Generationen durch heutiges Handeln verhindern muss.

Dennoch sollte auch bei der Verfassungsfortbildung – sofern möglich – weitestgehend Bezug auf vorhandene Verfassungsbestimmungen genommen werden. Dies dient der Wahrung des Gewaltenteilungsgrundsatzes (Art. 20 Abs. 2 GG), denn der Richter befindet sich bei der Verfassungsfortbildung in einem Spannungsverhältnis zum Gesetzgeber.[951] Außerdem kann durch eine hinreichende Verfassungsrückbindung dem auch im Rahmen der Rechtsfortbildung zu beachtenden Demokratieprinzip ausreichend Rechnung getragen werden.[952] Die Fortentwicklung des Rechts „empfängt dadurch demokratische Legitimität über die Verfassung, die der qualifizierteste und damit demokratisch am stärksten legitimierte Ausdruck des Volkswillens ist."[953] Der intertemporale Freiheitsschutz sollte aber nicht nur aus den genannten Gründen an Art. 20a GG anknüpfen[954], sondern auch, weil die Ausführungen des BVerfG in Bezug auf dessen Inhalt dies nahelegen. Wie

---

950 Für dieses Ergebnis spricht sich beispielsweise *Kirchhof*, Intertemporale Freiheitssicherung, S. 35 aus: „Ohnehin wurzelt die intertemporale Sicherung der Freiheit nicht in der vorgebrachten Staatszielbestimmung des Art. 20a GG und auch nicht im internationalen Recht, sondern in den Freiheitsrechten des Grundgesetzes."

951 Vgl. *Musil*, in: FS Bundesfinanzhof, 151 (152).

952 Vgl. *Chiariello*, Der Richter als Verfassungsgeber?, S. 377: „Eine demokratische Legitimation ist auch dort gefordert, wo der Richter eine neue Regel bildet. Seine Rechtsprechung ist auch hier an das Recht gebunden, das heisst sie muss von Anliegen und Funktion der Verfassung getragen sein".

953 *Chiariello*, Der Richter als Verfassungsgeber?, S. 377.

954 *Leisner-Egensperger*, VerfBlog vom 07.12.2021, Abschnitt 3, die sich für eine Anknüpfung des Gedankens der Generationengerechtigkeit an Art. 20a GG ausspricht, allerdings für eine Übertragbarkeit des intertemporalen Freiheitsschutzes auf außerhalb des Klimaschutzes liegende Bereiche wohl vom Erfordernis einer Verfassungsänderung ausgeht. („De constitutione lata ist die Verantwortung für die künftigen Generationen zwar mit thematisch beschränktem Anwendungsbereich in Art. 20a GG verankert, der Staatszielbestimmung für den Schutz der natürlichen Lebensgrundlagen. Doch stünde es einer Verfassung, die trotz des Vorbehalts der Verfassungsablösung in Art. 146 GG nur noch von wenigen als vorübergehende Ordnung wahrgenommen wird, gut zu Gesicht, die Rücksichtnahme auf die Nachwelt bereichsübergreifend zu verankern.")

bereits ausgeführt, sollte diese Konstruktion ausschließlich für den Bereich des Klimaschutzes gelten. Dies wird durch eine Anknüpfung an Art. 20a GG, der das Gebot des Klimaschutzes enthält, besser verdeutlicht als durch eine alleinige Anknüpfung an die Freiheitsgrundrechte. Zudem hätte das BVerfG bei konsequenter Anwendung seiner die Staatszielbestimmung des Art. 20a GG konkretisierenden Beschreibungen neben einem Verstoß gegen den Verhältnismäßigkeitsgrundsatz auch einen solchen gegen Art. 20a GG annehmen müssen. Im Klimabeschluss konkretisiert das Gericht in Bezug auf den Verhältnismäßigkeitsgrundsatz:

> Die Grundrechte verpflichten den Gesetzgeber, die nach Art. 20a GG verfassungsrechtlich notwendigen Reduktionen von CO2-Emissionen bis hin zur Klimaneutralität vorausschauend so zu gestalten, dass die damit verbundenen Freiheitseinbußen trotz steigender Klimaschutzanforderungen weiterhin zumutbar ausfallen und die Reduktionslasten über die Zeit und zwischen den Generationen nicht einseitig zulasten der Zukunft verteilt sind.[955]

Sodann führt das Gericht aus, dass Art. 20a GG dies bestätige.[956] Auch diese Norm erfordere die gerechte Verteilung der Umweltschutzlasten zwischen den Generationen.[957] Richtigerweise hätte das Gericht dementsprechend sowohl Art. 20a GG als auch den Verhältnismäßigkeitsgrundsatz als verletzt ansehen müssen. Damit wäre der von *Calliess* geforderte Anknüpfungspunkt des intertemporalen Freiheitsschutzes in der Verfassung gegeben. Zwar lässt sich der Gedanke der gleichmäßigen Verteilung von dem Klimaschutz dienenden freiheitsverkürzenden Vorgaben über die Zeit nicht direkt dem Wortlaut des Art. 20a GG i. V. m. den Freiheitsrechten entnehmen, er entspricht aber jenen den Normen zugrunde liegenden Wertungen. Diesbezüglich stellt das BVerfG zurecht fest:

> Der Schutzauftrag des Art. 20a GG schließt die Notwendigkeit ein, mit den natürlichen Lebensgrundlagen so sorgsam umzugehen und sie der Nachwelt in solchem Zustand zu hinterlassen, dass nachfolgende Generationen diese nicht nur um den Preis radikaler Enthaltsamkeit weiter bewahren könnten.[958]

955 BVerfG, 1 BvR 2656/18 u. a., Rn. 192.
956 BVerfG, 1 BvR 2656/18 u. a., Rn. 193.
957 BVerfG, 1 BvR 2656/18 u. a., Rn. 193.
958 BVerfG, 1 BvR 2656/18 u. a., Rn. 193.

Insofern liegt durch die in Bezug auf Art. 20a GG i. V. m. den Freiheitsrechten verfassungsgerichtlich vorgenommene Fortbildung dieser Normen kein Übergriff in den Kompetenzbereich der Gesetzgebung[959] sowie kein Verstoß gegen das Demokratieprinzip vor. Die Neuschöpfung des intertemporalen Freiheitsschutzes stellt mit einer Anknüpfung an Art. 20a GG i. V. m. den Freiheitsrechten eine zulässige Verfassungsfortbildung dar. Noch nicht beantwortet ist damit die im Folgenden zu untersuchende Frage, ob die grundrechtsdogmatische Einordnung im Rahmen eines Abwehrrechts überzeugen kann.

2. Die Notwendigkeit der Weiterentwicklung juristischer Dogmatik und die dabei zu beachtenden Grundsätze der Widerspruchsfreiheit, der Einfachheit sowie der Rechtssicherheit

Der die abwehrrechtliche Einordnung der intertemporalen Freiheitssicherung befürwortenden Ansicht im rechtswissenschaftlichen Schrifttum[960] ist insofern zuzustimmen, als sie die Möglichkeit einer gewissen Flexibilität der Grundrechtsdogmatik anführt. Nur ein grundrechtsdogmatisches Verständnis, das nicht nur die Option der Fortbildung bisheriger dogmatischer Strukturen, sondern deren Notwendigkeit beinhaltet, kann überzeugen. Dies wird verständlich, wenn man sich den Begriff der juristischen Dogmatik sowie deren Funktion vergegenwärtigt. Eine allgemeine Definition von Dogmatik lässt sich – verwunderlicher Weise – trotz deren hohen Bedeutungsgehalts in kaum einem juristischen Lehrbuch finden.[961] Vielmehr wird der Begriff als bekannt vorausgesetzt.[962] Dabei ist dieser weniger umstritten als es dadurch zunächst erscheint.[963] So wird Dogmatik von einem Teil des rechtswissenschaftlichen Schrifttums – insbesondere in Zeiten ökonomischer, kultureller, politischer und gesellschaftlicher Veränderung – als „Dogmatismus", d.h. als Festhalten an überkommenen rechtlichen Figuren und damit als Fremdheit des Rechts gegenüber den aktuellen Gegebenheiten

959 Dies ist eine wesentliche Voraussetzung für die Zulässigkeit richterlicher Rechtsfortbildung. Vgl. *Musil*, in: FS Bundesfinanzhof, 151 (164).

960 Siehe die dargestellten Argumente dieser Ansicht unter 3. Kapitel, C, IV, 1.

961 *Rüthers*, Rechtsdogmatik, S. 5.

962 *Rüthers*, Rechtsdogmatik, S. 5.

963 Vgl. *Rüthers*, Rechtsdogmatik, S. 5.

verstanden.[964] Diese Ansicht kann nicht überzeugen, weil der Dogmatik ein dynamisches Element innewohnt.[965] Sie umfasst die kluge Interpretation eines inneren Systems der Rechtsordnung.[966] Dabei erstreckt sie sich sowohl auf das geschriebene Recht als auch auf die durch richterliche Fortbildung des Rechts geschaffenen Institute.[967] Dass die juristische Dogmatik nicht starr sein darf, zeigt sich bereits an der Möglichkeit und Notwendigkeit der richterlichen Auslegung und Fortbildung des normierten Rechts. Jeder Gesetzgeber wird bereits bei Verabschiedung eines Gesetzestextes nicht alle möglichen Konfliktfälle bedenken können („primäre Gesetzeslücken").[968] Zudem entstehen über die Zeit mit veränderten gesellschaftlichen Verhältnissen weitere Gesetzeslücken („sekundäre Gesetzeslücken").[969] Gerade in Rechtsgebieten, in denen die normative Regelungsdichte dünn ist, wie beispielsweise im Verfassungsrecht, gibt es heutzutage daher mehr Richter- als Gesetzesrecht.[970] Aus der Erforderlichkeit der richterlichen Fortentwicklung des Rechts folgt zwangsläufig die Notwendigkeit der Weiterentwicklung der die neuen Rechtsinstitute systematisierenden juristischen Dogmatik. Dies gewinnt angesichts des zunehmenden Tempos ökonomischer, technologischer und gesellschaftlicher Veränderungen an Bedeutung.[971] Insofern kann die folgende von *Rüthers* aufgestellte Definition von juristischer Dogmatik überzeugen: „Sie ist die systematische Zusammenfassung des überwiegend anerkannten, ‚geltenden' Rechts [...], die auf Entwicklung und Weiterbildung angelegt ist."[972]

Bei der Weiterentwicklung der bisherigen dogmatischen Strukturen sind in der Regel mehrere Lösungswege möglich.[973] Es sollte sich diejenige Konstruktion durchsetzen, die ein Mehr an Zweckmäßigkeit und Vertretbarkeit aufweist und sich ohne Widersprüche in das bisherige System der Dogmatik

964 Vgl. die Nachweise bei *Picker*, AcP 201 (2001), 765 (771 ff. und 780 ff.).
965 Vgl. *Rüthers*, Rechtsdogmatik, S. 13: „Juristische Dogmatik ist keine dauerhafte, starre Gegebenheit, sondern auf temporäre Geltung und Veränderung angelegt."
966 *Rüthers*, Rechtsdogmatik, S. 10, 12.
967 *Rüthers*, Rechtsdogmatik, S. 10.
968 *Rüthers*, Rechtsdogmatik, S. 11.
969 *Rüthers*, Rechtsdogmatik, S. 11.
970 *Rüthers*, Rechtsdogmatik, S. 18.
971 *Rüthers*, Rechtsdogmatik, S. 15.
972 *Rüthers*, Rechtsdogmatik, S. 14.
973 Vgl. *Rüthers*, Rechtsdogmatik, S. 17.

einfügen lässt.[974] Essenziell ist, dass die Dogmatik insgesamt ein in sich widerspruchsfreies Geflecht der Rechtsordnung darstellt.[975] Nur so kann sie ihre Funktion, das Recht verständlich, lehrbar, lernbar und anwendbar zu machen, erfüllen.[976] Dieser Zweck erfordert außerdem, dass die Dogmatik so einfach wie möglich und so kompliziert wie nötig strukturiert sein sollte.[977] Anzustreben ist insofern, eine „überkomplizierte[] […] [D]ogmatik [zu vermeiden] und sich zurückzubesinnen auf ein – nicht unterkomplexes, aber – in hinreichendem Maße einfaches und in notwendiger Weise klares […] [S]ystem“[978] des Rechts.

Daneben hat die Dogmatik die bedeutende Aufgabe der Gewährleistung von Rechtssicherheit.[979] Anerkannte dogmatische Grundsätze ermöglichen das Fällen ähnlicher Entscheidungen in gleichen Fallkonstellationen über eine längere Zeitspanne.[980] Dies ist insbesondere in Rechtsbereichen mit schwachen normativen Vorgaben von großer Bedeutung.[981] Die Dogmatik ermöglicht damit in gewissem Umfang die Vorhersehbarkeit juristischer Entscheidungen für die Bürger.[982] Dies führt dazu, dass ein Abweichen von der bisherigen Dogmatik in besonderem Maße begründungsbedürftig ist, weil es einen Vertrauensverlust der Gesellschaft in die bestehende Rechtsordnung mit sich bringt.[983] Zudem verliert die juristische Dogmatik an Legitimität, wenn sie in sich widersprüchlich ist oder ohne hinreichende Begründung von der bisherigen Rechtspraxis abgewichen wird.[984] Im

---

974 *Rüthers*, Rechtsdogmatik, S. 17.

975 Vgl. *Rüthers*, Rechtsdogmatik, S. 11, 12: „Die neu zu entscheidenden Probleme müssen aber in das System, in die Dogmatik der geltenden Rechtsordnung, ‚eingepaßt‘ werden.“

976 Vgl. *Rüthers*, Rechtsdogmatik, S. 28.

977 Vgl. in Bezug auf die deutsche Strafrechtsdogmatik: *Rotsch*, ZIS 2008, 1 (2).

978 *Rotsch*, ZIS 2008, 1 (2).

979 *Rüthers*, Rechtsdogmatik, S. 28.

980 *Rüthers*, Rechtsdogmatik, S. 28.

981 Vgl. *Rüthers*, Rechtsdogmatik, S. 28.

982 *Rüthers*, Rechtsdogmatik, S. 28.

983 *Rüthers*, Rechtsdogmatik, S. 28.

984 So führt auch *Rüthers*, Rechtsdogmatik, S. 8 an, dass die juristische Dogmatik im Laufe des 20. Jahrhunderts an Glaubwürdigkeit verloren habe, da sie aus denselben, unveränderten Gesetzen ganz unterschiedliche, häufig gegensätzliche Entscheidungen zugelassen habe. *Rüthers* fragt sich daher zu Recht: „Was für eine Dogmatik ist

Interesse der aus dem Rechtsstaatsprinzip (Art. 20 Abs. 3 GG) folgenden Notwendigkeit der Rechtssicherheit sollte eine Veränderung der bisherigen Dogmatik außerdem erforderlich sein oder der neu eingeschlagene Weg muss zumindest überzeugender als das Festhalten an den bewährten Grundsätzen erscheinen.[985]

Im Bereich der Verfassungsdogmatik insgesamt und der Grundrechte im Besonderen lassen sich in den letzten Jahrzehnten vielfach Neuschöpfungen des Bundesverfassungsgerichts finden.[986] Es wird eine zunehmende Kurzweiligkeit der durch das Richterrecht geschaffenen Dogmatik deutlich.[987] Dadurch besteht die Gefahr, dass aufgrund von neuen gesellschaftlichen Gegebenheiten die über lange Zeit entwickelten und anerkannten Strukturen des Rechts leichtfertig verändert werden.[988] So tendiert das BVerfG zum Teil dazu, für „jede[n] Fall seine eigene Methode" zu haben.[989] Kritisch zu betrachten ist dabei vor allem das gesteigerte Selbstbewusstsein der Justiz, das sich bei Fortentwicklungen des Rechts und der Dogmatik häufig darin widerspiegelt, dass eine Auseinandersetzung mit abweichenden Ansichten unterbleibt.[990] Umso wichtiger ist die Kontrollfunktion der Rechtswissenschaft im Hinblick auf die Einheitlichkeit und Widerspruchsfreiheit des durch das Richterrecht geschaffenen dogmatischen Systems.[991]

Insofern ist im folgenden Abschnitt dazu Stellung zu nehmen, ob die vom BVerfG im Klimabeschluss vorgenommene grundrechtsdogmatische Einordnung des intertemporalen Freiheitsschutzes den vorstehend genannten Anforderungen in Bezug auf eine Weiterentwicklung der Dogmatik entspricht.

---

das, die als rechtstheoretischer Zauberstab unbegrenzte ‚Auslegungen' oder besser ‚Einlegungen' ermöglicht?" (*Rüthers*, Rechtsdogmatik, S. 8)

985 *Rüthers*, Rechtsdogmatik, S. 28.

986 Siehe bspw.: BVerfGE 65, 1; BVerfGE 131, 1; BVerfGE 153, 182.

987 *Rüthers*, Rechtsdogmatik, S. 23.

988 Vgl. *Rüthers*, Rechtsdogmatik, S. 25.

989 *Rüthers*, Rechtsdogmatik, S. 33.

990 *Rüthers*, Rechtsdogmatik, S. 23.

991 Vgl. *Rüthers*, Rechtsdogmatik, S. 25.

3. Der intertemporale Freiheitsschutz als gelungene Weiterentwicklung bisheriger grundrechtsdogmatischer Strukturen?

Für die drei maßgeblich veränderten Schritte der Prüfung eines grundrechtlichen Abwehrrechts (Eingriff, Verhältnismäßigkeit sowie Rechtsfolge) wird untersucht, ob die im Rahmen des intertemporalen Freiheitsschutzes vorgenommenen grundrechtsdogmatischen Änderungen überzeugen können.

a. Die eingriffsähnliche Vorwirkung und der Grundsatz der Verhältnismäßigkeit

In Bezug auf die Konstruktion der eingriffsähnlichen Vorwirkung kann der unter 3. Kapitel, C, IV, 1 angeführten Ansicht im rechtswissenschaftlichen Schrifttum insofern zugestimmt werden, als das BVerfG darum bemüht ist, sich nicht zu sehr von der bisherigen Eingriffsdogmatik zu entfernen. Denn das Gericht fordert – anstatt der in der Regel notwendigen aktuellen Grundrechtsbeeinträchtigung als Folge staatlichen Verhaltens – durch heutige Regelungen angelegte, unausweichliche künftige staatliche Eingriffe in die Freiheitsrechte der Bürger.

Die Weiterentwicklung des Verhältnismäßigkeitsgrundsatzes im Klimabeschluss wurde in der Literatur zum Teil kritisiert. *Berkemann* führt aus:

> [Das BVerfG leitet a]us dem Gebot der Verhältnismäßigkeit […] eine ‚Pflicht des Gesetzgebers' [ab], die nach Art. 20a GG verfassungsrechtlich notwendigen Reduktionen in grundrechtsschonender Weise über die Zeit zu verteilen. Das ist einfach falsch. Der Grundsatz der Verhältnismäßigkeit bietet – für sich genommen – keine grundrechtliche Handlungspflicht. Hat das BVerfG hier den gebotenen konstruktiven Durchblick verloren?.[992]

Auch *Unverzagt* kritisiert die neue Interpretation des Verhältnismäßigkeitsprinzips: „Die Verortung […] der Generationengerechtigkeit überdehnt den Inhalt des Verhältnismäßigkeitsgrundsatzes."[993] Eine Prüfung der Generationengerechtigkeit innerhalb des Übermaßverbots sei zudem nicht notwendig,

---

992 *Berkemann*, DÖV 2021, 701 (714).

993 *Unverzagt*, Umweltschutz im Grundgesetz, S. 128.

da dieser Aspekt innerhalb des Art. 20a GG Berücksichtigung finden könne, der explizit den Schutz künftiger Generationen adressiere.[994]

Andere Ansichten im rechtswissenschaftlichen Schrifttum stellen hingegen in Bezug auf die Ausführungen des BVerfG zum Verhältnismäßigkeitsprinzip fest, dass „der Herleitung und Anwendung der Gesamtkonstruktion einer intertemporalen Freiheitssicherung [...] die notwendige dogmatische Konsequenz nicht abzusprechen“ sei.[995] Der im Rahmen der Verhältnismäßigkeit nun zu beachtende Gesichtspunkt der Generationengerechtigkeit könne innerhalb des Prüfungspunktes der Angemessenheit Berücksichtigung finden.[996] Danach müssten nicht nur die aktuellen und künftigen Grundrechtseingriffe im Verhältnis zum Klimaschutz verhältnismäßig im engeren Sinne sein. Vielmehr sei im intergenerationellen Vergleich der Freiheitseinbußen zugunsten des Klimaschutzes die Herstellung eines angemessenen Verhältnisses nötig.[997] Das BVerfG habe so das der Angemessenheit üblicherweise innewohnende bipolare Verhältnis der Abwägungsmaterien zu einer Dreieckskonstellation weiterentwickelt.[998] Zwar würden die Grenzen der etablierten Prüfungssystematik gehörig gedehnt, mit klassischer Grundrechtsdogmatik werde aber nicht gebrochen.[999]

Die Weiterentwicklung des Verhältnismäßigkeitsprinzips durch das BVerfG im Klimabeschluss, wonach der Gesetzgeber bei Vorliegen einer begrenzten Ressource die Freiheitseinschränkungen für die Bürger über die Zeit und die Generationen gerecht zu verteilen hat, kann überzeugen. Dies lässt sich insbesondere damit begründen, dass der Grundsatz der Verhältnismäßigkeit aus dem „Wesen der Grundrechte“ als „Ausdruck des allgemeinen Freiheitsanspruchs des Bürgers gegenüber dem Staat“[1000] abgeleitet wird. Hiernach soll die öffentliche Gewalt die Grundrechte jeweils nur so weit beschränken dürfen, als es zum Schutz öffentlicher Interessen unerlässlich

---

994 *Unverzagt*, Umweltschutz im Grundgesetz, S. 128.
995 *Wahnschaffe/Lücke*, DÖV 2021, 1099 (1106).
996 *Britz*, NVwZ 2022, 825 (832); *Wahnschaffe/Lücke*, DÖV 2021, 1099 (1104, 1106).
997 *Wahnschaffe/Lücke*, DÖV 2021, 1099 (1106).
998 *Wahnschaffe/Lücke*, DÖV 2021, 1099 (1106).
999 *Wahnschaffe/Lücke*, DÖV 2021, 1099 (1108).
1000 BVerfGE 19, 342, 348 f.

ist.[1001] Eine dauerhaft gleichbleibende mittelstarke Einschränkung von Freiheitsrechten entspricht eher dem Gedanken der möglichst eingriffsfreien Gewährleistung bürgerlicher Freiheit als zunächst nur leichte Freiheitseinbußen, die dann quasi unweigerlich eine fast völlige „Unfreiheit" nach sich ziehen. Entgegen der zuletzt angeführten Literaturansicht lässt sich eine faire Verteilung der für Art. 20a GG notwendigen Freiheitseinschränkungen über die Zeit innerhalb der Verhältnismäßigkeitsprüfung bereits auf der Stufe der Erforderlichkeit verorten.[1002] Zum einen stellt eine ausgeglichene Aufteilung des CO_2-Budgets über die Zeit in Bezug auf die Freiheitsrechte – wie ausgeführt – ein milder eingreifendes Mittel dar, zum anderen wird so auch die Wahrscheinlichkeit erhöht, das nationale CO_2-Budget zu wahren. Ein solches gesetzgeberisches Vorgehen wäre daher im Vergleich zu einer auf spätere Zeiträume aufgeschobenen Emissionsreduktion sowohl milder als auch besser geeignet.[1003]

Obwohl die Fortentwicklung des Verhältnismäßigkeitsprinzips inhaltlich überzeugen kann, ist die diesbezügliche Vorgehensweise des BVerfG im Klimabeschluss zu kritisieren. So wäre es wünschenswert gewesen, wenn das BVerfG seine Ausführungen, wonach aus dem Gebot der Verhältnismäßigkeit das Erfordernis einer fairen Verteilung des CO_2-Budgets über die Zeit folgt, näher begründet hätte. Es ist im Hinblick auf den Gedanken der Rechtssicherheit problematisch, eine bisher über eine lange Zeit in der Rechtsprechung entwickelte und anerkannte Dogmatik ohne nähere Erläuterung fortzuentwickeln.[1004]

1001 BVerfGE 19, 342, 348 f.

1002 So auch: *Hofmann*, NVwZ 2021, 1587 (1589); a.A.: *Wahnschaffe/Lücke*, DÖV 2021, 1099 (1105, 1106).

1003 *Hofmann*, NVwZ 2021, 1587 (1589).

1004 Vgl. auch zur dogmatischen Erweiterung des grundrechtlichen Eingriffsbegriffs und damit einhergehenden Problemen in Bezug auf die Rechtssicherheit *Calliess*: „Diese neuartige und dogmatisch weder hergeleitete noch durch Hinweise auf die eigene Rechtsprechung erläuterte Erweiterung des Eingriffsbegriffs in die Zukunft, wirft vielfältige Fragen auf." (*Calliess*, in: Dürig/Herzog/Scholz, Band 3, Art. 20a GG, Rn. 157).

b. Die staatliche Verpflichtung als Rechtsfolge einer abwehrrechtlichen Prüfung

aa. Keine Notwendigkeit der Weiterentwicklung der bestehenden Dogmatik – Die aus dem intertemporalen Freiheitsschutz abgeleitete Rechtsfolge lässt sich ebenso den grundrechtlichen Schutzpflichten aus Art. 2 Abs. 2 S. 1 GG, Art. 14 Abs. 1 GG i. V. m. Art. 20a GG entnehmen

Letztlich zeigt jedoch die vom BVerfG mit dem intertemporalen Freiheitsschutz angestrebte Rechtsfolge, dass eine abwehrrechtliche Einordnung dieses Rechtsinstituts nicht überzeugen kann, da ohne Notwendigkeit von der bisherigen Dogmatik abgewichen wird, und die Konstruktion zu Widersprüchen innerhalb der Grundrechtsdogmatik führt. Die Konstellation des durch private Treibhausgase hervorgerufenen Klimawandels ist ein Musterbeispiel für die gängige Schutzpflichtenkonstellation „Schutz durch Eingriff".[1005] Der Staat schützt die Bürger vor den von privaten Treibhausgasemissionen ausgehenden Gefahren, indem er in die Freiheitsrechte der Emittenten eingreift. Zwar kann der verfassungsgerichtlichen Konstruktion insofern nicht widersprochen werden, als das Gericht gegen spätere staatliche Eingriffe die Abwehrdimension der Freiheitsrechte zur Anwendung bringen will. Denn auch wenn der Staat zum Schutz von Grundrechten der Bürger in die Freiheitsrechte anderer Bürger eingreift, müssen sich die staatlichen Eingriffe am aus den Abwehrrechten folgenden Übermaßverbot messen lassen. Diese abwehrrechtliche Prüfung versucht das BVerfG über die Konstruktion der eingriffsähnlichen Vorwirkung zu eröffnen. Das Abstellen auf die abwehrrechtliche Seite der Freiheitsrechte kann aber deshalb im vorliegenden Fall nicht überzeugen, weil es nicht primär darum geht, spätere Eingriffe in Freiheitsrechte zu unterlassen, sondern vielmehr heutzutage mehr Eingriffe in Freiheitsrechte zum Schutz des Klimas vorzunehmen[1006] und einen langfristig

---

1005 Vgl. *Badenhausen-Fähnle*, VR 2022, 1 (5).

1006 Zwar leitet das BVerfG im Klimabeschluss die Notwendigkeit stärkerer heutiger Emissionsreduktionsvorgaben im KSG nicht aus dem intertemporalen Freiheitsschutz ab. Dies begründet es mit den derzeitigen Unsicherheiten und Wertungen in Bezug auf das nationale CO2-Restbudget. Sollten in Zukunft genauere wissenschaftliche Berechnungen vorliegen, kann jedoch als Rechtsfolge des intertemporalen Freiheitsschutzes auch die Verpflichtung zu heute strengeren Emissionsminderungsregelungen folgen.

angelegten Emissionsreduktionspfad vorzusehen. Dass ein heutiges Mehr an staatlichen Eingriffen zwangsläufig zu in Zukunft weniger notwendigen Eingriffen in die Freiheitsrechte der Bürger führt, ist Folge des sich durch die Verhaltensweisen der Bürger unumkehrbar über die Zeit reduzierenden Treibhausgas-Restbudgets. Ebenso kann ein langfristig angelegter Emissionsreduktionspfad die Entwicklung von CO_2-neutrale Verhaltensweisen ermöglichender Technik vorantreiben. Auch dies hat zur Folge, dass in Zukunft geringere staatliche Eingriffe in die Freiheitsrechte der Bürger erfolgen müssen. Nach der bisherigen Grundrechtsdogmatik lassen sich heutzutage stärkere Eingriffe in Freiheitsrechte in Form eines begrenzten Maßes zulässiger privater Treibhausgasemissionen sowie die gesetzgeberische Verpflichtung zum Erlass eines langfristig angelegten Emissionsreduktionspfads nur als Rechtsfolge der grundrechtlichen Schutzpflichten erfassen. Insofern ist der unter 3. Kapitel, C, IV, 2 angeführten Literaturansicht zuzustimmen, wonach das BVerfG im Klimabeschluss versucht, eine Schutzpflichtenkonstellation in einem abwehrrechtlichen Gewand zu erfassen. Zwar kann über die Beweggründe des Gerichts nur spekuliert werden, es liegt jedoch nahe, dass sich das BVerfG in ergebnisorientierter Weise nach Verneinung eines Schutzpflichtenverstoßes aufgrund der angewandten, nur eingeschränkten Kontrolldichte die Möglichkeit einer weitergehenden gerichtlichen Überprüfung der gesetzgeberischen Klimaschutzmaßnahmen sichern wollte.[1007] Dies schien ihm über die Überprüfung im Rahmen der grundrechtlichen Abwehrrechte möglich.[1008]

In der Literatur wird zum Teil angezweifelt, dass die Notwendigkeit eines langfristig angelegten, heute bereits starke Emissionsreduktionen enthaltenden Gesetzes aus den grundrechtlichen Schutzpflichten der Art. 2 Abs. 2 S. 1 GG, Art. 12 Abs. 1 GG sowie Art. 14 Abs. 1 GG folgen könne. Fraglich sei, ob der Gesetzgeber den Schutzpflichten nicht bereits dadurch gerecht werde, dass deren Erfüllung noch über in der Zukunft liegende Emissionsreduktionsvorgaben erreicht werden könne.[1009] Es wird daher in Erwägung gezogen, dass eine Schutzpflichtverletzung erst im Zeitpunkt einer erforderlichen „Notbremse“ der Emissionen festgestellt werden könne, sofern

---

[1007] Vgl. *Badenhausen-Fähnle*, VR 2022, 1 (5).
[1008] Vgl. *Badenhausen*-Fähnle, VR 2022, 1 (5).
[1009] *Eifert*, JURA 2021, 1085 (1091).

der Staat dann auf die nötigen Maßnahmen verzichte.[1010] Bei einer solchen Interpretation der grundrechtlichen Schutzpflichten würde sich die daraus ergebende Rechtsfolge insofern von dem intertemporalen Freiheitsschutz unterscheiden, als eine gleichmäßige Verteilung der für den Klimaschutz erforderlichen Freiheitseinschränkungen über die Zeit, die der Verhältnismäßigkeitsgrundsatz im Rahmen der intertemporalen Freiheitssicherung verlangt[1011], nicht erforderlich wäre und eine spätere „Vollbremsung" mit dann erfolgenden massiven Freiheitseinschränkungen den Schutzpflichten genügen würde.

Einem solchen Verständnis der grundrechtlichen Schutzpflichten ist nicht zuzustimmen. Insofern kann auf die überzeugenden Ausführungen des Hoge Raad in Bezug auf die aus der EMRK folgenden Schutzpflichten verwiesen werden.[1012] Zu Recht stellt das Gericht dort auf die Ausführungen des UNEP ab[1013], wonach ein Aufschieben von Emissionsminderungspflichten auf spätere Zeiträume ein gesteigertes Risiko misslingendes Klimaschutzes mit sich bringt[1014]. Ebenso wie innerhalb der aus der EMRK folgenden Menschenrechte ist das Vorsorgeprinzip auch im Rahmen der grundrechtlichen Schutzpflichten zu beachten.[1015] Zusätzlich kann bei der Interpretation der grundrechtlichen Schutzpflichten aus Art. 2 Abs. 2 S. 1 GG, Art. 12 Abs. 1 und Art. 14 Abs. 1 GG in Bezug auf die vom Klimawandel ausgehenden Gefahren die Staatszielbestimmung des Art. 20a GG konkretisierend herangezogen werden.[1016] Sie kann die gleichlaufenden grundrechtlichen Schutz-

---

1010 *Eifert*, JURA 2021, 1085 (1091).

1011 So ausdrücklich: BVerfG, 1 BvR 2656/18 u. a., Rn. 243: „die sich aus dem Gebot der Verhältnismäßigkeit ergebende Pflicht des Gesetzgebers, die nach Art. 20a GG verfassungsrechtlich notwendigen Reduktionen von CO2-Emissionen bis hin zur Klimaneutralität vorausschauend in grundrechtsschonender Weise über die Zeit zu verteilen".

1012 Siehe hierzu die Ausführungen unter 1. Kapitel, E, V, 2.

1013 Hoge Raad, 19/00135, Abschnitte 2.1 (22), 7.4.3.

1014 UNEP, The Emissions Gap Report 2013, Executive Summary, S. XI.

1015 *Calliess*, Berliner Online-Beiträge zum Europarecht Nr. 142, 1 (7).

1016 *Calliess* spricht insofern von einer „Koppelung von Grundrechten und Art. 20a GG" (*Calliess*, in: Dürig/Herzog/Scholz, Band 3, Art. 20a GG, Rn. 178). Siehe auch *Geise*, Schutzpflichten und Abwehrrechte, S. 169 und *Sommermann*, in: von Münch/Kunig, Art. 20a GG, Rn. 51: „Im Überschneidungsbereich der grundrechtlichen Schutzpflichten und des Schutzauftrags aus Art. 20a GG kann es zur Verdichtung einer Handlungspflicht des Gesetzgebers kommen.".

güter aus Art. 2 Abs. 2 S. 1 GG, Art. 12 Abs. 1 GG sowie Art. 14 Abs. 1 GG in der Abwägung mit kollidierenden Verfassungsgütern stärken.[1017] Ebenso wie die grundrechtlichen Schutzpflichten enthält auch Art. 20a GG das Vorsorgeprinzip.[1018] Aus diesem folgt:

> [G]rundsätzlich [verstößt] jede vermeidbare Umweltbeeinträchtigung gegen Art. 20a GG […], so dass – wenn zur Verwirklichung eines umweltbelastenden Vorhabens verschiedene gleichwertige Alternativen zur Verfügung stehen, von denen eine die Umwelt weniger belastet – die umweltverträglichere Alternative gewählt werden muss.[1019]

Übertragen auf die den Klimaschutz prägende Konstellation „Schutz durch Eingriff" bedeutet dies, dass von denjenigen Maßnahmen, die zum Schutze der Grundrechte aus Art. 2 Abs. 2 S. 1 GG, Art. 12 Abs. 1 GG und Art. 14 Abs. 1 GG i. V. m. Art. 20a GG in die den Treibhausgasausstoß umfassenden Freiheitsrechte anderer Menschen gleich belastend eingreifen, dasjenige staatliche Instrument zu wählen ist, das die Risiken für die zu schützenden Grundrechte am weitestgehenden minimiert. Wie bereits dargestellt[1020], führt eine über die Zeit gleichmäßige Verteilung von dem Klimaschutz dienenden freiheitsverkürzenden staatlichen Maßnahmen eher zur Verwirklichung der Freiheitsrechte, die mit dem Ausstoß von CO_2 verbunden sind, als ein zunächst geringes staatliches Einschreiten, das in der Folge jedoch massive Freiheitsverkürzungen für die Bürger nach sich zieht. Außerdem kann die frühzeitige Emissionsreduktion und langfristige Planung der Emissionsminderung dazu führen, dass das Risiko später nicht wirksamen Klimaschutzes minimiert wird. Demzufolge entspricht eine frühzeitige und nicht in die Zukunft aufgeschobene Reduktion des Ausstoßes von Treibhausgasen zum einen der damit verbundenen Ausübung von Freiheitsrechten, zum anderen minimiert sie die Risiken für die unter staatlichem Schutz stehenden

---

1017 Vgl. *Calliess*, in: Dürig/Herzog/Scholz, Band 3, Art. 20a GG, Rn. 178.

1018 *Calliess*, in: Dürig/Herzog/Scholz, Band 3, Art. 20a GG, Rn. 123. Aus dem Vorsorgeprinzip folgt, dass der Staat nicht nur durch Gefahrenabwehr zur Erfüllung des Art. 20a GG tätig werden muss, sondern „auch unterhalb der durch die hinreichende Wahrscheinlichkeit eines Schadenseintritts definierten Gefahrenschwelle mittels der Risikovorsorge" zum Handeln verpflichtet ist. (*Calliess*, JuS 2023, 1 [5])

1019 *Calliess*, in: Dürig/Herzog/Scholz, Band 3, Art. 20a GG, Rn. 124.

1020 Siehe die Ausführungen unter 3. Kapitel, C, V, 3, a.

Grundrechte aus Art. 2 Abs. 2 S. 1 GG, Art. 12 Abs. 1 GG und Art. 14 Abs. 1 GG und ermöglicht die Wahrung der aus Art. 20a GG folgenden staatlichen Verpflichtung zum Klimaschutz. In Bezug auf Art. 20a GG hat das BVerfG außerdem – wenn auch ohne eine Verknüpfung mit den staatlichen Pflichten zum Schutz der aufgeführten Rechtsgüter – zu Recht festgestellt, dass der Staat sicherstellen müsse, dass die nachfolgenden Generationen die natürlichen Lebensgrundlagen „nicht nur um den Preis radikaler eigener Enthaltsamkeit weiter bewahren könnten".[1021] Daraus schlussfolgert das Gericht die Notwendigkeit einer gerechten Verteilung der Umweltschutzlasten – dies sind im Bereich des Klimaschutzes die Emissionsminderungspflichten der Bürger und Unternehmen – zwischen den Generationen.[1022] Zusammenfassend lässt sich feststellen, dass aus den in Art. 2 Abs. 2 S. 1 GG, Art. 12 Abs. 1 GG und Art. 14 Abs. 1 GG enthaltenen staatlichen Schutzpflichten i. V. m. Art. 20a GG die Verpflichtung des Gesetzgebers folgt, einen langfristig angelegten Emissionsminderungsplan zu entwickeln, der die Emissionsreduktionen nicht in die Zukunft verschiebt, sondern zu heutigem entschiedenen Handeln im Sinne des Klimaschutzes verpflichtet. Diesbezüglich ist eine Übereinstimmung der Rechtsfolge der grundrechtlichen Schutzpflichten mit derjenigen des intertemporalen Freiheitsschutzes zu konstatieren.

Allerdings leitet das BVerfG im Klimabeschluss in Bezug auf die Vereinbarkeit heutiger Emissionszulassungsvorschriften mit dem nationalen CO_2-Restbudget unterschiedliche Anforderungen aus den grundrechtlichen Schutzpflichten im Vergleich zum intertemporalen Freiheitsschutz ab. Während für die Erfüllung grundrechtlicher Schutzpflichten das Einhalten der 2 °C-Grenze mit ergänzenden Anpassungsmaßnahmen ausreichen soll, erfordert der intertemporale Freiheitsschutz das Wahren des im Pariser Abkommen festgelegten Temperaturziels (möglichst 1,5 °C, jedenfalls aber deutlich unter 2 °C; das BVerfG stellt insofern auf das vom SRU für eine 1,75 °C-Grenze ermittelte nationale CO_2-Restbudget ab). Die verfassungsgerichtliche Überprüfung hinsichtlich der Quantität heutiger, im KSG zugelassener privater Treibhausgasemissionen ist daher im Rahmen der grundrechtlichen Schutzpflichten restriktiver als im Rahmen des intertemporalen Freiheitsschutzes. Dieses aus dem Klimabeschluss abzuleitende Ergebnis ist jedoch nicht

[1021] BVerfG, 1 BvR 2656/18 u. a., Rn. 193.
[1022] BVerfG, 1 BvR 2656/18 u. a., Rn. 193.

zwingend. So wird im nächsten Kapitel untersucht, ob eine weitergehende gerichtliche Überprüfungsmöglichkeit als die vom BVerfG im Bereich des Klimaschutzes angewandte Evidenzkontrolle der grundrechtlichen Schutzpflichten möglich ist. Sollte dies zu bejahen sein, könnte auch im Rahmen der staatlichen Pflichten zum Schutz der in Art. 2 Abs. 2 S. 1 GG, Art. 12 Abs. 1 GG, Art. 14 Abs. 1 GG festgeschriebenen Rechtsgüter das Einhalten einer strengeren Temperaturgrenze erforderlich sein.

Die vorstehenden Ausführungen zeigen, dass die vom BVerfG mit dem intertemporalen Freiheitsschutz angestrebte Rechtsfolge – jedenfalls hinsichtlich der verhältnismäßigen Verteilung der Freiheitseingriffe über die Zeit sowie des Erfordernisses eines langfristigen Planungshorizonts – ebenso über die genannten grundrechtlichen Schutzpflichten hätte erzielt werden können. Ob auch eine strengere Temperaturgrenze im Rahmen der staatlichen Schutzpflichten verlangt werden kann, bleibt zu überprüfen. Durch diesen altbewährten Weg hätten Widersprüchlichkeiten innerhalb der Grundrechtsdogmatik vermieden werden können. Zu Recht wurde in der Literatur kritisiert, dass nicht verständlich sei, wieso aus der Konstruktion der eingriffsähnlichen Vorwirkung folge, dass heute rechtswidrige Grundrechtsgefährdungen in Zukunft zu gerechtfertigten Grundrechtseingriffen führten. Dies spricht dafür, heutzutage umfassendere staatliche Klimaschutzmaßnahmen ausschließlich über die grundrechtlichen Schutzpflichten aus Art. 2 Abs. 2 S. 1 GG, Art. 12 Abs. 1 S. 1 GG, Art. 14 Abs. 1 S. 1 Alt. 1 GG i. V. m. Art. 20a GG zu erfassen.

bb. Unstimmigkeiten im Klimabeschluss

Innerhalb der Ausführungen des BVerfG im Klimabeschluss lassen sich weitere Unstimmigkeiten finden. Das Gericht legt dar:

> Die aus den Grundrechten folgenden subjektiven Abwehrrechte gegen staatliche Eingriffe einerseits und die sich aus der objektiven Bedeutung der Grundrechte ergebenden Schutzpflichten andererseits unterscheiden sich insofern grundlegend voneinander , als das Abwehrrecht in Zielsetzung und Inhalt *ein bestimmtes staatliches Verhalten verbietet*, während die Schutzpflicht grundsätzlich *unbestimmt* ist.[1023]

[1023] BVerfG, 1 BvR 2656/18 u. a., Rn. 152 (Hervorhebung durch die Verfasserin).

Das BVerfG macht damit deutlich, an den bisherigen dogmatischen Strukturen festhalten zu wollen. Es übersieht dabei jedoch, dass die aus der abwehrrechtlich eingekleideten Konstruktion des intertemporalen Freiheitsschutzes abgeleitete Rechtsfolge (die Verpflichtung des Gesetzgebers, „spätestens bis zum 31. Dezember 2022 die Fortschreibung der Minderungsziele für Zeiträume ab dem Jahr 2031 nach Maßgabe der Gründe zu regeln“[1024]) nicht das Unterlassen einer staatlichen Handlung darstellt und sich insofern die vom Gericht mit der eingriffsähnlichen Vorwirkung ermöglichte abwehrrechtliche Prüfung in Widerspruch zur bisherigen Dogmatik setzt. Außerdem soll mit der heutigen, dem Gesetzgeber auferlegten Verpflichtung nicht konkreten staatlichen Eingriffen vorgebeugt werden. Vielmehr sind die erst in Zukunft drohenden Eingriffe zum jetzigen Zeitpunkt nicht präzise definierbar. Auch insofern wird von den bisherigen dogmatischen Strukturen abgewichen.

Die infolgedessen im rechtswissenschaftlichen Schrifttum nach dem Klimabeschluss aufgekommene Kritik an dem eingeschlagenen abwehrrechtlichen Weg versuchte das BVerfG im Beschluss 1 BvR 1565/21 auszuräumen. Dort stellt es – die Ausführungen des Klimabeschlusses bestätigend – fest, dass aus dem intertemporalen Freiheitsschutz die Verpflichtung folge, „Vorkehrungen zur grundrechtsschonenden Bewältigung der später drohenden Reduktionslast zu treffen“.[1025] Es leitet damit aus einer abwehrrechtlichen Prüfung erneut die Pflicht zu staatlichem Handeln ab. Weiter führt es hinsichtlich der Abgrenzung einer Schutzpflichten- von einer Abwehrrechtskonstellation aus:

> Dass insofern Übereinstimmungen mit einer Verpflichtung bestehen, die dem Staat durch eine grundrechtliche Schutzpflicht für diese künftige Freiheit aufgegeben wäre, ändert nichts daran, dass es hier um die Abmilderung künftiger Grundrechtseingriffe durch den Staat selbst – mithin um eine abwehrrechtliche Grundrechtswirkung – geht.[1026]

Diese Ausführungen des BVerfG sind an sich korrekt. Die später drohenden Freiheitseinschränkungen gehen vom Staat aus, sodass eine Schutzpflicht des Staates hiervor nicht greifen kann, da eine solche nach bisheriger Dogmatik

---

[1024] BVerfG, 1 BvR 2656/18 u. a, Tenor.
[1025] BVerfG, 1 BvR 1656/21 u. a., Rn. 11.
[1026] BVerfG, 1 BvR 1656/21 u. a., Rn. 11.

nur gegen Gefahren von Seiten Dritter oder der Natur besteht. Das BVerfG verkennt aber – wie auf den vorigen Seiten dargestellt –, dass die von ihm angestrebte Rechtsfolge zwar nicht aus den staatlichen Schutzpflichten für die Freiheitsrechte, die den Ausstoß von CO_2 beinhalten, abzuleiten ist, aber aus den – vom BVerfG im Klimabeschluss vor dem intertemporalen Freiheitsschutz geprüften, aber einen Verstoß verneinenden – staatlichen Pflichten zum Schutz der Rechtsgüter aus Art. 2 Abs. 2 S. 1 GG, Art. 12 Abs. 1 GG, Art. 14 Abs. 1 S. 1 GG folgen kann.

cc. Geringe Begründungstiefe des BVerfG

Wie bereits in Bezug auf den Grundsatz der Verhältnismäßigkeit an früherer Stelle der vorliegenden Arbeit ausgeführt[1027], fällt auch hinsichtlich des Abweichens der Rechtsfolge des intertemporalen Freiheitsschutzes von der bisherigen abwehrrechtlichen Dogmatik im Beschluss 1 BvR 1565/21 die geringe Begründungstiefe des BVerfG auf. Dort lässt sich nur ein Satz als Herleitung des abwehrrechtlichen Wegs finden.[1028] Dabei geht das Gericht kaum auf die Tatsache ein, dass die von ihm gewählte Konstruktion die bisherige Grundrechtsdogmatik erheblich verändert.[1029] Insbesondere aufgrund dessen hätte das Verfassungsgericht im Hinblick auf die Rechtssicherheit sein Vorgehen ausführlich begründen müssen. In der heutigen, sich (beispielsweise im Bereich Technologie) schnell entwickelnden Gesellschaft besteht die Gefahr, dass das BVerfG – entsprechend der Konstruktion des intertemporalen Freiheitsschutzes für das Themengebiet Klimawandel – ohne ausreichende Begründung neue dogmatische Strukturen schafft. Damit kann ein Verlust an Legitimität der verfassungsgerichtlichen Rechtsprechung sowie der Rechtssicherheit einhergehen. Die kaum vorhandenen Argumente des Gerichts im Beschluss 1 BvR 1565/21 sind außerdem bemerkenswert, weil die vom BVerfG im Klimabeschluss entwickelte grundrechtliche Konstruktion

---

[1027] Siehe die Ausführungen unter 3. Kapitel, C, V, 3, a.

[1028] BVerfG, 1 BvR 1656/21 u. a., Rn. 11.

[1029] Kritisch bezüglich der Vorgehensweise des BVerfG im Klimabeschluss *Möllers/Weinberg*, JZ 2021, 1069 (1071): „Der Verzicht auf eine mündliche Verhandlung und die Einstimmigkeit der Entscheidung wirken wie eine Selbstabschließung des Senats, der Zweifel an der Argumentation durch Konsens und unterlassene Diskussion gar nicht erst aufkommen lassen will und den Umstand, dass das Verfassungsrecht hier weiterentwickelt wird, unsichtbar zu machen sucht."

insbesondere in dogmatischer Hinsicht im Anschluss an die Entscheidung in einem beachtlichen Teil der rechtswissenschaftlichen Literatur auf Kritik gestoßen ist. Insofern wäre es wünschenswert und als Maßstäbe etablierendes Gericht erforderlich gewesen, dass sich das BVerfG in der dem historischen Klimabeschluss als erstes nachfolgenden Entscheidung zu Fragen des Klimawandels näher mit der von ihm geschaffenen Sicherung der Freiheitsrechte über die Zeit auseinandergesetzt hätte. Die Möglichkeit, das eigene Vorgehen dogmatisch (weiter) zu begründen und insofern die in der Literatur geäußerten Bedenken zu entkräften, ließ das Gericht verstreichen.

dd. Fehlende Einfachheit der Dogmatik

Zudem entspricht die im Klimabeschluss geschaffene Innovation nicht dem Grundsatz, wonach die Dogmatik so differenziert wie nötig und so einfach wie möglich strukturiert sein sollte. Zu Recht wurde im rechtswissenschaftlichen Schrifttum im Anschluss an die Entscheidung des BVerfG festgestellt:

> [Diese] verdeutlicht vielmehr, dass legislative Verpflichtungen nicht nur zur Erfüllung eines schutzpflichtenrechtlich begründeten Anspruches festgestellt werden, sondern auch am Ende einer abwehrrechtlichen Prüfung stehen können.[1030]

Im Gegensatz hierzu ermöglicht die ausschließliche Lösung über die grundrechtlichen Schutzpflichten aus den Art. 2 Abs. 2 S. 1 GG, Art. 12 Abs. 1 S. 1 GG, Art. 14 Abs. 1 S. 1 Alt. 1 GG die Beibehaltung des klaren Alternativitätsverhältnisses zwischen Abwehrrecht und Schutzpflicht, wonach allein die Schutzpflicht als Rechtsfolge ein staatliches Handeln vorsieht. Hierdurch wird die Einfachheit und Verständlichkeit der Dogmatik besser verwirklicht als durch die infolge des intertemporalen Freiheitsschutzes hervorgerufenen Überschneidungen zwischen den beiden grundrechtlichen Dimensionen.

Dass die verfassungsgerichtliche Neuschöpfung im Klimabeschluss durch den weitgreifenden Umbau bisheriger Strukturen der grundrechtlichen Prüfung zu Missverständnissen führen kann, soll in Bezug auf den Begriff der eingriffsähnlichen Vorwirkung an einem Beispiel in der Literatur verdeutlicht werden.[1031] *Mosbacher* führt in seiner Erörterung des Klimabeschlusses

---

[1030] *Lang*, NUR 2022, 230 (231).

[1031] *Geise*, Schutzpflichten und Abwehrrechte, S. 148 spricht bspw. von dem „diffuse[n] Institut der eingriffsähnlichen Vorwirkung“.

zunächst die grundsätzlich – nach bisher anerkannter Dogmatik – bestehende Differenzierung zwischen Abwehrrecht und Schutzpflicht an.[1032] Nach seiner Ansicht kann in den heutigen, die Zulassung von Treibhausgasemissionen enthaltenden Vorschriften des KSG keine eingriffsähnliche Vorwirkung gesehen werden, da die Zulassung privater Emissionen nicht zu einer Zurechnung dieser Treibhausgase zum Staat führe.[1033] Die Ausführungen von *Mosbacher* können hinsichtlich der Ablehnung einer Zurechnung zugelassener Treibhausgasemissionen Privater zum Staat überzeugen. Im zweiten Teil der vorliegenden Arbeit ist ausführlich zu einem insofern im Schrifttum vertretenen Ansatz Stellung genommen worden. In Bezug auf den Klimabeschluss wird jedoch übersehen, dass das BVerfG mit der eingriffsähnlichen Vorwirkung heutiger Emissionszulassungsvorschriften des KSG nicht die Zurechnung privater Emissionen an den Staat bejaht.[1034] Dies lässt sich bereits daran erkennen, dass das BVerfG keinen staatlichen Eingriff in die Grundrechte aus Art. 2 Abs. 2 S. 1 GG und Art. 14 Abs. 1 GG untersucht. In diese Grundrechte würde aber bei bejahter Zurechnung der Emissionen zum Staat eingegriffen. Geprüft werden vielmehr die mit dem Ausstoß von Treibhausgasen verbundenen Freiheitsrechte. In Bezug auf diese sieht das Gericht durch die heutigen Emissionszulassungsvorschriften in der Zukunft unausweichlich folgende Eingriffe seitens des Staates gegeben.

c. *Zwischenergebnis*

Zusammenfassend ist festzustellen, dass sich ein Mehr an staatlichem Klimaschutz ausschließlich auf die grundrechtlichen Schutzpflichten aus Art. 2 Abs. 2 S. 1 GG, Art. 12 Abs. 1 S. 1 GG, Art. 14 Abs. 1 S. 1 Alt. 1 GG i. V. m. Art. 20a GG stützen sollte. Hierdurch werden Widersprüche innerhalb der Grundrechtsdogmatik vermieden und die Einfachheit der Dogmatik kann besser verwirklicht werden. Im Rahmen der grundrechtlichen Schutzpflichten kann sodann der aus Art. 20a GG i. V. m. den Freiheitsrechten folgende intertemporale Freiheitsschutz konkretisierend berücksichtigt werden.[1035]

1032 *Mosbacher*, Berliner Online-Beiträge zum Europarecht Nr. 145, S. 18.
1033 *Mosbacher*, Berliner Online-Beiträge zum Europarecht Nr. 145, S. 19.
1034 So zu Unrecht aber auch *Geise*, Schutzpflichten und Abwehrrechte, S. 149.
1035 Ebenso *Haratsch*, I want you to panic!, Minute 10.

Insofern stellt sich in beiden anschließenden Kapiteln die Frage, ob im Rahmen der grundrechtlichen Schutzpflichten eine über die Evidenzkontrolle hinausgehende gerichtliche Überprüfungsmöglichkeit gesetzgeberischer Vorgaben zum Klimaschutz zur Anwendung kommen sollte.

Die gerichtliche Kontrolldichte grundrechtlicher Schutzpflichten

Wie bereits ausgeführt, gibt es in der verfassungsgerichtlichen Rechtsprechung im Gegensatz zu den eine klare und unumstrittene Prüfungsstruktur enthaltenden Abwehrrechten[1036] innerhalb der aus den Grundrechten folgenden staatlichen Schutzpflichten in Bezug auf deren gerichtliche Überprüfungsmöglichkeit dogmatische Unsicherheiten.[1037] Dies erscheint problematisch, weil diese grundrechtliche Dimension in der heutigen Zeit für die Verwirklichung der Grundrechte zentral ist. Aufgrund der hoch technologisierten Welt kann prognostiziert werden, dass der Bedarf staatlicher Aktivität zum Schutz vor privaten Gefahren in Zukunft nicht an Bedeutung verlieren wird.[1038] Bereits 1975 stellten die Richterin *Rupp- v. Brünneck* und der Richter *Simon* in ihrer abweichenden Meinung zum ersten Urteil des BVerfG zum Schwangerschaftsabbruch hinsichtlich der gerichtlichen Kontrolldichte grundrechtlicher Schutzpflichterfüllung zu Recht fest: „[D]ie Erarbeitung eines geeigneten, die Gestaltungsfreiheit des Gesetzgebers respektierenden Instrumentariums wird möglicherweise zu den Hauptaufgaben der

---

1036 *Unruh*, Schutzpflichten, S. 90 spricht insofern von dem „für Grundrechtseingriffe unverzichtbare[n] Übermaßverbot".

1037 *Geise* spricht von einem „uneinheitliche[n] Bild [… der] gerichtlichen Kontrolldichte". (*Geise*, Schutzpflichten und Abwehrrechte, S. 146) Ebenso *Ruffert*, Vorrang der Verfassung und Eigenständigkeit des Privatrechts, S. 214: „Insgesamt sind die Maßstäbe des Bundesverfassungsgerichts zur Kontrolle des gesetzlichen Mittels bei der Wahrnehmung der aus den Grundrechten folgenden Schutzpflichten uneinheitlich und undurchsichtig."

1038 Vgl. *Unruh*, Schutzpflichten, S. 89.

Rechtsprechung in den nächsten Jahrzehnten gehören."[1039] Bis heute gelang es dem BVerfG nicht, einen transparenten Prüfungsumfang zu etablieren. In der Literatur wird darauf hingewiesen, dass „Voraussetzungen, Justiziabilität und Grenzen der Schutzpflicht […] noch nicht umfassend geklärt" sind.[1040] Dies ist auch insofern kritisch zu betrachten, da die Schutzpflichten erst im Wege der Verfassungsfortbildung den Grundrechten entnommen werden können und daher für ihre Wirksamkeit in besonderem Maße einer verlässlichen Dogmatik bedürfen.[1041] Erforderlich ist ein nachvollziehbarer, gegebenenfalls differenzierter[1042] gerichtlicher Kontrollmaßstab, um den Rechtsanwendenden Orientierung zu ermöglichen und für die Rechtsadressaten im Sinne der Rechtssicherheit zu möglichst vorhersehbaren Ergebnissen zu gelangen.[1043] Dabei müssen in der für den Bereich des Klimaschutzes geltenden Dreieckskonstellation die zum Schutz der Grundrechte der einen Bürger erfolgenden staatlichen Eingriffe in die Grundrechte der anderen Bürger berücksichtigt werden.[1044] So ist dem im Rahmen des klassischen Abwehrrechts zu prüfenden Verhältnismäßigkeitsgrundsatz auch bei der Prüfung der staatlichen Schutzpflichten Bedeutung zuzumessen.[1045]

Im Folgenden wird der Versuch unternommen, einen solchen Kontrollumfang herauszuarbeiten. Dafür wird eingangs eine Analyse der verfassungsgerichtlichen Rechtsprechung durchgeführt (A).[1046] Da aufgrund der Vielzahl nicht sämtliche die grundrechtlichen Schutzpflichten betreffenden

1039 BVerfGE 39, 1 (72).

1040 *Schmidt*, in: ErfK ArbR, Einleitung zum GG, Rn. 38.

1041 Vgl. *Isensee*, in: Hdb. des Staatsrechts, Band IX, § 191, Rn. 43, 44.

1042 Hierfür spricht sich beispielsweise *Schmidt*, in: ErfK ArbR, Einleitung zum GG, Rn. 38 aus: „Voraussetzungen, Justiziabilität und Grenzen der Schutzpflichten […] lassen sich wohl auch nicht allg. definieren, sondern nur für die einzelnen Grundrechte und bestimmte Gefährdungslagen entwickeln".

1043 *Weinrich*, grundrechtliche Umweltschutzpflichten, S. 382.

1044 *Geise*, Schutzpflichten und Abwehrrechte, S. 145, 146. Vgl. *Ruffert*, Vorrang der Verfassung und Eigenständigkeit des Privatrechts, S. 204, 217.

1045 *Geise*, Schutzpflichten und Abwehrrechte, S. 146; *Möstl*, staatliche Garantie, S. 102.

1046 Vgl. für eine derartige Herangehensweise zur Bestimmung des Prüfungsumfangs staatlicher Schutzpflichten *Leisner-Egensperger*, VerfBlog vom 07.12.2021, Abschnitt 6: „Aufgabe der Verfassungsrechtsdogmatik ist es, durch wertende Zusammenschau von Judikaten aus unterschiedlichen Themenbereichen den Kipppunkt zu bestimmen, an dem zurückhaltende Klimaschutzgesetzgebung in eine Verletzung der Schutzpflicht für Leben, Gesundheit oder Eigentumsfreiheit umschlägt."

Entscheidungen des BVerfG untersucht werden können, beschränkt sich die Prüfung zunächst auf die wichtigsten Entscheidungen des BVerfG zu dieser Grundrechtsdimension[1047] in chronologischer Reihenfolge (A, II). Anschließend werden drei aktuelle Entscheidungen des BVerfG aus den Jahren 2021 bis 2023 dargestellt, um die Frage zu beantworten, welchen Prüfungsmaßstab das BVerfG in jüngster Zeit heranzieht (A, IV). Den Abschnitt abschließend werden unter A, V die gefundenen Ergebnisse zusammengefasst. Darauf aufbauend werden Argumente für und gegen die verschiedenen dargestellten Kontrollmaßstäbe angeführt (B und C) sowie anschließend der Vorschlag eines im Rahmen der grundrechtlichen Schutzpflichten universell anwendbaren, aber differenzierenden Prüfungsmaßstabs gemacht (D).

A. Gerichtliche Kontrollmaßstäbe bezüglich der Erfüllung grundrechtlicher Schutzpflichten in der Rechtsprechung des BVerfG

I. Kontrollmaßstäbe für gesetzgeberisches Handeln im Zusammenhang mit Prognosen

Im rechtswissenschaftlichen Schrifttum wird für die Darstellung der in der verfassungsgerichtlichen Rechtsprechung vorhandenen Kontrollmaßstäbe grundrechtlicher Schutzpflichten häufig das Mitbestimmungsurteil aus dem Jahr 1978 herangezogen. So führen beispielsweise *Ruschemeiers/Senders* aus, dass „[e]ine gerichtliche Kontrolle der vom Gesetzgeber getroffenen Maßnahmen [zur Erfüllung staatlicher Pflichten zum Schutz der Grundrechte …] auf drei verschiedenen Stufen erfolgen“ kann.[1048] Sie verweisen hierfür auf das Mitbestimmungsurteil BVerfG – 1 BvR 532, 533/77 u. a.. Dort hat das BVerfG festgestellt:

> [Die] Ungewißheit [über die Auswirkungen eines Gesetzes kann] nicht schon als solche ausreichen, einen verfassungsgerichtlicher Kontrolle nicht zugänglichen

[1047] Hierbei wird Bezug genommen auf die von *Gebhard* angeführten Entscheidungen der „wichtigsten bundesverfassungsgerichtlichen Rechtsprechung zur Schutzpflichtproblematik“. Siehe hierzu: *Gebhard*, Impfpflicht und Grundgesetz, S. 167 ff. Ausgelassen wird dabei das Urteil BVerfGE 121, 317, da dieses im Gegensatz zu den anderen von *Gebhard* angeführten Entscheidungen eine abwehrrechtliche Konstellation untersucht.

[1048] *Ruschemeier/Senders*, in: Hahn/Petras/Valentiner/Wienfort, Grundrechte, § 8, S. 98.

> Prognosespielraum des Gesetzgebers zu begründen. Prognosen enthalten stets ein Wahrscheinlichkeitsurteil, dessen Grundlagen ausgewiesen werden können und müssen; diese sind einer Beurteilung nicht entzogen. Im einzelnen hängt die Einschätzungsprärogative des Gesetzgebers von Faktoren verschiedener Art ab, im besonderen von der Eigenart des in Rede stehenden Sachbereichs, den Möglichkeiten, sich ein hinreichend sicheres Urteil zu bilden, und der Bedeutung der auf dem Spiele stehenden Rechtsgüter. Demgemäß hat die Rechtsprechung des Bundesverfassungsgerichts [...] bei der Beurteilung von Prognosen des Gesetzgebers differenzierte Maßstäbe zugrunde gelegt, die von einer Evidenzkontrolle über eine Vertretbarkeitskontrolle bis hin zu einer intensivierten inhaltlichen Kontrolle reichen.[1049]

Für eine Übertragbarkeit der in diesem Urteil angeführten Kontrolldichten kann angeführt werden, dass das BVerfG diese Überprüfungsmaßstäbe für den Bereich gesetzlicher Prognoseentscheidungen entwickelt hat und auch im Rahmen der Schutzpflichten fast immer eine solche erforderlich ist. Zudem hat das BVerfG in BVerfG – 1 BvR 532, 533/77 das erste die grundrechtlichen Schutzpflichten betreffende Urteil des BVerfG zum Schwangerschaftsabbruch aus dem Jahr 1975 einem der drei Kontrollmaßstäbe – der intensivierten inhaltlichen Überprüfung – zugeordnet.[1050] Gegen eine direkte Übertragbarkeit der im Mitbestimmungsurteil angeführten Kontrollmaßstäbe auf die Konstellation grundrechtlicher Schutzpflichten wird aber zu Recht eingewandt, dass sich die dort angeführten Ausführungen des BVerfG allein auf die Kontrolle prognostischer Entscheidungen des Gesetzgebers beziehen und nicht auf die für die Schutzpflichten typische Dreieckskonstellation, in der es um die gesetzgeberische Abwägung konkurrierender und kollidierender Rechtspositionen geht.[1051] Allerdings differenziert das BVerfG mittlerweile im Rahmen des eine Interessenabwägung vornehmenden Prüfungspunktes der Angemessenheit eines Grundrechtseingriffs zwischen den verschiedenen Kontrollintensitäten der Evidenz-, Vertretbarkeits- sowie Inhaltskontrolle.[1052] Dies könnte für eine Übertragbarkeit auf die Konstellation der Schutzpflichten sprechen. Letztlich wurden die im Mitbestimmungsurteil angeführten Prüfdichten bis auf den Maßstab der Evidenzkontrolle aber nicht explizit in

---

1049 BVerfGE 50, 290 (332, 333).

1050 BVerfGE 50, 290, Rn. 131.

1051 *Ruffert*, Vorrang der Verfassung und Eigenständigkeit des Privatrechts, S. 210.

1052 Zur Vertretbarkeitskontrolle beispielsweise: BVerfG, 1 BvR 781/21, Rn. 217.

der Rechtsprechung zu den grundrechtlichen Schutzpflichten verwendet. Im Folgenden soll daher anhand der wichtigsten und aktuellen bundeverfassungsgerichtlichen Rechtsprechung zu dieser Thematik die dort jeweils angewandte Kontrolldichte herausgearbeitet werden.

II. Kontrollmaßstäbe in den bedeutsamsten Entscheidungen des BVerfG zu der Dimension grundrechtlicher Schutzpflichten

1. BVerfG – 1 BvF 1/74 u. a. – „Schwangerschaft I"

Im Jahr 1975 hatte das BVerfG auf Antrag von Mitgliedern des Bundestags und mehreren Landesregierungen gemäß Art. 93 Abs. 1 Nr. 2 GG, § 13 Nr. 6 BVerfGG über die Verfassungsmäßigkeit des § 218a des Fünften Gesetzes zur Reform des Strafrechts (5. StrRG) vom 18. Juni 1974 zu entscheiden.[1053] Vor dieser Gesetzesüberarbeitung waren Schwangerschaftsabbrüche nach dem StGB weitgehend ausnahmslos strafbar.[1054] Unter der sozial-liberalen Koalition *Willy Brandts* beschloss das Parlament im Jahr 1974 mit knapper Mehrheit die „Fristenregelung" des § 218a des 5. StrRG.[1055] Hiernach bleibt der mit Einwilligung der Schwangeren von einem Arzt vorgenommene Schwangerschaftsabbruch in den ersten zwölf Wochen seit der Empfängnis straffrei. Vor einem solchen Schwangerschaftsabbruch muss die Frau von einem Arzt und/oder einer Beratungsstelle beraten worden sein (§ 218 c des 5. StrRG). Straffrei sind außerdem Schwangerschaftsabbrüche auch über die zwölfwöchige Frist hinaus, wenn eine medizinische Indikation vorliegt, § 218 b des 5. StrRG.

Das BVerfG wandte das Untermaßverbot erstmalig in der zweiten Schwangerschaftsentscheidung aus dem Jahr 1993 an.[1056] Bereits in der ersten Entscheidung zum Schwangerschaftsabbruch aus dem Jahr 1975, in der es die Dimension grundrechtlicher Schutzpflichten im Wege der Verfassungsfortbildung entwickelte, lassen sich jedoch Parallelen hinsichtlich der vom Untermaßverbot geforderten gerichtlichen Kontrolldichte finden. So spricht das Gericht von der Verpflichtung des Staates „zu einem effektiven Schutz des sich

---

1053 BVerfGE 39, 1.

1054 Reichsgesetzblatt 1871, Nr. 40.

1055 *Schürmann*, VerfBlog vom 18.11.2020, Abschnitt 2.

1056 BVerfGE 88, 203 (254).

entwickelnden Lebens" oder der Aufgabe des Gesetzgebers, einen „wirksamen Lebensschutz zu gewährleisten".[1057] Außerdem macht das BVerfG deutlich:

> Das Recht der Frau auf freie Entfaltung ihrer Persönlichkeit, welches die Handlungsfreiheit im umfassenden Sinn zum Inhalt hat und damit auch die Selbstverantwortung der Frau umfaßt, sich gegen eine Elternschaft und die daraus folgenden Pflichten zu entscheiden, kann [...] ebenfalls Anerkennung und Schutz beanspruchen.[1058]

Es müsse eine Abwägung zwischen dem Lebensschutz des Ungeborenen und dem Selbstbestimmungsrecht der Schwangeren „nach Maßgabe der grundgesetzlichen Wertordnung und unter Beachtung des rechtsstaatlichen Verhältnismäßigkeitsgrundsatzes" vorgenommen werden.[1059] Schon bevor das Untermaßverbot 1983 in der rechtswissenschaftlichen Literatur erstmalig durch *Canaris* Erwähnung findet,[1060] wendet das BVerfG auch hier die wesentlichen Voraussetzungen dieses Prüfungsmaßstabs in Form des Erfordernisses eines wirksamen/effektiven und im Verhältnis zu entgegenstehenden Rechtsgütern angemessenen Schutzes des jeweils gefährdeten Grundrechts an. Die im Rahmen dieses Ausgleichs im konkreten Fall des Schwangerschaftsabbruchs zu berücksichtigende Beziehung der beiden Verfassungswerte zur Menschenwürde führe nach Ansicht des Gerichts zu dem Schluss, dass „die Entscheidung zugunsten des Vorrangs des Lebensschutzes für die Leibesfrucht vor dem Selbstbestimmungsrecht der Schwangeren fallen" müsse.[1061] Etwas anderes gelte allerdings für Fälle der Unzumutbarkeit der Austragung der Leibesfrucht für die Schwangere; hier erscheine eine Strafdrohung für den Schwangerschaftsabbruch „nicht als angemessen".[1062] In Bezug auf die Fristenregelung in § 218a des 5. StrRG kommt das Gericht zu dem Schluss, dass diese Vorschrift mit der Schutzpflicht des Staates aus Art. 2 Abs. 2 S. 1 GG i. V. m. Art. 1 Abs. 1 GG insoweit unvereinbar und nichtig sei, als sie

1057 BVerfGE 39, 1 (44).
1058 BVerfGE 39, 1 (43).
1059 BVerfGE 39, 1 (43, 47).
1060 *Canaris*, AcP 184 (1984), 201 (228).
1061 BVerfGE 39, 1 (43).
1062 BVerfGE 39, 1 (49).

Fälle, in denen keine Unzumutbarkeit in Bezug auf die weitere Fortführung der Schwangerschaft vorliege, von der Strafbarkeit ausnehme.[1063]

2. BVerfG – 1 BvQ 5/77 – „Schleyer"

Die Entscheidung im „Fall Schleyer" stellt eines der rechtlich bedeutsamsten Ereignisse im „Deutschen Herbst" 1977[1064] dar.[1065] *Hanns-Martin Schleyer*, der Präsident der Bundesvereinigung der Deutschen Arbeitgeberverbände, war mehrere Wochen zuvor von der Terrorgruppe „Rote Armee Fraktion" entführt worden und befand sich seitdem in deren Gewalt.[1066] Die Entführer hatten gegenüber der Bundesregierung die Freilassung von Herrn *Schleyer* an die Erfüllung bestimmter Forderungen geknüpft und bei Nichterfüllung mit dessen „Hinrichtung" gedroht.[1067] Als Forderung war unter anderem gestellt worden, bis zum 16. Oktober um 8:00 Uhr (GMT) elf in Haft einsitzende Terroristen freizulassen sowie deren Ausreise aus der Bundesrepublik zu gestatten.[1068] Der Sohn des Entführten stellte am 15. Oktober 1977 einen Antrag auf Erlass einer einstweiligen Anordnung an das BVerfG.[1069] Hiermit sollten die Bundesregierung sowie einzelne Landesregierungen verpflichtet werden, der Forderung der Entführer nachzukommen und die genannten inhaftierten Mitglieder der Terrorgruppe freizulassen.[1070]

Das BVerfG lehnte den Antrag am 16. Oktober noch vor Ablauf des Ultimatums ab.[1071] Es bestätigt im vorliegenden Fall die – in der ersten Entscheidung zum Schwangerschaftsabbruch entwickelte – Pflicht des Staates zum Schutz

1063 BVerfGE 39, 1 (2).
1064 Ausdruck für mehrere linksterroristische Anschläge der Roten Armee Fraktion in der Bundesrepublik Deutschland im Herbst 1977 (*Gebhard*, Impfpflicht und Grundgesetz, S. 174).
1065 *Gebhard*, Impfpflicht und Grundgesetz, S. 174.
1066 BVerfGE 46, 160 (161).
1067 BVerfGE 46, 160 (161).
1068 BVerfGE 46, 160 (161).
1069 BVerfGE 46, 160 (161).
1070 BVerfGE 46, 160 (161).
1071 BVerfGE 46, 160 (164).

jedes menschlichen Lebens aus Art. 2 Abs. 2 S. 1 i. V. m. Art. 1 Abs. 1 S. 2 GG.[1072] Konkretisierend führt es diesbezüglich aus:

> Da das menschliche Leben einen Höchstwert darstellt, muß diese Schutzverpflichtung *besonders ernst* genommen werden. Wie die staatlichen Organe ihre Verpflichtung zu einem *effektiven Schutz des Lebens* erfüllen, ist von ihnen grundsätzlich in eigener Verantwortung zu entscheiden. Sie befinden darüber, welche Schutzmaßnahmen zweckdienlich und geboten sind, um einen *wirksamen Lebensschutz* zu gewährleisten [...]. Ihre Freiheit in der Wahl der Mittel zum Schutz des Lebens kann sich in besonders gelagerten Fällen auch auf die Wahl eines bestimmten Mittels verengen, wenn ein *effektiver Lebensschutz* auf andere Weise nicht zu erreichen ist.[1073]

Diesen Maßstab auf den konkreten Fall anwendend, verneint das BVerfG einen Schutzpflichtverstoß.[1074] Vorliegend komme als einziges Mittel nicht ausschließlich die Freilassung der inhaftierten Terroristen in Betracht, da das Grundgesetz nicht nur eine Schutzpflicht gegenüber dem Einzelnen enthalte, sondern ebenso gegenüber der Gesamtheit aller Bürger.[1075] Der Staat würde sich erpressbar machen und könne einen effektiven Schutz seiner Bürger nicht mehr gewährleisten, wenn er auf das Mittel der Freilassung von Terroristen zur Erfüllung der Schutzpflicht des Lebens des Einzelnen einzugehen habe.[1076] Es liege daher in der Entscheidung der Bundesregierung sowie der Landesregierungen, welche Maßnahmen zur Erfüllung der Schutzpflicht zu ergreifen seien.[1077]

Die Ausführungen des BVerfG machen deutlich, dass das Gericht in Bezug auf das Rechtsgut Leben kontrollieren muss und darf, ob der Staat seiner Verpflichtung zu einem effektiven/wirksamen Lebensschutz nachgekommen ist. Hierbei sind entgegenstehende Rechtsgüter – im vorliegenden Fall die Rechtsgüter der Allgemeinheit aus Art. 2 Abs. 2 S. 1 GG – zu berücksichtigen. Insofern wendet das BVerfG – wie in der ersten Entscheidung zum Schwangerschaftsabbruch – auch hier bereits die Voraussetzungen des Untermaßverbots aus dem zweiten Urteil zum Schwangerschaftsabbruch an.

1072 BVerfGE 46, 160 (164).
1073 BVerfGE 46, 160 (164, 165) (Hervorhebung durch die Verfasserin).
1074 BVerfGE 46, 160 (165).
1075 BVerfGE 46, 160 (165).
1076 BVerfGE 46, 160 (165).
1077 BVerfGE 46, 160 (165).

3. BVerfG – 2 BvL 8/77 – „Kalkar“

Ein Jahr nach der Entscheidung des BVerfG im „Fall Schleyer“ hatte das Oberverwaltungsgericht für das Land Nordrhein-Westfalen gemäß Art. 100 Abs. 1 GG dem BVerfG die Frage vorgelegt, ob § 7 Abs. 1 und Abs. 2 AtomG[1078] mit dem Grundgesetz vereinbar ist.[1079] Die Vorschrift enthielt die Genehmigungsvoraussetzungen für die Errichtung, Betreibung sowie Veränderung von Kernkraftwerken.[1080] Das BVerfG stellte die Verfassungsmäßigkeit der Vorschriften fest.[1081] Zunächst legt es dar, dass es neben den aus den Grundrechten folgenden Abwehrrechten auch grundrechtliche Schutzpflichten gibt und bezeichnet dies bereits im Jahr 1978 als „ständige Rechtsprechung“.[1082] Konkretisierend führt es bezüglich der gerichtlichen Kontrolldichte aus:

> Ob, wann und mit welchem Inhalt sich eine solche Ausgestaltung von Verfassungs wegen gebietet, hängt von der Art, der Nähe und dem Ausmaß möglicher Gefahren, der Art und dem Rang des verfassungsrechtlich geschützten Rechtsguts sowie von den schon vorhandenen Regelungen ab.[1083]

In Bezug auf den konkreten Fall spricht das Gericht davon, dass es sich um „schwere[] Gefahren“ für die Rechtsgüter Leben, Gesundheit und Eigentum handele.[1084] Es stellt fest, dass die gesetzliche Genehmigungsvorschrift nicht mit letzter Sicherheit ausschließe, dass es zu solchen Grundrechtsverletzungen komme („Restrisiko“).[1085] Dennoch könne hieraus kein Verstoß gegen die grundrechtlichen Schutzpflichten folgen.[1086]

> Vom Gesetzgeber im Hinblick auf seine Schutzpflicht eine Regelung zu fordern, die mit absoluter Sicherheit Grundrechtsgefährdungen ausschließt, die aus der Zulassung technischer Anlagen und ihrem Betrieb möglicherweise entstehen können, hieße die Grenzen menschlichen Erkenntnisvermögens verkennen und

---

1078 Gesetz über die friedliche Verwendung der Kernenergie und den Schutz gegen ihre Gefahren vom 23. Dezember 1959 (BGBl. I S. 814) i.d.F. der Bekanntmachung vom 31. Oktober 1976 (BGBl. I S. 3053).

1079 BVerfGE 49, 89 (92, 124).

1080 BVerfGE 49, 89 (92, 93).

1081 BVerfGE 49, 89 (91, 124).

1082 BVerfGE 49, 89 (141, 142).

1083 BVerfGE 49, 89 (142).

1084 BVerfGE 49, 89 (142, 143).

1085 BVerfGE 49, 89 (141, 142).

1086 BVerfGE 49, 89 (143).

> würde weithin jede staatliche Zulassung der Nutzung von Technik verbannen. Für die Gestaltung der Sozialordnung muß es insoweit bei Abschätzungen anhand praktischer Vernunft bewenden.[1087]

Diesen Maßstäben werde § 7 Abs. 2 AtomG gerecht, indem die Regelung „Genehmigungen nur dann zuläßt, wenn es nach dem Stand von Wissenschaft und Technik *praktisch* ausgeschlossen erscheint, daß solche Schadensereignisse eintreten werden".[1088]

Bezüglich des hier zu untersuchenden gerichtlichen Prüfungsmaßstabs grundrechtlicher Schutzpflichten lässt sich feststellen, dass das BVerfG eine differenzierte Prüfintensität nach bestimmten Kriterien vorschlägt. Die Kontrolldichte nimmt demnach bei besonders bedeutsamen Rechtsgütern und großen Gefahren zu. Zwar erwähnt das Gericht nicht ausdrücklich, dass auch entgegenstehende Rechtsgüter Berücksichtigung finden müssen, dies folgt aber letztlich aus dessen Ausführungen, wonach ein Restrisiko für die Rechtsgüter Leben, Gesundheit und Eigentum hinzunehmen sei, um technische Nutzung und Entwicklung zu ermöglichen. Auch hier werden somit bereits fünfzehn Jahre vor der erstmaligen ausdrücklichen Anwendung des Untermaßverbots in der verfassungsgerichtlichen Rechtsprechung in der zweiten Entscheidung zum Schwangerschaftsabbruch in Bezug auf die Rechtsgüter Leben und körperliche Unversehrtheit ähnliche Voraussetzungen verlangt. Daher kann im „Kalkar"-Beschluss von dem Erfordernis eines wirksamen und angemessen Schutzes für Art. 2 Abs. 2 S. 1 GG gesprochen werden.

4. BVerfG – 1 BvR 385/77 – „Mülheim-Kärlich"

Wiederum ein Jahr später bestätigte das BVerfG im bereits in dieser Arbeit angeführten „Mülheim-Kärlich"-Beschluss hinsichtlich der Kontrolldichte grundrechtlicher Schutzpflichten aus Art. 2 Abs. 2 S. 1 GG die Ausführungen aus dem „Kalkar"-Beschluss. Dabei ging es in dieser Entscheidung auch um die Verfassungsmäßigkeit des § 7 Abs. 2 AtomG.[1089] Das Gericht erkennt zunächst die für die Rechtsgüter Leben und körperliche Unversehrtheit, Art. 2 Abs. 2 S. 1 GG, folgenden Schutzpflichten des Staates an.[1090] Sodann wendet

---

[1087] BVerfGE 49, 89 (143).
[1088] BVerfGE 49, 89 (143).
[1089] BVerfGE 53, 30 (58).
[1090] BVerfGE 53, 30 (57).

es unter anderem aufgrund des „außerordentlichen Gefährdungspotentials" einen strengen Kontrollmaßstab an, wobei das BVerfG die Aufgabe des Staates berücksichtigt, „einen Ausgleich zwischen den Grundrechtspositionen gefährdeter Bürger einerseits und der Betreiber andererseits herbeizuführen".[1091] Insofern wird auch hier ein wirksamer und angemessener Schutz für Art. 2 Abs. 2 S. 1 GG verlangt.

5. BVerfG – 1 BvR 612/72 – „Fluglärm" und BVerfG – 2 BvR 624/83 u. a. – „C-Waffen"

Zwei weitere bedeutsame verfassungsgerichtliche Entscheidungen zu den grundrechtlichen Schutzpflichten sind die Entscheidung zum Fluglärm[1092] sowie zu den C-Waffen[1093]. Diese sind in Bezug auf die dort angewandte Kontrolldichte bereits dargestellt worden.[1094] Hier soll daher nur ein zusammenfassender Rückblick erfolgen.

In BVerfG – 1 BvR 612/72 hatte das Gericht darüber zu entscheiden, ob der Gesetzgeber seiner Pflicht, die Bürger vor gesundheitsgefährdendem Fluglärm zu schützen, ausreichend nachgekommen war.[1095] Anders als in den bisher dargestellten Entscheidungen geht es in der Fluglärmentscheidung „nur" um die Schutzpflicht für die körperliche Unversehrtheit, Art. 2 Abs. 2 S. 1 Alt. 2 GG[1096], und nicht (darüber hinaus) auch um diejenige für das Rechtsgut Leben. Das BVerfG bestätigt die – bereits in BVerfG – 2 BvL 8/77 angeführten – differenzierten Kontrollmaßstäbe.[1097] So soll hinsichtlich der von Fluglärm ausgehenden nicht unerheblichen, aber auch nicht übermäßigen Gefahren (beispielsweise in Form von Schlafstörungen[1098]) für das Rechtsgut körperliche Unversehrtheit eine Evidenzkontrolle[1099] zur

1091 BVerfGE 53, 30 (58).
1092 BVerfGE 56, 54.
1093 BVerfGE 77, 170.
1094 Siehe hierzu die Ausführungen unter 3. Kapitel, B, III.
1095 BVerfGE 53, 30 (62).
1096 Vgl. BVerfGE 53, 30 (73).
1097 BVerfGE 56, 54 (78).
1098 BVerfGE 56, 54 (76).
1099 „[D]as Bundesverfassungsgericht [kann] im Rahmen einer Verfassungsbeschwerde der vorliegenden Art erst dann eingreifen [...], wenn der Gesetzgeber die genannte Pflicht evident verletzt hat." (BVerfGE 56, 54 [80])

Anwendung kommen.[1100] Hingewiesen wird aber darauf, dass bei „Rechtsgüter[n] von höchster Bedeutung“[1101] eine intensivere gerichtliche Kontrolle Verwendung finden könne.

Ebenso wie in BVerfG – 2 BvL 8/77 und in BVerfG – 1 BvR 612/72 geht das BVerfG auch in dem C-Waffen-Beschluss aus dem Jahr 1987 (BVerfG – 2 BvR 624/83) von – von bestimmten Kriterien abhängigen[1102] – unterschiedlichen Kontrollmaßstäben aus. Während es in den vorigen Entscheidungen hinsichtlich des jeweiligen Sachverhalts eine nachvollziehbare Entscheidung trifft, kann der Kontrollmaßstab in BVerfG – 2 BvR 624/84 nicht überzeugen. Denn das BVerfG wendet trotz des gefährdeten Rechtsguts Leben nur eine restriktive Evidenzkontrolle an:

> Um den Anforderungen an die Zulässigkeit einer Verfassungsbeschwerde zu entsprechen, die auf eine Verletzung der sich aus dem Grundrecht des Art. 2 Abs. 2 Satz 1 GG ergebenden Schutzpflicht gestützt wird, muß der Beschwerdeführer schlüssig dartun, daß die öffentliche Gewalt Schutzvorkehrungen entweder überhaupt nicht getroffen hat oder daß offensichtlich die getroffenen Regelungen und Maßnahmen gänzlich ungeeignet oder völlig unzulänglich sind, das Schutzziel zu erreichen.[1103]

6. BVerfG – 2 BvF 2/90 u. a. – „Schwangerschaft II“

Zur Umsetzung der ersten Schwangerschaftsentscheidung des BVerfG legte das Parlament im Jahr 1976 mit dem Fünfzehnten Strafrechtsänderungsgesetz[1104]

1100 Diese Rechtsprechung bestätigt das BVerfG im Jahr 2018 in BVerfG, NVwZ 2018, 1556 (1557): „Die sich aus Art. 2 II 1 GG ergebende Schutzpflicht erfordert auch Maßnahmen zum Schutz vor gesundheitsschädigenden und gesundheitsgefährdenden Auswirkungen von Fluglärm. [...] Das BVerfG kann die Verletzung einer solchen Schutzpflicht nur feststellen, wenn Schutzvorkehrungen entweder überhaupt nicht getroffen sind, wenn die getroffenen Regelungen und Maßnahmen offensichtlich ungeeignet oder völlig unzulänglich sind, das gebotene Schutzziel zu erreichen, oder wenn sie erheblich hinter dem Schutzziel zurückbleiben. Die Entscheidung, welche Maßnahmen geboten sind, um den Schutz zu gewähren, ist verfassungsgerichtlich damit nur begrenzt überprüfbar.“

1101 BVerfGE 56, 54 (81).

1102 Angeführt werden die „Eigenart des in Rede stehenden Sachbereichs, d[ie] Möglichkeiten, sich ein hinreichend sicheres Urteil zu bilden und d[ie] Bedeutung der auf dem Spiele stehenden Rechtsgüter“. (BVerfGE 77, 170 [171])

1103 BVerfGE 77, 170 (171).

1104 BGBl. Teil I 1976, Nr. 56.

in § 218a StGB die Straffreiheit für Schwangerschaftsabbrüche ausschließlich bei Vorliegen einer medizinischen, embryopathischen, kriminologischen oder sozialen Indikation fest. Der Einigungsvertrag der Wiedervereinigung verpflichtete den gesamtdeutschen Gesetzgeber erneut zum Handeln.[1105] Denn in der DDR war seit 1972 eine wesentlich progressivere Regelung als in der Bundesrepublik anwendbar.[1106] Das dort geltende Gesetz über die Unterbrechung der Schwangerschaft vom 9. März 1972[1107] überließ es der Frau, innerhalb der ersten zwölf Wochen in eigener Verantwortung über den Abbruch ihrer Schwangerschaft zu entscheiden.[1108] Nach der Wiedervereinigung blieb es zunächst bei der parallelen Anwendbarkeit der unterschiedlichen Regelungen in beiden Teilen Deutschlands.[1109] 1992 beschloss der Bundestag eine Reform des § 218a StGB.[1110] Der neu geregelte Absatz 1 erklärte den nach Pflichtberatung innerhalb einer zwölfwöchigen Frist erfolgten Schwangerschaftsabbruch für nicht rechtswidrig.[1111] Außerdem sah das Sozialrecht die Übernahme der Kosten für nicht rechtswidrige Schwangerschaftsabbrüche durch die Krankenkasse vor.[1112]

Im Wege mehrerer zu einer gemeinsamen Verhandlung und Entscheidung verbundenen Normenkontrollverfahren hatte das BVerfG im Mai 1993 über die neue gesamtdeutsche Regelung zu entscheiden.[1113] Damit stellte sich erneut die Frage, ob die strafrechtlichen, sozialversicherungsrechtlichen und organisationsrechtlichen Vorschriften über den Schwangerschaftsabbruch der staatlichen Schutzpflicht für das ungeborene menschliche Leben genügen.[1114] In dieser zweiten Schwangerschaftsentscheidung wendet das BVerfG erstmalig das Untermaßverbot an.[1115] Das Urteil wurde daher in der rechtswissenschaftlichen Literatur als „juristische[r] Auftakt für den ‚Siegeszug' einer neuen verfassungsrechtlichen Argumentations- und Rechtsfigur"

1105 *Schürmann*, VerfBlog vom 18.11.2020, Abschnitt 3.
1106 *Schürmann*, VerfBlog vom 18.11.2020, Abschnitt 3.
1107 Gesetzblatt der Deutschen Demokratischen Republik 1972, Teil I, S. 89.
1108 § 1 des Gesetzes über die Unterbrechung der Schwangerschaft vom 9. März 1972.
1109 *Schürmann*, VerfBlog vom 18.11.2020, Abschnitt 3.
1110 BGBl. 1992, Teil I, 1398 (1402).
1111 BGBl. 1992, Teil I, 1398 (1402).
1112 BGBl. 1992, Teil I, 1398 (1399).
1113 BVerfGE 88, 203.
1114 BVerfGE 88, 203 (213).
1115 BVerfG, NJW 1993, 1751 (1754).

bezeichnet.[1116] Konkret legt das BVerfG bezüglich dieses neuen gerichtlichen Kontrollumfangs dar:

> Der Schutzpflicht ist andererseits nicht dadurch genügt, daß überhaupt Schutzvorkehrungen irgendeiner Art getroffen worden sind. Ihre Reichweite ist vielmehr im Blick auf die Bedeutung und Schutzbedürftigkeit des zu schützenden Rechtsguts – hier des ungeborenen menschlichen Lebens – einerseits und mit ihm kollidierender Rechtsgüter andererseits zu bestimmen. [...] Die Verfassung gibt den Schutz als Ziel vor, nicht aber seine Ausgestaltung im einzelnen. Allerdings hat der Gesetzgeber das *Untermaßverbot* zu beachten; insofern unterliegt er der verfassungsgerichtlichen Kontrolle. Notwendig ist ein – unter Berücksichtigung entgegenstehender Rechtsgüter – angemessener Schutz; entscheidend ist, daß er als solcher wirksam ist. Die Vorkehrungen, die der Gesetzgeber trifft, müssen für einen angemessenen und wirksamen Schutz ausreichend sein und zudem auf sorgfältigen Tatsachenermittlungen und vertretbaren Einschätzungen beruhen.[1117]

Diese Voraussetzungen auf den Fall anwendend, kommt das BVerfG zu dem Schluss, dass die Straflosigkeit beratener Schwangerschaftsabbrüche mit der Verfassung vereinbar sei[1118]; es macht dem Gesetzgeber darüber hinaus aber Vorgaben zur weiteren Umsetzung des Schutzkonzepts und verändert die von der Legislative vorgesehenen Maßnahmen grundlegend.[1119] Schwerpunktmäßig stellt es fest, dass der nicht indikative Schwangerschaftsabbruch für den Schutz des ungeborenen Lebens aus Art. 2 Abs. 2 S. 1 GG rechtswidrig bleiben müsse und die hierfür anfallenden Kosten nicht von der Krankenkasse gezahlt werden dürften.[1120] Bei Frauen, die die Kosten finanziell nicht selber tragen könnten, könne der Staat diese übernehmen.[1121] Außerdem macht das BVerfG derart präzise Vorgaben in Bezug auf die Ausgestaltung des Beratungskonzepts, dass der Gesetzgeber diese quasi alternativlos umsetzen musste.

7. Zwischenergebnis

Die untersuchten bedeutsamsten verfassungsgerichtlichen Entscheidungen zu der Funktion der grundrechtlichen Schutzpflichten haben aufgezeigt,

---

1116 *Ruffert*, Vorrang der Verfassung und Eigenständigkeit des Privatrechts, S. 212.
1117 BVerfGE 88, 203 (254).
1118 BVerfGE 88, 203, Leitsatz Nr. 11.
1119 BVerfG, 2 BvF 2/90 u. 4, 5/92, Entscheidungsformel.
1120 BVerfGE 88, 203, Leitsätze Nr. 15 und 16.
1121 BVerfGE 88, 203, Leitsatz Nr. 16.

dass sich das BVerfG für die Heranziehung verschiedener Kontrollmaßstäbe ausspricht. Hierfür hat es – zum Teil variierende – im Großen und Ganzen aber sich ähnelnde Kriterien zur Differenzierung aufgestellt. Unterschieden wird zwischen dem Prüfungsmaßstab des Untermaßverbots – wenn auch dieses so ausdrücklich erst seit 1993 in der verfassungsgerichtlichen Rechtsprechung benutzt wird – sowie der Evidenzkontrolle. Die Entscheidung BVerfG – 2 BvR 624/83 u. a. zeigt, dass das BVerfG teilweise diesen selbst gesetzten Unterscheidungsvorgaben zuwiderhandelt und einen anderen – in dieser Entscheidung deutlich restriktiveren – Prüfungsumfang verwendet.

III. Die „Mischformel"

In der verfassungsgerichtlichen Rechtsprechung betreffend die grundrechtlichen Schutzpflichten fallen zwei weitere Entscheidungen aus den Jahren 1995 und 1996 auf. Dem ersten Beschluss (BVerfG – 1 BvR 729/93) liegt eine Verfassungsbeschwerde zu Grunde, mit der der Beschwerdeführer die Verletzung seines Grundrechts auf Leben und körperliche Unversehrtheit, Art. 2 Abs. 2 S. 1 GG, durch das Unterlassen des Bundesgesetzgebers, den im Straßenverkehr zulässigen Alkoholgrenzwert auf höchstens 0,5 Promille zu reduzieren, rügt.[1122] Das BVerfG nahm die Verfassungsbeschwerde nicht zur Entscheidung an, da sie keine Aussicht auf Erfolg habe.[1123] In Bezug auf den Umfang grundrechtlicher Schutzpflichten führt es aus:

> Der Staat muß allerdings Maßnahmen normativer und tatsächlicher Art treffen, die dazu führen, daß ein unter Berücksichtigung entgegenstehender Rechtsgüter angemessener und wirksamer Schutz erreicht wird (Untermaßverbot; vgl. BVerfGE 88, 203 (254) = NJW 1993, 1752). Das BVerfG hat jedoch nicht zu prüfen, ob bei der Bekämpfung der Gefahren des Alkohols im Straßenverkehr bereits alle denkbaren Schutzmaßnahmen verwirklicht worden sind. Es könnte vielmehr erst dann eingreifen, wenn die staatlichen Organe gänzlich untätig geblieben wären oder wenn die bisher getroffenen Maßnahmen evident unzureichend wären.[1124]

Subsumierend stellt das BVerfG anhand der ausschließlichen Anwendung der Evidenzkontrolle fest, dass „der Gesetzgeber [...] im fraglichen Bereich

[1122] BVerfG, NJW 1995, 2343.
[1123] BVerfG, NJW 1995, 2343.
[1124] BVerfG, NJW 1995, 2343.

nicht untätig geblieben [ist ... und] nicht erkennbar [ist], daß diese Regelungen nach den oben dargelegten Maßstäben evident unzureichend wären."[1125]

Diese in der rechtswissenschaftlichen Literatur als „Mischformel"[1126] bezeichneten Ausführungen des BVerfG wiederholte es ein Jahr später in dem Beschluss BVerfG – 1 BvR 2203/95. In dem der Entscheidung zu Grunde liegenden Sachverhalt hatten sich minderjährige Beschwerdeführende gegen das Gesetz zur Änderung des Bundes-Immissionsschutzgesetzes vom 19.7.1995[1127] gewandt, das Verkehrsverbote zur kurzfristigen Reduktion erhöhter Ozonkonzentrationen regelte.[1128] Sie rügten eine Verletzung von Art. 2 Abs. 2 S. 1 GG, weil die Verkehrsverbote ab einem zu hohen Ozonkonzentrationswert zur Anwendung kämen.[1129] Die Verfassungsbeschwerde wurde nicht zur Entscheidung angenommen.[1130] Entsprechend dem Beschluss BVerfG – 1 BvR 729/93 führt das BVerfG auch hier zunächst die Voraussetzungen des Untermaßverbots an, die der Gesetzgeber zu erfüllen habe, stellt in Bezug auf die gerichtliche Kontrollmöglichkeit dann jedoch auf die Evidenzkontrolle ab.[1131] Diesen restriktiven Prüfungsmaßstab anlegend kann das Gericht keine Verletzung der gesetzgeberischen Schutzpflicht des Art. 2 Abs. 2 S. 1 GG feststellen.[1132]

Im Jahr 2011 griff das BVerfG im Zusammenhang mit der Überprüfung der Erfüllung staatlicher Schutzpflichten für Art. 2 Abs. 2 S. 1 GG vor den vom Fluglärm ausgehenden Gefahren erneut auf die dargestellten Ausführungen zurück.[1133]

1125 BVerfG, NJW 1995, 2343.

1126 *Moritz*, Staatliche Schutzpflichten, S. 115.

1127 BGBl. I 1995, 930.

1128 BVerfG, NJW 1996, 651.

1129 BVerfG, NJW 1996, 651.

1130 BVerfG, NJW 1996, 651.

1131 BVerfG, NJW 1996, 651.

1132 BVerfG, NJW 1996, 651.

1133 BVerfG, NVwZ 2011, 991 (993, 994): „Die Entscheidung, welche Maßnahmen geboten sind, kann vom BVerfG deshalb nur begrenzt nachgeprüft werden. Es kann hier erst dann eingreifen, wenn der Gesetzgeber die Schutzpflicht evident verletzt hat. [...] Darüber hinaus hat der Gesetzgeber das Untermaßverbot zu beachten. Die Vorkehrungen des Gesetzgebers müssen für einen – unter Berücksichtigung entgegenstehender Rechtsgüter – angemessenen und wirksamen Schutz ausreichend sein und zudem auf sorgfältigen Tatsachenermittlungen und vertretbaren Einschätzungen beruhen. [...] Die verfassungsrechtliche Schutzpflicht gebietet nicht,

Unter dem Begriff „Mischformel" könnte man zunächst einen zwischen Evidenzformel und Untermaßverbot liegenden Maßstab verstehen.[1134] Das erfasst die vom BVerfG getätigten Ausführungen aber insofern nicht korrekt, als dieses in den drei aufgeführten Beschlüssen ausschließlich die Evidenzkontrolle zur Überprüfung der Erfüllung staatlicher Schutzpflichten durch den Gesetzgeber heranzieht. Das Untermaßverbot verwendet es – anders als in BVerfGE 88, 203 (254)[1135], auf welche das BVerfG verweist, – lediglich als Handlungsnorm.[1136] Damit weicht es ohne weitere Begründung von der bisherigen Rechtsprechung ab. Das gilt nicht nur für die Einordnung des Untermaßverbots als Handlungsnorm, sondern ebenso für den in den beiden Beschlüssen aus den Jahren 1995 und 1996 angewandten restriktiven Prüfungsumfang. Denn angesichts der überwiegenden bisherigen Rechtsprechung hätte in beiden Entscheidungen aufgrund der großen Bedeutung der Rechtsgüter aus Art. 2 Abs. 2 S. 1 GG sowie der diese betreffenden weitreichenden Gefahren eine intensivere gerichtliche Kontrolle vorgenommen werden müssen.

IV. Aktuelle Entscheidungen des BVerfG zu den grundrechtlichen Schutzpflichten

1. BVerfG – 1 BvR 1242/23 sowie BVerfG – 1 BvR 65/22

Dem Nichtannahmebeschluss vom 27. Juli 2023 liegt der Sachverhalt zugrunde, dass der minderjährige Beschwerdeführer zu seiner langjährigen Pflegemutter rückgeführt wird.[1137] Bereits kurz nach seiner Geburt im

---

alle nur denkbaren Schutzmaßnahmen zu treffen. Deren Verletzung kann vielmehr nur festgestellt werden, wenn die öffentliche Gewalt Schutzvorkehrungen überhaupt nicht getroffen hat oder die getroffenen Maßnahmen gänzlich ungeeignet oder völlig unzulänglich sind, das gebotene Schutzziel zu erreichen oder erheblich dahinter zurückbleiben."

1134 So zu Recht aber auch nicht *Moritz*, Staatliche Schutzpflichten, S. 115 und 116.

1135 Dort führt das BVerfG aus: „Allerdings hat der Gesetzgeber das *Untermaßverbot* zu beachten; insofern unterliegt er der verfassungsgerichtlichen Kontrolle."

1136 Zur Unterscheidung zwischen Handlungs- und Kontrollnorm siehe *Ruffert*, Vorrang der Verfassung und Eigenständigkeit des Privatrechts, S. 208: Hiernach bezeichnet das Auseinanderfallen von Handlungs- und Kontrollnorm im Rahmen der grundrechtlichen Schutzpflichten, dass „die verfassungsgerichtliche Kontrolldichte nicht das Maß der materiellen Verpflichtung des Gesetzgebers erreichen kann."

1137 BVerfG, 1 BvR 1242/23, Rn. 1

Oktober 2014 kam der Beschwerdeführer in den Haushalt der Pflegemutter und ihres damaligen Ehemannes, die das Kind adoptieren wollten.[1138] Während des laufenden Adoptionsverfahrens erlangte das Jugendamt Kenntnis von einer zur Bewährung ausgesetzten Freiheitsstrafe des Ehemannes der Pflegemutter unter anderem wegen Verbreitung kinderpornographischer Schriften in mehreren Fällen, die die Pflegeeltern während des Adoptionsverfahrens versucht hatten, zu verbergen.[1139] Daraufhin widerrief das Jugendamt den Bescheid über die Adoptionseignung der Pflegeeltern.[1140] Der Beschwerdeführer wurde aus dem Haushalt der Pflegeeltern herausgenommen und lebte seit November 2019 in einer Wohngruppe.[1141] In der Folge beantragten die Pflegeeltern eine Rückführungsanordnung gemäß § 1632 Abs. 4 BGB, um den Beschwerdeführer wieder in ihrem Haushalt aufnehmen zu können.[1142] Mit Beschluss vom 1. Juni 2023 ordnete das Oberlandesgericht auf der Grundlage von § 1632 Abs. 4 S. 1, S. 2 Nr. 2 BGB die Rückführung des Beschwerdeführers in den Haushalt der Pflegemutter an.[1143] Die durchgeführten Ermittlungen hätten eine Gefährdung des Wohls des Beschwerdeführers im Haushalt der Pflegemutter ausgeschlossen.[1144] Diese habe sich endgültig von ihrem früheren Ehemann getrennt und sei mittlerweile geschieden, es bestehe keine weitere Verbundenheit der früheren Eheleute.[1145] An der Erziehungsfähigkeit der Pflegemutter bestünden keine Zweifel.[1146] Der Beschwerdeführer wandte sich daraufhin – vertreten durch seinen Amtsvormund – mit einer Verfassungsbeschwerde an das BVerfG und rügte die Verletzung seiner Rechte aus Art. 1 Abs. 1 GG, Art. 2 Abs. 1 und 2 GG sowie Art. 6 Abs. 2 S. 2 GG.[1147]

1138 BVerfG, 1 BvR 1242/23, Rn. 2.
1139 BVerfG, 1 BvR 1242/23, Rn. 2.
1140 BVerfG, 1 BvR 1242/23, Rn. 2.
1141 BVerfG, 1 BvR 1242/23, Rn. 2.
1142 BVerfG, 1 BvR 1242/23, Rn. 3.
1143 BVerfG, 1 BvR 1242/23, Rn. 8.
1144 BVerfG, 1 BvR 1242/23, Rn. 8.
1145 BVerfG, 1 BvR 1242/23, Rn. 8.
1146 BVerfG, 1 BvR 1242/23, Rn. 8.
1147 BVerfG, 1 BvR 1242/23, Rn. 8.

Das BVerfG nahm die Verfassungsbeschwerde nicht zur Entscheidung an.[1148] Es könne keine Verletzung der genannten Grundrechte des Beschwerdeführers erkannt werden.[1149] Zunächst stellt es fest:

> Ein Kind hat nach Art. 2 Abs. 1 und Abs. 2 Satz 1 in Verbindung mit Art. 6 Abs. 2 Satz 2 GG einen Anspruch auf Schutz des Staates hat, wenn die Eltern der ihnen zuvörderst obliegenden Pflege- und Erziehungsverantwortung nicht gerecht werden oder wenn sie ihrem Kind den erforderlichen Schutz und die notwendige Hilfe aus anderen Gründen nicht bieten können.[1150]

Hinsichtlich der Möglichkeit der verfassungsgerichtlichen Kontrolle dieser auch von den Fachgerichten zu beachtenden grundrechtlichen Schutzpflicht (vgl. Art. 1 Abs. 3 GG) führt das BVerfG aus:

> Hält das Gericht eine Trennung des Kindes von seinen (Pflege)Eltern nicht für erforderlich, obwohl Anhaltspunkte für eine Kindeswohlgefährdung bei Rückkehr des Kindes zu diesen bestehen, hält die entsprechende gerichtliche Entscheidung verfassungsgerichtlicher Kontrolle nur dann stand, wenn das Gericht in Auseinandersetzung mit den für eine nachhaltige Gefahr sprechenden Anhaltspunkten nachvollziehbar begründet, warum eine solche Gefahr für das Kindeswohl nicht vorliegt. Lehnt das Fachgericht in einer solchen Lage die Trennung beziehungsweise deren Aufrechterhaltung ab, unterliegt dies strenger verfassungsrechtlicher Kontrolle.[1151]

Im Folgenden prüft das BVerfG umfangreich die Wahrung der aus Art. 2 Abs. 1, Abs. 2 S. 1 i. V. m. Art. 6 Abs. 2 S. 2 GG folgenden staatlichen Schutzpflicht, kann jedoch keine Verletzung feststellen.[1152]

Damit bestätigt das BVerfG in BVerfG – 1 BvR 1242/23 die bereits ein Jahr vorher in BVerfG – 1 BvR 65/22 festgestellte, weitgehende gerichtliche Kontrolle der Erfüllung der in Art. 2 Abs. 1, Abs. 2 S. 1 i. V. m. Art. 6 Abs. 2 S. 2 GG wurzelnden Schutzpflichten des Staates. In dem zuletzt genannten Beschluss geht es um die Entscheidung des OLG Koblenz über die Rückführung eines Kindes von seinen Pflegeeltern zu seinem Vater, § 1632 Abs. 4

1148 BVerfG, 1 BvR 1242/23, Rn. 10.
1149 BVerfG, 1 BvR 1242/23, Rn. 10.
1150 BVerfG, 1 BvR 1242/23, Rn. 12.
1151 BVerfG, 1 BvR 1242/23, Rn. 13.
1152 BVerfG, 1 BvR 1242/23, Rn. 14 ff.

BGB, trotz Gefährdung des Kindeswohls.[1153] Zur Begründung eines strengen Prüfungsmaßstabs führt das Gericht die „Art und das Ausmaß der Gefahr für das Kind"[1154] sowie das „sachliche[] Gewicht[] der [...] Grundrechte der Beteiligten"[1155] an. Aufgrund dieser hohen Kontrollintensität („strengen Anforderungen"[1156]) kann das BVerfG einen Verstoß des Beschlusses des OLG Koblenz gegen Art. 2 Abs. 1, Abs. 2 S. 1 i. V. m. Art. 6 Abs. 2 S. 2 GG feststellen.[1157]

Die Ausführungen des BVerfG zeigen, dass dieses in Bezug auf die staatliche Schutzpflicht für das Kindeswohl, Art. 2 Abs. 1, Abs. 2 S. 1 i. V. m. Art. 6 Abs. 2 S. 2 GG, einen umfangreichen Prüfungsmaßstab heranzieht. Dabei benennt das Gericht nicht ausdrücklich das Untermaßverbot aus der zweiten Schwangerschaftsentscheidung. Es spricht aber von dem Erfordernis einer „strenge[n] verfassungsrechtliche[n] Kontrolle"[1158] und wendet insofern eine ähnliche Kontrolldichte an. Angesichts der Wichtigkeit des Kindeswohls fügt sich diese aktuelle Rechtsprechung in die überwiegende bisherige verfassungsgerichtliche Entscheidungspraxis ein, wonach insbesondere bei Rechtsgütern von großer Bedeutung eine intensive Überprüfung der grundrechtlichen Schutzpflichten geboten ist.

2. BVerfG – 1 BvR 1541/20

Eine weitere Entscheidung des BVerfG zu den grundrechtlichen Schutzpflichten aus jüngerer Zeit ist der Beschluss 1 BvR 1541/20 vom 16. Dezember 2021. Neun Beschwerdeführer hatten sich mit ihrer am 27. Juni 2020 eingereichten Verfassungsbeschwerde an das BVerfG gewandt.[1159] Sie sahen sich in ihren Grundrechten aus Art. 3 Abs. 3 S. 2 GG, Art. 1 Abs. 1 GG sowie Art. 2 Abs. 2 GG verletzt, weil der Gesetzgeber keine Regelung von pandemiebedingten Triage-Situationen in der Intensivmedizin erlassen habe, die Behinderte vor einer Benachteiligung schütze.[1160]

1153 BVerfG, 1 BvR 65/22, Orientierungssatz Nr. 4.
1154 BVerfG, 1 BvR 65/22, Rn. 19.
1155 BVerfG, 1 BvR 65/22, Rn. 23.
1156 BVerfG, 1 BvR 65/22, Rn. 24.
1157 BVerfG, 1 BvR 65/22, Tenor Nr. 1, Rn. 16.
1158 BVerfG, 1 BvR 1242/23, Rn. 13.
1159 BVerfG, 1 BvR 1541/20, Rn. 21.
1160 BVerfG, 1 BvR 1541/20, Rn. 21.

Das BVerfG stellte die Begründetheit der Verfassungsbeschwerde aufgrund einer Verletzung der aus Art. 3 Abs. 3 S. 2 GG folgenden staatlichen Schutzpflicht fest.[1161] Zunächst führt das Gericht aus, dass „Art. 3 Abs. 3 Satz 2 GG auch einen Auftrag an den Gesetzgeber [enthält], sie [behinderte Menschen] vor einer Benachteiligung wegen Behinderung durch Dritte zu schützen".[1162] In Bezug auf den vorliegenden Fall sieht das BVerfG diese Schutzpflicht des Staates aktiviert, da Anhaltspunkte für ein Risiko der Diskriminierung wegen einer Behinderung bei der Zuteilung knapper intensivmedizinischer Behandlungsressourcen bestünden.[1163] Insofern ginge es in Bezug auf die gefährdeten Rechtgüter Leben und Gesundheit um den Schutz „höchstrangiger Rechtsgüter".[1164] Hinsichtlich der gerichtlichen Kontrolle der Erfüllung der Schutzpflicht aus Art. 3 Abs. 3 S. 2 GG (i. V. m. Art. 2 Abs. 2 S. 1 GG) stellt das BVerfG fest:

> Dem Gesetzgeber ist bei Wahrnehmung einer Schutzpflicht regelmäßig ein weiter Gestaltungsspielraum eröffnet. Daher kann das Bundesverfassungsgericht die Verletzung einer Schutzpflicht nur feststellen, wenn Schutzvorkehrungen entweder überhaupt nicht getroffen sind, wenn die getroffenen Regelungen und Maßnahmen offensichtlich ungeeignet oder völlig unzulänglich sind, das gebotene Schutzziel zu erreichen, oder wenn sie erheblich hinter dem Schutzziel zurückbleiben (zu Art. 2 Abs. 2 Satz 1 GG BVerfG, Beschluss des Ersten Senats vom 24. März 2021 – 1 BvR 2656/18 u. a. -, Rn. 152 m. w. N. […] stRspr).[1165]

Interessant sind dann jedoch die subsumierenden Ausführungen des Gerichts. So kommt es zu dem Ergebnis, dass „[d]er Gesetzgeber […] bislang keine *hinreichenden Vorkehrungen* getroffen [hat], um die Beschwerdeführenden *wirksam* vor einer solchen Benachteiligung *zu schützen*".[1166] Diese Ausführungen

---

1161 BVerfG, 1 BvR 1541/20, Rn. 86, 87.

1162 BVerfG, 1 BvR 1541/20, Rn. 96.

1163 BVerfG, 1 BvR 1541/20, Rn. 108, 110.

1164 BVerfG, 1 BvR 1541/20, Rn. 110.

1165 BVerfG, 1 BvR 1541/20, Rn. 71.

1166 BVerfG, 1 BvR 1541/20, Rn. 108 (Hervorhebung durch die Verfasserin). Siehe genauer die Ausführungen des Gerichts in den Rn. 122–125.

des Gerichts sprechen dafür, dass es eine umfassendere Prüfung vornimmt.[1167] Hierfür lässt sich auch der Leitsatz Nr. 3 des Beschlusses anführen:

> Dem Gesetzgeber steht auch bei der Erfüllung einer konkreten Schutzpflicht aus Art. 3 Abs. 3 Satz 2 GG ein Einschätzungs-, Wertungs- und Gestaltungsspielraum zu. Entscheidend ist, dass er *hinreichend wirksamen Schutz* vor einer Benachteiligung wegen der Behinderung bewirkt.[1168]

Der vorliegende Beschluss zeigt einen unsicheren Umgang des BVerfG mit der Dogmatik der grundrechtlichen Schutzpflichten auf. So bezeichnet es die Evidenzkontrolle fälschlicherweise als „stRspr" und geht auf abstrakter Ebene nicht auf den daneben bestehenden umfassenderen Prüfungsmaßstab des Untermaßverbots aus der zweiten Schwangerschaftsentscheidung ein. Bezogen auf den vorliegenden Sachverhalt kontrolliert es aber genauer und wendet mit dem Kriterium eines „hinreichend wirksamen Schutzes" eine dem Untermaßverbot ähnliche Kontrolle an. Diese konkret angewandte strengere Prüfdichte entspricht aufgrund des gefährdeten Rechtsguts aus Art. 2 Abs. 2 S. 1 GG der überwiegenden bisherigen Rechtsprechung des Gerichts. Insgesamt verdeutlicht der Beschluss 1 BvR 1541/20 die im Rahmen der Schutzpflichtdogmatik bestehende Rechtsunsicherheit.

3. BVerfG – 2 BvR 2480/10 u. a.

Eine bedeutsame die verfassungsgerichtliche Kontrolldichte grundrechtlicher Schutzpflichten betreffende Entscheidung des Zweiten Senats des Bundesverfassungsgerichts aus jüngerer Zeit stammt vom 08. November 2022. In dem Beschluss 2 BvR 2480/10 u. a. wandten sich mehrere Beschwerdeführerinnen – eine deutsche Personenhandelsgesellschaft und mehrere juristische Personen

[1167] Auch wenn die Evidenzkontrolle hier wohl ebenso zu dem Ergebnis kommen würde, dass ein Verstoß gegen die Schutzpflicht aus Art. 3 Abs. 3 S. 2 GG (i. V. m. Art. 2 Abs. 2 S. 1 GG) anzunehmen wäre, da die bisherigen gesetzlichen Vorschriften jedenfalls erheblich hinter dem Schutzziel zurückbleiben.

[1168] BVerfG, 1 BvR 1541/20, Leitsatz Nr. 3. Siehe außerdem BVerfG, 1 BvR 1541/20, Rn. 130: „Der Gesetzgeber muss zur Umsetzung der aus Art. 3 Abs. 3 Satz 2 GG hier auch wegen der Bedeutung des Art. 2 Abs. 2 Satz 1 GG folgenden konkreten Schutzpflicht […] dafür Sorge tragen, dass jede Benachteiligung wegen einer Behinderung bei der Verteilung pandemiebedingt knapper intensivmedizinischer Behandlungsressourcen *hinreichend wirksam* verhindert wird." (Hervorhebung durch die Verfasserin)

mit Sitz in Deutschland, anderen Mitgliedsstaaten der Europäischen Union sowie Drittstaaten – gegen Entscheidungen der Technischen Beschwerdekammern und der Großen Beschwerdekammer des Europäischen Patentamts.[1169] Die Technischen Beschwerdekammern hatten zugunsten der Beschwerdeführerinnen bestehende europäische Patente aufgehoben oder widerrufen.[1170] Die Große Beschwerdekammer bestätigte die erstinstanzlichen Entscheidungen.[1171] Die Beschwerdeführerinnen rügten, dass die Entscheidungen auf einem Rechtsschutzdefizit beruhten und Prozessgrundrechte verletzten.[1172]

Das BVerfG verwarf die Verfassungsbeschwerden als unzulässig.[1173] Es stellte fest, dass es überprüfen könne, ob zwischenstaatliche Einrichtungen nach Art. 24 Abs. 1 GG das vom Grundgesetz geforderte Minimum an Grundrechtsschutz verletzt hätten und ob die deutschen Verfassungsorgane ihrer Pflicht nachgekommen seien, darauf hinzuwirken, dass die vom Grundgesetz geforderten Mindeststandards nicht unterschritten würden.[1174] Denn die Verfassungsorgane treffe insoweit eine grundrechtliche Schutzpflicht, die sie zur Beobachtung des Vollzugs des jeweiligen Integrationsprogramms verpflichteten sowie darüber hinaus bei einer Berührung des Wesensgehalts der jeweils betroffenen Grundrechte auch dazu, Abhilfe zu schaffen.[1175] Die Beschwerdeführerinnen hätten vorliegend nicht hinreichend substantiiert dargelegt, dass das von Art. 19 Abs. 4 GG geforderte Mindestmaß an wirkungsvollem Rechtsschutz durch die Organisation der Technischen Beschwerdekammern und der Großen Beschwerdekammer verfehlt würde, sodass deutsche Verfassungsorgane aktuell nicht verpflichtet wären, diesbezüglich tätig zu werden.[1176] In Bezug auf den Umfang der Kontrolldichte grundrechtlicher Schutzpflichten führt das BVerfG aus:

> Eine Verletzung grundrechtlicher Schutzpflichten liegt allerdings erst vor, wenn überhaupt keine Schutzvorkehrungen getroffen wurden, die getroffenen Regelungen und Maßnahmen offensichtlich ungeeignet oder völlig unzulänglich sind oder

[1169] BVerfG, 2 BvR 2480/10, Rn. 1.
[1170] BVerfG, 2 BvR 2480/10, Rn. 38 ff.
[1171] BVerfG, 2 BvR 2480/10, Rn. 38 ff.
[1172] BVerfG, 2 BvR 2480/10, Rn. 38 ff.
[1173] BVerfG, 2 BvR 2480/10, Rn. 100.
[1174] BVerfG, 2 BvR 2480/10, Rn. 127.
[1175] BVerfG, 2 BvR 2480/10, Rn. 127.
[1176] BVerfG, 2 BvR 2480/10, Rn. 123.

> wenn sie erheblich hinter dem Schutzziel zurückbleiben [...]. Auf die Gewährleistung *dieses Untermaßverbotes* durch die zuständigen Verfassungsorgane haben die einzelnen Grundrechtsträger ein aus den jeweils in Rede stehenden Grundrechten abgeleitetes Recht [...].[1177]

Die Bezeichnung der Evidenzformel als Untermaßverbot könnte dafür sprechen, dass das BVerfG die ursprüngliche Formel des Untermaßverbots in Zukunft nicht mehr anwenden wird.[1178] Zu beachten ist allerdings, dass es in dem Beschluss 2 BvR 2480/10 u. a. um die Schutzpflicht des Staates für Art. 19 IV GG geht und damit nicht um die Grundrechte auf Leben und Gesundheit. Diesbezüglich bleibt daher abzuwarten, ob sich das BVerfG in Zukunft auch in diesem Bereich dauerhaft auf die Evidenzkontrolle beschränken wird.

4. Zwischenergebnis

Die ersten beiden aufgeführten Entscheidungen zeigen, dass die Schutzpflicht für die Rechtsgüter Leben und körperliche Unversehrtheit, Art. 2 Abs. 2 S. 1 GG, in der aktuellen Rechtsprechung einer weitreichenden Kontrolle unterzogen wird – wenn auch in BVerfG – 1 BvR 1541/20 auf abstrakter Ebene unter Hinweis auf den Klimabeschluss auf die Evidenzkontrolle abgestellt wird. Das Untermaßverbot aus der zweiten Schwangerschaftsentscheidung wird nicht ausdrücklich erwähnt. Es kommt aber eine ähnlich intensive Kontrolle zur Anwendung.

Zudem ist anzumerken, dass das BVerfG in jüngerer Zeit nicht mehr auf die dreiteilige Evidenz-Prüfung zurückgreift, wonach es eine Schutzpflichtverletzung nur feststellen konnte, wenn die öffentliche Gewalt Schutzvorkehrungen entweder überhaupt nicht getroffen hat oder offensichtlich die getroffenen Regelungen und Maßnahmen gänzlich ungeeignet oder völlig unzulänglich sind, das Schutzziel zu erreichen.[1179] Vielmehr wendet es nunmehr eine viergliedrige Evidenzkontrolle an.

> Das Bundesverfassungsgericht kann [... nach dieser] die Verletzung einer Schutzpflicht nur feststellen, wenn die öffentliche Gewalt Schutzvorkehrungen entweder überhaupt nicht getroffen hat oder die getroffenen Regelungen und Maßnahmen

---

1177 BVerfG, 2 BvR 2480/10, Rn. 129 (Hervorhebung durch die Verfasserin).

1178 *Britz*, NVwZ 2023, 1449 (1454).

1179 BVerfGE 77, 170 (215); BVerfGE 79, 174 (202).

gänzlich ungeeignet oder völlig unzulänglich sind, das gebotene Schutzziel zu erreichen, *oder dahinter zurückbleiben.*[1180]

Der Prüfungsmaßstab ist demnach im Bereich der Evidenzkontrolle mittlerweile zumindest etwas enger gespannt.[1181] Die Abkehr von einer Evidenzprüfung hin zu einer strengen verfassungsgerichtlichen Überprüfung ist hiermit jedoch nicht verbunden.[1182]

Der Beschluss 2 BvR 2480/10 u. a. könnte darauf hindeuten, dass sich das BVerfG von der Formel des Untermaßverbots aus der zweiten Schwangerschaftsentscheidung verabschiedet und die viergliedrige Evidenzkontrolle in Zukunft als alleinigen Prüfungsmaßstab grundrechtlicher Schutzpflichterfüllung heranziehen wird.[1183]

V. Zwischenergebnis

Die einen großen Zeitraum umfassenden Untersuchungen der verfassungsgerichtlichen Entscheidungen zu den grundrechtlichen Schutzpflichten zeigen, dass das BVerfG bei Rechtsgütern von hoher Bedeutung wie Art. 2 Abs. 2 S. 1 GG sowie diesbezüglich bestehender erheblicher Gefährdungen in der Regel einen strengen Kontrollmaßstab anwendet. Wenn auch das Untermaßverbot ausdrücklich nur in BVerfGE 88, 203 Erwähnung findet, weisen die anderen intensiven Prüfmaßstäbe mit diesem eine hohe Ähnlichkeit auf. Daneben gibt es die Evidenzkontrolle, die zunächst als dreiteilige und mittlerweile vierteilige Prüfung ausgestaltet ist. Die analysierte aktuelle Rechtsprechung bestätigt die weitere Anwendung beider Prüfintensitäten. Auch in jüngster Zeit kommt die Evidenzkontrolle eher bei weniger gewichtigen Rechtsgütern bzw. einer geringeren Gefährdungslage zur Anwendung[1184], während

1180 Erstmals BVerfGE 92, 26 (46) (Hervorhebung durch die Verfasserin); dann stRspr.: so bspw. BVerfG, NVwZ 2018, 1556 (1557); BVerfG, NVwZ 2021, 951; BVerfG, NVwZ 2022, 139.

1181 Vgl.: *Böhm*, Umweltstaatlichkeit, S. 1118.

1182 *Britz*, NVwZ 2023, 1449 (1454). *Britz* weist jedoch darauf hin, dass der Maßstab des Untermaßverbots sowie die Evidenzkontrolle „in der praktischen Anwendung durch das BVerfG […] dichter beieinander [liegen] als ihre – auch vom Gericht betonten – kategorial unterschiedlichen dogmatischen Ausgangspunkte [es] vermuten lassen. Das liegt vor allem an konvergierenden ‚Spielraum'-Dogmatiken." (*Britz*, NVwZ 2023, 1449 [1451])

1183 *Britz*, NVwZ 2023, 1449 (1454).

1184 Vgl. BVerfG, NVwZ 2018, 1156 (1157).

bei in hohem Maße gefährdeten gewichtigen Rechtsgütern eine strengere verfassungsrechtliche Kontrolle vorgenommen wird. Allerdings wendet das BVerfG zum Teil auch bei der zuletzt genannten Fallgruppe einen restriktiveren Kontrollmaßstab an und sorgt so im Rahmen der grundrechtlichen Schutzpflichten für Rechtsunsicherheit.

Zudem könnte die Bezeichnung der viergliedrigen Evidenzkontrolle als „Untermaßverbot" im Beschluss BVerfG – 2 BvR 2480/10 u. a. darauf hindeuten, dass das BVerfG in Zukunft allein anhand dieses Maßstabs die Einhaltung grundrechtlicher Schutzpflichten überprüfen wird. Diese erweiterte Evidenzprüfung ermöglicht eine umfassendere Begutachtung von grundrechtlichen Schutzpflichten als die anfangs vom BVerfG angewandte dreiteilige Prüfung, reicht aber in ihrer Kontrolldichte nicht an den Maßstab des Untermaßverbots aus BVerfGE 88, 203 (254) heran.[1185] So hätte die Anwendung des Untermaßverbots im Rahmen der grundrechtlichen Schutzpflicht aus Art. 2

1185 Vgl. *Böhm*, Umweltstaatlichkeit, S. 1118, 1119 und 1126: „Im Umweltrecht hält das Gericht im Wesentlichen an seinem alten Prüfungsmaßstab und damit daran fest, dass unzureichende Schutzmaßnahmen des Gesetzgebers nur dann angegriffen werden können, wenn diese völlig unzureichend oder offensichtlich ungeeignet sind. Auch in seiner Entscheidung zum Klimaschutzgesetz greift das Bundesverfassungsgericht auf diesen Maßstab zurück. Ergänzend wird darauf abgestellt, dass die ergriffenen Maßnahmen nicht erheblich hinter dem Schutzziel zurückbleiben dürfen. Damit wird der Überprüfungsrahmen zumindest etwas enger gespannt. Das Untermaßverbot wurde zwar von den Beschwerdeführenden aufgegriffen, in der Begründung des Gerichts wird es jedoch nicht erwähnt. […] Überfällig ist eine Schärfung des Untermaßverbots. Dass es vom Gericht in der Urteilsbegründung nicht aufgegriffen wurde, stellt ein Defizit der ansonsten in weiten Teilen überaus begrüßenswerten Entscheidung dar."

Vgl. ebenso *Calliess*, Berliner Online-Beiträge zum Europarecht Nr. 146, S. 27: „Im Unterschied zur Evidenzkontrolle ermöglicht die Prüfung anhand des Untermaßverbots in der Regel eine höhere Kontrolldichte. […] In jüngeren umweltrechtlichen Entscheidungen bis hin zum Klimabeschluss vom März 2021 deutet das Bundesverfassungsgericht zwar eine Kombination beider Prüfmaßstäbe an, im Ergebnis bleibt es gleichwohl beim Maßstab der Evidenzkontrolle. Vor diesem Hintergrund ist zwar nicht überraschend, aber gleichwohl problematisch, dass der Klimabeschluss die Schutzpflichtdimension so restriktiv behandelt wie eh und je und sie damit ins Leere laufen lässt. Dies liegt daran, dass er es beim verfassungsgerichtlichen Kontrollmaßstab der Evidenzkontrolle belässt. Eine mögliche und vom BVerfG in anderen Fällen auch vorgenommene Vertretbarkeitskontrolle im Lichte des Untermaßverbots wird nicht durchgeführt, ja nicht einmal erwogen."

Abs. 2 S. 1 GG im Klimabeschluss den Gesetzgeber – entsprechend der vom BVerfG aus dem intertemporalen Freiheitsschutz abgeleiteten Rechtsfolge – dazu verpflichten können, Regelungen zur Treibhausgasreduktion über den Zeitraum nach 2030 hinaus fortzuschreiben. Denn eine strengere Prüfung der Schutzpflicht aus Art. 2 Abs. 2 S. 1 GG verlangt die Berücksichtigung des Vorsorgeprinzips. Werden bis 2030 erhebliche Mengen des nationalen CO_2-Restbudgets aufgebraucht, fallen die Einschränkungen der Freiheitsgrundrechte in der darauffolgenden Zeit umso stärker aus je weniger CO_2-freie Technologie zur Verfügung steht. Dies führt dazu, dass ein heutiger Mangel an Entwicklungsdruck- und Planungssicherheit für CO_2-freie Technologien in den gesetzlichen Vorschriften das Risiko erhöht, dass in dem Zeitraum nach 2030 das nationale CO_2-Restbudget überschritten wird. Denn der Klimaschutz gewinnt mit zunehmendem Klimawandel zwar an Gewicht, setzt sich aber nicht zwingend gegenüber den Freiheitsgrundrechten durch.[1186]

B. Argumente für eine eingeschränkte gerichtliche Kontrolldichte grundrechtlicher Schutzpflichten

Nachdem die verfassungsgerichtliche Entscheidungspraxis dargestellt worden ist, werden im Folgenden mögliche Argumente für und gegen eine restriktivere bzw. umfassendere Kontrolldichte abgewogen. Dies dient der Herausarbeitung eines für den Klimaschutz passenden Prüfungsumfangs grundrechtlicher Schutzpflichten.

I. Verfassungsrechtliche Vorgaben als Maßstab für die gerichtliche Kontrolldichte?

Für eine restriktivere gerichtliche Kontrolldichte grundrechtlicher Schutzpflichten könnte das Fehlen von Vorgaben zu deren Erfüllung im Verfassungstext sprechen. So wird in der Literatur in Bezug auf die Kompetenzabgrenzung zwischen Bundesverfassungsgericht und Legislative zum Teil angemerkt, dass der verfassungsgerichtliche Kontrollumfang abhängig von der Dichte der den

1186 Vgl. insoweit auch *Calliess*, Berliner Online-Beiträge zum Europarecht Nr. 146, S. 20: „Das Untermaßverbot verlangt doch gerade – nicht mehr und nicht weniger – als jenes in sich schlüssige, wirksame und damit vorausschauende Schutzkonzept, auf das auch der Erste Senat [im Klimabeschluss] im Ergebnis überzeugend abzielt (Rn. 243 ff.).“

Kontrollgegenstand erfassenden Normen sei. *Schlaich/Korioth* führen insofern allgemein hinsichtlich des Umfangs verfassungsgerichtlicher Kontrolle aus:

> Der Schlüssel für die Bestimmung der Kontrolldichte und Reichweite des BVerfG muss – bei allen Schwierigkeiten mit der Interpretation der Verfassung – die Verfassung sein und bleiben: Nicht das Gericht, sondern die Verfassung als Prüfungsmaßstab des Gerichts ist entweder zurückhaltend oder deutlich greifend.[1187]

Der Gedanke lässt sich auf den hier entscheidenden Bereich der grundrechtlichen Schutzpflichten nicht ohne Weiteres übertragen. Diese Grundrechtsdimension ist vom BVerfG erst im Wege der Verfassungsfortbildung entwickelt worden. Hinsichtlich des Umfangs und der Art und Weise der Erfüllung staatlicher Schutzpflichten lassen sich der Verfassung daher keine Vorgaben entnehmen.[1188] Hieraus zu schlussfolgern, dass dem BVerfG keine oder kaum eine Kompetenz zur Überprüfung der gesetzgeberischen Umsetzung dieser grundrechtlichen Verpflichtungen zusteht, überzeugt nicht. Ein solches Verständnis würde dazu führen, dass den im Wege der Fortbildung der Verfassung entwickelten grundrechtlichen Wertungen faktisch keine Wirkung zukäme, da sie vor Gericht nicht durchsetzbar wären. Das Instrument der Verfassungsfortbildung ist aber aufgrund des „Alters" des Grundgesetzes und der über die Zeit entstehenden gesellschaftlichen, wirtschaftlichen und technologischen Veränderungen essenziell, um die Aktualität der Verfassung und damit ihre Legitimität wahren zu können.[1189] Ein Festhalten am Verfassungstext hätte zur Folge, dass kein Schutz der Bürger vor neuartigen Gefährdungen – beispielsweise durch neue Technologien – bestünde.[1190] Das Verfassungsrecht unterliegt daher „einem permanenten Wandlungs- und Anpassungsdruck".[1191] Dies setzt neben der Anpassung des materiellen Rechts an die aktuellen Gegebenheiten auch dessen gerichtliche Durchsetzbarkeit

---

1187 *Schlaich/Korioth*, Das Bundesverfassungsgericht, Rn. 527. Kritisch zu einem solchen Ansatzpunkt hingegen: *Vogel*, Das Bundesverfassungsgericht und die übrigen Verfassungsorgane, S. 61 f.

1188 Vgl. *Ruffert*, Vorrang der Verfassung und Eigenständigkeit des Privatrechts, S. 203: „[W]egen der Unbestimmtheit der Schutzpflichten läßt sich ihre kollisionslösende Erfüllung nicht aus der Verfassung deduzieren."

1189 Siehe hierzu bereits die Ausführungen unter 2. Kapitel, C, III.

1190 *Geise*, Schutzpflichten und Abwehrrechte, S. 158.

1191 *Geise*, Schutzpflichten und Abwehrrechte, S. 158.

voraus. Dabei muss der Grundsatz der Gewaltenteilung Berücksichtigung finden. *Gusy* legt in Bezug auf den Bereich der Verfassungsfortbildung hinsichtlich des diesbezüglich anzuwendenden gerichtlichen Kontrollumfangs überzeugend dar:

> Läßt die Auslegung des Grundgesetzes nach Inhalt und Zweck einer Vorschrift ein gewisses Spektrum an möglichen Rechtsfolgeanordnungen zu, so sind diese untereinander gleichwertig. Hier gelangt die gerichtliche Interpretationskompetenz an ihre Grenze. Das gilt analog auch für das ungeschriebene Verfassungsrecht.[1192]

Im Bereich der Verfassungsfortbildung, bei der keine konkreten inhaltlichen Vorgaben im Grundgesetz vorhanden sind, sollte daher an den Zweck des weiterentwickelten Rechts angeknüpft werden. In Abgrenzung zur legislativen Tätigkeit wird im rechtswissenschaftlichen Schrifttum darauf hingewiesen, dass die Grenze der Kompetenz des BVerfG dort liege, wo politische Wertungen nötig würden.[1193]

Die in der heutigen Zeit von Privaten ausgehenden Gefahren für die Grundrechte der Bürger sind zahlreich und bringen zum Teil ein hohes Schädigungspotenzial mit sich. Ein ausreichender Grundrechtsschutz verlangt daher einen wirksamen Schutz des Staates vor jenen Gefahren. Eine Evidenzkontrolle vermag ein solches Schutzniveau nicht zu erreichen. Dies gilt in besonderem Maße für die alleinige Kontrolle von gesetzgeberischer Untätigkeit sowie von dem Vorliegen eines gänzlich ungeeigneten oder völlig unzulänglichen Schutzes. Aber auch die Überprüfung, ob die gesetzlichen Maßnahmen nicht erheblich hinter dem Schutzziel zurückbleiben, kann jedenfalls bei in hohem Maße gefährdeten und gewichtigen Rechtsgütern für den erforderlichen Grundrechtsschutz nicht ausreichen. Der Zweck der im Wege der Verfassungsfortbildung geschaffenen grundrechtlichen Schutzpflichten verlangt diesbezüglich einen wirksamen Schutz, den das Untermaßverbot gewährleisten kann. Gegen die Bestimmung der Wirksamkeitsgrenze des für das jeweilige Grundrecht notwendigen Schutzkonzepts könnte angeführt werden, dass das Gericht hierfür Wertungen vornehmen müsse.[1194] Allerdings lassen sich die Inhalte der Grundrechte nicht ohne solche

---

1192 *Gusy*, Parlamentarischer Gesetzgeber und Bundesverfassungsgericht, S. 143.
1193 *Steinberg*, JZ 1980, 385 (387).
1194 *Ruffert*, Vorrang der Verfassung und Eigenständigkeit des Privatrechts, S. 219.

bestimmen.[1195] Dies liegt darin begründet, dass das BVerfG es mit „politischen Rechtsstreitigkeiten" zu tun hat.[1196] Demgemäß muss es – in gewissem Maße – auch selbst politisch wertend tätig werden. Wo diesbezüglich Grenzen liegen, wird im Folgenden Abschnitt anhand des Gewaltenteilungs- und Demokratieprinzips untersucht.

II. Der Grundsatz der Gewaltenteilung und das Demokratieprinzip

Für eine zurückhaltende Kontrolldichte der grundrechtlichen Schutzpflichten wird des Weiteren der Grundsatz der Gewaltenteilung angeführt. Während einige Ansichten aufgrund dieses aus Art. 20 Abs. 2 S. 2 GG folgenden Prinzips die im Wege der Verfassungsfortbildung geschaffene Konstruktion grundrechtlicher Schutzpflichten generell ablehnen[1197], erkennen andere zu Recht die Notwendigkeit staatlicher Verpflichtungen zum Schutz der Grundrechte an, sprechen sich jedoch für einen eingeschränkten gerichtlichen Kontrollmaßstab aus.[1198] Die Forderungen einer restriktiven gerichtlichen Kontrollmöglichkeit nehmen meist Bezug auf die beiden vom BVerfG zum Schwangerschaftsabbruch getroffenen Entscheidungen.[1199] Sie stellen die bekanntesten weitgreifenden Urteile hinsichtlich der Anerkennung einer Schutzpflichtverletzung und das „ein[zige] Beispiel [dar], in dem das

1195 *Ruffert*, Vorrang der Verfassung und Eigenständigkeit des Privatrechts, S. 219.

1196 *Leibholz*, JöR 6 (1957), 110 (121).

1197 So in Bezug auf den auch die staatlichen Schutzpflichten umfassenden objektivrechtlichen Gehalt der Grundrechte: *Böckenförde*, Staat, Verfassung, Demokratie, S. 189 f.

1198 Beides in Betracht ziehend: *Kingreen*, Grundrechte, Rn. 157: „Dies [er bezieht sich auf die beiden Entscheidungen des BVerfG zum Schwangerschaftsabbruch] rät zur Zurückhaltung bei der Annahme oder jedenfalls den Anforderungen [... grundrechtlicher] Schutzpflichten und spricht uU dafür, sie nur dort anzunehmen, wo das Grundgesetz sie ausdrücklich vorsieht."

1199 Bzgl. der ersten Entscheidung des BVerfG zum Schwangerschaftsabbruch (BVerfGE 39, 1) *Geise*, Schutzpflichten und Abwehrrechte, S. 151 f. Bzgl. der zweiten Entscheidung des BVerfG zum Schwangerschaftsabbruch (BVerfGE 88, 203) beispielsweise *Schlaich/Korioth*, Das Bundesverfassungsgericht, Rn. 538: „Die dem Gericht obliegende Kontrolle von Prognosen des Gesetzgebers bezüglich zukünftiger Tatsachenentwicklungen verwandelt das Gericht hier zu einer eigenen verändernden Einflussnahme auf diese Entwicklungen. Diese Einflussnahme obliegt aber dem Gesetzgeber."

Verfassungsgericht [zur Schutzpflichterfüllung] ganz detaillierte Vorgaben gemacht hat“[1200]. Hinsichtlich der Inhalte beider Entscheidungen kann auf die bereits erfolgten Darstellungen verwiesen werden.[1201] Im Folgenden sollen die beiden Urteile darauf untersucht werden, ob der vom BVerfG jeweils angewandte, strenge Kontrollmaßstab mit dem Grundsatz der Gewaltenteilung sowie dem Demokratieprinzip vereinbar ist.

1. BVerfG – 1 BvF 1/74 u. a.

Angesichts der umfassenden inhaltlichen Prüfung des BVerfG in der ersten Schwangerschaftsentscheidung stellt sich die Frage, ob ein Verstoß gegen den Grundsatz der Gewaltenteilung anzunehmen ist. Hierfür sprechen sich die Richterin *Ruppv. Brünneck* und der Richter *Simon* in ihrer abweichenden Meinung zum Urteil des BVerfG[1202] aus:

> [Das Gericht] darf dem Gesetzgeber nur dann entgegentreten, wenn er eine Wertentscheidung ganz außer acht gelassen hat oder die Art und Weise ihrer Realisierung offensichtlich fehlsam ist. Demgegenüber legt die Mehrheit dem Gesetzgeber trotz vermeintlicher Anerkennung seiner Gestaltungsfreiheit faktisch zur Last, er habe eine an sich anerkannte Wertentscheidung nach ihrer Auffassung nicht bestmöglich verwirklicht. Sollte das zum allgemeinen Prüfungsmaßstab werden, so wäre damit das Gebot richterlicher Selbstbeschränkung preisgegeben.[1203]

Zunächst ist festzustellen, dass dem Gewaltenteilungsgrundsatz nicht mehr als eine abstrakte Leitlinie zu entnehmen ist.[1204] In Bezug auf die grundrechtlichen Schutzpflichten lässt sich hieraus schlussfolgern, dass das BVerfG nur die Zielvorgabe eines gewissen Schutzniveaus überprüfen kann.[1205] Sofern mehrere staatliche Maßnahmen zu dessen Erreichung zur Verfügung stehen – was in der Regel der Fall sein wird –, muss dem Gesetzgeber die Auswahl

---

1200 *Mangold*, LTO vom 14.08.2020, Antwort 1.

1201 Siehe für BVerfGE 39, 1 unter 4. Kapitel, A, II, 1 sowie für BVerfGE 88, 203 unter 4. Kapitel, A, II, 6.

1202 BVerfGE 39, 1 (69 f.).

1203 BVerfGE 39, 1, (73).

1204 *Schlaich/Korioth*, Das Bundesverfassungsgericht, Rn. 513.

1205 Vgl. *Möstl*, staatliche Garantie, S. 115.

zwischen diesen bleiben.[1206] Bei entsprechendem Vorgehen des BVerfG wahrt es das Prinzip der Gewaltenteilung sowie das Demokratieprinzip, indem es auf der einen Seite einen ausreichenden Grundrechtsschutz gewährleistet und auf der anderen Seite dem Parlament die nötigen Entscheidungsspielräume überlässt.[1207]

In Bezug auf die erste Schwangerschaftsentscheidung des BVerfG aus dem Jahr 1975 sind nach der hier vertretenen Ansicht die Grenzen des Gewaltenteilungs- sowie des Demokratieprinzips gewahrt. Angesichts des Höchstwertes Leben führt das Gericht zu Recht eine intensive Kontrolle durch[1208] und verlangt einen effektiven Schutz der Leibesfrucht, wobei entgegenstehende Rechtsgüter angemessen zu berücksichtigen sind. Dass das Gericht zur Erfüllung dieses Schutzniveaus sehr hohe Anforderungen an die gesetzlichen Maßnahmen stellt, ist unter Berücksichtigung der damaligen gesellschaftlichen Wertevorstellungen und Anschauungen zu beurteilen. Während dem Rechtsgut des ungeborenen Lebens damals wie heute ein Höchstrang in der Verfassung zukommt,[1209] hat sich seit 1975 bis zur zweiten Schwangerschaftsentscheidung 1993 sowie von da an bis heute der Wert, den die Gesellschaft dem Selbstbestimmungsrecht der Frau zumisst, verändert. Aktuell macht dies die von der Bundesregierung eingesetzte Kommission zur reproduktiven Selbstbestimmung und Fortpflanzungsmedizin deutlich, die zu prüfen hatte, ob Schwangerschaftsabbrüche außerhalb des Strafrechts geregelt werden könnten.[1210] Sie empfiehlt in ihrem Abschlussbericht, Schwangerschaftsabbrüche in der Frühphase der Schwangerschaft rechtmäßig und straflos zu stellen.[1211] Um ihre Anzahl möglichst gering zu halten, solle es mehr Aufklärung und Prävention, beispielsweise kostenlose

---

1206 Vgl. *Möstl*, staatliche Garantie, S. 115.

1207 Vgl. *Möstl*, staatliche Garantie, S. 105.

1208 BVerfGE 39, 1 (42): „Die Schutzverpflichtung des Staates muß um so ernster genommen werden, je höher der Rang des infrage stehenden Rechtsgutes innerhalb der Wertordnung des Grundgesetzes anzusetzen ist."

1209 BVerfGE 39, 1 (42): „Das menschliche Leben stellt, wie nicht näher begründet werden muß, innerhalb der grundgesetzlichen Ordnung einen Höchstwert dar; es ist die vitale Basis der Menschenwürde und die Voraussetzung aller anderen Grundrechte."

1210 *Monecke*, ZEIT ONLINE vom 24.03.2023, Abschnitt 4.

1211 Bericht der Kommission zur reproduktiven Selbstbestimmung und Fortpflanzungsmedizin, S. 335.

Bereitstellung von Verhütungsmitteln, geben.[1212] Expertinnen des Deutschen Juristinnenbundes, dessen Präsidentin *Maria Wersig* eines der Mitglieder der Kommission ist, führen an:

> Inzwischen ist es viel deutlicher in das Bewusstsein der Gesellschaft gelangt, dass es sich bei der Entscheidung für oder gegen eine Schwangerschaft und deren Fortführung um eine höchstpersönliche Entscheidung der schwangeren Person handelt.[1213]

Außerdem macht das BVerfG deutlich, dass es gesellschaftlichen Wandel berücksichtigt[1214]: So wird beispielsweise in der Entscheidung zur Sterbehilfe die selbstbestimmte Lebensführung in das Zentrum gestellt.[1215] Dort hat das BVerfG am 26. Februar 2020 das in § 217 StGB festgeschriebene Verbot der geschäftsmäßigen Förderung der Selbsttötung als verfassungswidrig und nichtig erklärt. Es stellt die Unangemessenheit des Eingriffs in das aus dem allgemeinen Persönlichkeitsrecht, Art. 2 Abs. 1 GG i. V. m. Art. 1 Abs. 1 GG, folgende Recht auf selbstbestimmtes Sterben zur Verfolgung der staatlichen Pflicht zum Schutz des Lebens, Art. 2 Abs. 2 S. 1 GG, fest.[1216] Hinsichtlich des hohen Wertes des Selbstbestimmungsrechts führt das Gericht aus:

> Die existentielle Bedeutung, die der Selbstbestimmung speziell für die Wahrung personaler Individualität, Identität und Integrität im Umgang mit dem eigenen Leben zukommt, legt dem Gesetzgeber strenge Bindungen bei der normativen Ausgestaltung eines Schutzkonzepts im Zusammenhang mit der Suizidhilfe auf.[1217]

Weiter stellt es fest:

> Der Verfassungsordnung des Grundgesetzes liegt ein Menschenbild zugrunde, das von der Würde des Menschen und der freien Entfaltung der Persönlichkeit in Selbstbestimmung und Eigenverantwortung bestimmt ist. Dieses Menschenbild hat Ausgangspunkt jedes regulatorischen Ansatzes zu sein.[1218]

1212 Bericht der Kommission zur reproduktiven Selbstbestimmung und Fortpflanzungsmedizin, S. 101, 102.

1213 Deutscher Juristinnenbund, Policy Paper v. 08.12.2022, S. 9.

1214 Siehe bspw. BVerfG, 1 BvR 2019/16.

1215 BVerfGE 153, 182, Rn. 210.

1216 BVerfGE 153, 182, Rn. 202, 223–226.

1217 BVerfG, 2 BvR 2347/15, Rn. 266.

1218 BVerfG, 2 BvR 2347/15, Rn. 274.

Daraus leiten die Mitglieder des Deutschen Juristinnenbundes ab, „dass den Rechten der schwangeren Person [... heute] ein höheres Gewicht in der Abwägung beizumessen" wäre als noch vor 30 Jahren.[1219] Angesichts des im Jahr 1975 nach den gesellschaftlichen Vorstellungen geringer ausgeprägten Wertes des Selbstbestimmungsrechts der Frau durfte das BVerfG die Fristenregelung des § 218a StrRG als nicht wirksam genug zum Schutz des Art. 2 Abs. 2 S. 1 GG ansehen. Auch wahrte es den Gewaltenteilungsgrundsatz, indem es dem Gesetzgeber neben der Strafbarkeit des nicht indizierten Schwangerschaftsabbruchs weitere Möglichkeiten der Umsetzung eines effektiven Schutzes des ungeborenen Lebens ermöglichte. Das BVerfG führt insofern aus:

> Der Gesetzgeber kann die grundsätzlich gebotene rechtliche Mißbilligung des Schwangerschaftsabbruchs auch auf andere Weise zum Ausdruck bringen als mit dem Mittel der Strafdrohung. Entscheidend ist, ob die Gesamtheit der dem Schutz des ungeborenen Lebens dienenden Maßnahmen einen der Bedeutung des zu sichernden Rechtsgutes entsprechenden tatsächlichen Schutz gewährleistet. Im äußersten Falle, wenn der von der Verfassung gebotene Schutz auf keine andere Weise erreicht werden kann, ist der Gesetzgeber verpflichtet, zur Sicherung des sich entwickelnden Lebens das Mittel des Strafrechts einzusetzen.[1220]

Die erste Entscheidung des BVerfG zum Schwangerschaftsabbruch und die dabei angewandte intensive gerichtliche Kontrolle, die wesentliche Übereinstimmungen mit dem in der zweiten Schwangerschaftsentscheidung angewandten Untermaßverbot aufzeigt, macht deutlich, dass ein umfassender gerichtlicher Kontrollmaßstab mit dem Grundsatz der Gewaltenteilung sowie dem Demokratieprinzip vereinbar ist, sofern das Gericht – wie vorliegend geschehen – den Entscheidungsspielraum des Parlaments bei mehreren wirksamen und angemessenen Maßnahmen berücksichtigt. Insofern können die von der Richterin *Rupp v. Brünneck* und dem Richter *Simon* in ihrer abweichenden Meinung zu dem Urteil aufgeführten Bedenken, es „droht die Gefahr, daß die verfassungsgerichtliche Kontrolle sich nicht auf die Nachprüfung der

---

1219 Deutscher Juristinnenbund, Policy Paper v. 08.12.2022, S. 10. Vgl. ebenfalls *Schürmann*, VerfBlog vom 18.11.2020, Abschnitte 1 und 6: „Insbesondere vor dem Hintergrund neuerer Verfassungsrechtsprechung reicht dies aber nicht mehr aus, um echten politischen Diskurs über Sinn und Unsinn des Abtreibungs*strafrechts* zu verweigern. [...] Denn es ist nicht ausgeschlossen, dass eine weitergehende Entkriminalisierung selbstbestimmter Schwangerschaftsabbrüche heute Bestand hätte."

1220 BVerfGE 39, 1, Leitsatz Nr. 4.

vom Gesetzgeber getroffenen Entscheidung beschränkt, sondern diese durch eine andere, vom Gericht für besser gehaltene ersetzt" in Bezug auf die erste Schwangerschaftsentscheidung des BVerfG nicht überzeugen.

2. BVerfG – 2 BvF 2/90 u. a.

Wie in der ersten Schwangerschaftsentscheidung des BVerfG überzeugt auch die in BVerfG – 2 BvF 2/90 u. a. fast zwanzig Jahre später vorgenommene intensive Kontrolle durch das Gericht aufgrund der Wichtigkeit des Rechtsguts des ungeborenen Lebens. Fraglich erscheint allerdings, ob die Anwendung des Untermaßverbots den Grundsatz der Gewaltenteilung sowie das Demokratieprinzip hinreichend beachtet. Wie bereits dargestellt, ist Voraussetzung hierfür, dass dem Gesetzgeber unter verschiedenen wirksamen Maßnahmen, die entgegenstehende Rechtsgüter angemessen berücksichtigen, die Wahl bleibt.[1221] Diesen nötigen Entscheidungsspielraum des Parlaments achtet das BVerfG in der zweiten Schwangerschaftsentscheidung nicht ausreichend.[1222] *Hermes/Walther* sprechen in einer Erörterung des Urteils davon, dass der Zweite Senat „die Grenze, hinter der die ausschließliche Gestaltungsbefugnis des Gesetzgebers beginnt", überschreitet und den „vermeidbaren Weg in den verfassungsgerichtlichen Jurisdiktionsstaat betreten und damit die Legitimationsgrundlagen der Verfassungsgerichtsbarkeit aus den Augen verloren" hat.[1223] *Moritz* bezeichnet die Anordnungen des BVerfG im zweiten Schwangerschaftsurteil als ein „einem Diktat gleichkommende[n] Appell des Gerichts".[1224] Das BVerfG begründet in keiner Weise, dass die Beibehaltung

---

1221 Vgl. *Möstl*, staatliche Garantie, S. 106, 107.

1222 Ebenso: *Hermes/Walther*, NJW 1993, 2337 (2340): „Damit ist die Grundlage dafür geschaffen, dem Gesetzgeber die Freiheit zu nehmen, zwischen mehreren – gemessen an ihrer tatsächlichen Wirksamkeit gleichwertigen – Mitteln des Schutzes zu wählen. [...] [D]ie grundrechtliche Schutzpflicht [fordert] aber nur Formen des Schutzes [...], die Wirksamkeit versprechen". Kritisch auch *Moritz*, Staatliche Schutzpflichten, S. 174: „Das Bundesverfassungsgericht hat in seiner zweiten Entscheidung zum Schwangerschaftsabbruch [...] zwar den Gestaltungsspielraum des Gesetzgebers betont, gleichzeitig jedoch die Eckpunkte einer zu erlassenden Neuregelung mit inhaltlich sehr konkreten Vorgaben aufgezeigt."

1223 *Hermes/Walther*, NJW 1993, 2337 (2339, 2347).

1224 *Moritz*, Staatliche Schutzpflichten, S. 193. Anders als die hier vertretene Ansicht sieht *Moritz* angesichts des „hochgradig gefährdeten und hochrangigen Rechtsgut[s] Leben des Ungeborenen [... die] Anordnung konkreter, durch den Gesetzgeber

der Rechtswidrigkeit des nicht indizierten Schwangerschaftsabbruchs einen effektiveren Schutz gewährt als der vom Gesetzgeber vorgesehene Weg der rechtfertigenden Beratungsregel.[1225] Dass das Festhalten an der Rechtswidrigkeit der nur beratenen Schwangerschaftsabbrüche in der Realität keinen wirksamen Schutzmechanismus darstellt, zeigt die aktuell relativ konstante Anzahl an Schwangerschaftsabbrüchen, obwohl die deutliche Mehrheit dieser von der Rechtswidrigkeitsbestimmung des § 218a StGB erfasst wird.[1226] Auch wenn die vom Gesetzgeber getroffenen Maßnahmen als nicht wirksam genug zum Schutz des Art. 2 Abs. 2 S. 1 GG angesehen werden, gibt es nicht allein die vom BVerfG angeführten Möglichkeiten eines dem Untermaßverbot entsprechenden Schutzes. Vielmehr wären alternative Schutzinstrumente denkbar. Die Expertinnen des Deutschen Juristinnenbundes argumentieren beispielsweise, dass ein effektiverer Schutz des ungeborenen Lebens – anstatt durch das Rechtswidrigkeitsverdikt – mit Hilfe anderer gesetzlicher Maßnahmen verwirklicht werden könne, die gleichzeitig die Autonomie der schwangeren Frau achten.[1227] Hierzu gehörten insbesondere der kostenlose und barrierefreie Zugang zu Verhütungsmitteln, Investitionen in Familienplanungsdienste sowie mehr Sexualaufklärung, wodurch die Anzahl ungewollter Schwangerschaften und infolgedessen auch diejenige von Schwangerschaftsabbrüchen verringert werden könnten.[1228] Die Ansichten in der Literatur, die sich dafür aussprechen, dass – insbesondere nach den heutigen Wertevorstellungen – „[d]er verfassungsrechtliche Spielraum des Parlaments für eine […] Reform [des Abtreibungsrechts] besteht“[1229], können daher überzeugen. Die zweite Abtreibungsentscheidung des BVerfG überlässt dem Gesetzgeber nicht die Wahlmöglichkeit zwischen mehreren wirksamen und angemessenen Mitteln zum Schutz des ungeborenen Lebens aus Art. 2 Abs. 2 S. 1 GG. Vielmehr

umzusetzender Maßnahmen [… als zulässig an …], ohne dass dadurch funktionell-rechtliche Grenzen überschritten würden.“ (*Moritz*, Staatliche Schutzpflichten, S. 193, 194)

1225 *Hermes/Walther*, NJW 1993, 2337 (2340).

1226 *Monecke*, ZEIT ONLINE vom 24.03.2023, Abschnitt 7; *Schürmann*, VerfBlog vom 18.11.2020, Abschnitt 10. In diese Richtung auch bereits: *Hermes/Walther*, NJW 1993, 2337 (2342).

1227 Deutscher Juristinnenbund, Policy Paper v. 08.12.2022, S. 4.

1228 Deutscher Juristinnenbund, Policy Paper v. 08.12.2022, S. 4.

1229 *Schürmann*, VerfBlog vom 18.11.2020, Abschnitt 11.

entwickelt das BVerfG ein „eigenständiges Schutzkonzept“.[1230] Dadurch wird dem Gewaltenteilungs- sowie dem Demokratieprinzip nicht hinreichend Rechnung getragen.[1231]

3. Zwischenergebnis

Aus dem Verstoß der zweiten Abtreibungsentscheidung gegen die genannten rechtsstaatlichen Maximen kann jedoch nicht geschlussfolgert werden, dass das Untermaßverbot zwangsläufig mit diesen unvereinbar ist.[1232] Wie anhand der ersten Abtreibungsentscheidung des BVerfG, in der dieses dem Untermaßverbot ähnliche Voraussetzungen zur Erfüllung der aus Art. 2 Abs. 2 S. 1 GG folgenden Schutzpflichten aufstellte, verdeutlicht wurde, zieht die Anwendung eines intensiven gerichtlichen Kontrollmaßstabs nicht zwingend Probleme mit der Gewaltenteilung nach sich. *Hermes/Walther* sprechen daher zu Recht davon, dass es sich bei den Vorgaben des Untermaßverbotes um eine „justizförmige Kontrolle“ handele, die konkrete Handhabung dieses Kontrollmaßstabs in der zweiten Abtreibungsentscheidung allerdings „den Eindruck [vermittelt], daß das BVerfG seine Funktion als Organ der Rechtsprechung verlassen hat“.[1233] Dies unterstreichen die Ausführungen des BVerfG, die den Begriff des Untermaßverbots konkretisieren. Hiernach gibt die Verfassung nur „den Schutz als Ziel vor, nicht aber seine Ausgestaltung im einzelnen“.[1234] Obwohl das BVerfG selbst diese begrenzte Durchschlagskraft des Untermaßverbotes in der zweiten Schwangerschaftsentscheidung festlegt, verstößt es im weiteren Verlauf des Urteils gegen diese Vorgabe. Das verdeutlicht, dass bei der Anwendung des Untermaßverbots in besonderem Maße auf die Wahrung

---

1230 *Hermes/Walther*, NJW 1993, 2337.

1231 Vgl. *Böckenförde*, BVerfGE 88, 203 (364 f.). Sein Sondervotum im zweiten Abtreibungsurteil stimmt zwar der Ansicht des Ersten Senats insoweit zu, als es um die Rechtswidrigkeit nicht indizierter Schwangerschaftsabbrüche geht. In Bezug auf eine mögliche Kostenübernahme beratener Schwangerschaftsabbrüche sieht er aber „de[n] Gesetzgeber berufen, eine Regelung und Entscheidung zu finden.“

1232 So ebenfalls: *Möstl*, staatliche Garantie, S. 105 ff. Siehe auch *Geise*, Schutzpflichten und Abwehrrechte, S. 157: „[D]ie beanstandete Politisierungstendenz des Bundesverfassungsgerichts ist insgesamt weit weniger problematisch, als die Kritiker dies kundgeben.“ „Einer Prüfung anhand des Untermaßverbotes insbesondere bei Art. 1 und Art. 2 Abs. 2 Satz 1 GG steht folglich nichts entgegen.“ (S. 161)

1233 *Hermes/Walther*, NJW 1993, 2337 (2340).

1234 BVerfGE 88, 203 (254).

des Gestaltungsspielraums der Legislative geachtet werden muss. Sofern dies von Seiten des Gerichts berücksichtigt wird, stellt das Untermaßverbot einen geeigneten Kontrollmaßstab für die grundrechtlichen Schutzpflichten dar.[1235] Bezüglich der Vereinbarkeit des Untermaßverbots mit der Gewaltenteilung kann zusammenfassend auf die Ausführungen von *Möstl* verwiesen werden:

> Das Untermaßverbot ist [...] nicht etwa ein Instrument, mithilfe dessen der Richter selbständig und final ermitteln müßte, mit welchen Mitteln der Staat die Schutzpflicht erfüllen soll, sondern ein Instrument, mithilfe dessen [...] konkrete, *gegebene* Mittel am Verfassungsrecht gemessen werden. [...] Eine solche Konzeption des Untermaßverbotes als eines Instruments nicht der Ergründung gebotener, sondern der Überprüfung gegebener Mittel hat den Vorteil, auf eine Fassung von Schutzbegehren zu dringen, die sowohl dem Schutzanliegen des einzelnen als auch der Gestaltungsfreiheit des Staates bei der Erfüllung von Schutzpflichten hinreichend Rechnung trägt.[1236] Als Konsequenz der Prüfung des Untermaßverbotes kann sich regelmäßig nur ein Anspruch auf im Ergebnis besseren, hinsichtlich der einzusetzenden Mittel aber dem ‚Ermessen' des Staates anheimgestellten Schutz ergeben.[1237] Ein Anspruch auf ein konkretes Schutzmittel kann nach dieser Konzeption nur dann begründet sein, wenn [...] die Prüfung [...] ergibt, daß ausschließlich das begehrte Schutzmittel dem Untermaßverbot genügen kann.[1238]

In der Regel – so auch im Bereich des Klimaschutzrechts – ist der Gesetzgeber nicht gänzlich untätig geblieben.[1239] Liegt ein gesetzgeberisches Schutzkonzept vor, das hinter dem erforderlichen Schutzniveau zurückbleibt, wird von einem unechten legislativen Unterlassen gesprochen.[1240] In diesen Fällen wird das BVerfG die betreffende Vorschrift grundsätzlich nicht für nichtig, sondern für verfassungswidrig erklären, da das vorhandene, unzureichende Schutzniveau ansonsten noch weiter herabgesetzt würde.[1241] Stellt es lediglich die Verfassungswidrigkeit des Unterlassens weitgreifenderer Schutzmaßnahmen fest, folgt hieraus zugleich die

---

1235 Vgl. *Möstl*, staatliche Garantie, S. 105.

1236 *Möstl*, staatliche Garantie, S. 105.

1237 *Möstl*, staatliche Garantie, S. 115.

1238 *Möstl*, staatliche Garantie, S. 106, 107. Vgl. auch: *Geise*, Schutzpflichten und Abwehrrechte, S. 160.

1239 Vgl. *Maurer*, in: FS Weber, 345 (348).

1240 *Bethge*, in: Maunz/Schmidt-Bleibtreu/Klein/Bethge, BVerfGG, § 78, Rn. 133.

1241 *Möstl*, DÖV 1998, 1029 (1039).

Verpflichtung des Gesetzgebers zur Verbesserung des Schutzes der gefährdeten Rechtsgüter.[1242] Wie ausgeführt, ist dies in Bezug auf das Prinzip der Gewaltenteilung unproblematisch, sofern die Überarbeitung des Schutzkonzepts im Ermessen der Legislative bleibt.[1243] Das Gericht kann aber – in gewissem Umfang – einen Appell an den Gesetzgeber richten.[1244] Dieser enthält die Aufforderung, tätig zu werden, sowie konkretisierende Bestimmungen hinsichtlich des Inhalts der Gesetzesüberarbeitung.[1245] Ein solches Vorgehen des Gerichts erscheint – je nach Einzelfall – zur Vermeidung der Verfassungswidrigkeit der Neuregelung und infolgedessen zur Reduzierung künftiger Verfassungsstreitigkeiten im Hinblick auf die Prozessökonomie sinnvoll.[1246] Sofern mehrere wirksame Schutzinstrumente vorhanden sind, kann das BVerfG diese im Appell aufzählen, muss aber die Auswahl dem Gesetzgeber überlassen.[1247] Denkbar erscheinen – sofern nicht alle möglichen Schutzmaßnahmen genannt werden können – konkretisierende Hinweise im Hinblick auf das Schutzminimum.

Fraglich erscheint, ob dem BVerfG darüber hinaus die Befugnis zusteht, gleichzeitig mit einem Appell eine normvertretende Übergangsregelung gestützt auf § 35 BVerfGG[1248] zu schaffen, die bis zum Inkrafttreten der neuen gesetzlichen Vorschriften gilt. Auf der einen Seite spricht hierfür, dass dies im Einzelfall zur Sicherung der Verfassungsstaatlichkeit erforderlich sein kann, und auch das BVerfG über Art. 1 Abs. 3 GG zur Verwirklichung der grundrechtlichen Schutzpflichten beitragen muss.[1249] Auf der anderen Seite nimmt das BVerfG dadurch der Legislative vorbehaltene Aufgaben wahr, indem es sich für ein Schutzkonzept entscheiden muss und damit in hohem Maße politisch wertend tätig wird. Diese Übernahme legislativer Aufgaben durch das BVerfG erfährt eine Relativierung, indem der Gesetzgeber

---

1242 *Kleuker*, Gesetzgebungsaufträge, S. 28.

1243 Ebenso: *Geise*, Schutzpflichten und Abwehrrechte, S. 159.

1244 *Moritz*, Staatliche Schutzpflichten, S. 172. Davon hat das BVerfG in beiden Entscheidungen zum Schwangerschaftsabbruch Gebrauch gemacht (BVerfGE 39, 1, Leitsätze Nr. 4 und 5; BVerfGE 88, 203, Leitsätze Nr. 4, 7, 11, 15).

1245 Vgl. BVerfGE 88, 203, Leitsätze Nr. 4, 7, 11, 15, 16.

1246 Vgl. *Ruppv. Brünneck*, in: FS Müller, 355 (367).

1247 Vgl. *Kleuker*, Gesetzgebungsaufträge, S. 61, 62

1248 Vgl. *Moritz*, Staatliche Schutzpflichten, S. 199.

1249 *Bethge*, in: Maunz/Schmidt-Bleibtreu/Klein/Bethge, BVerfGG, § 35, Rn. 36; *Cremer*, Freiheitsgrundrechte, S. 343, 344.

innerhalb seines zur wirksamen Schutzpflichterfüllung verbleibenden Entscheidungsspielraums von der Interimsregelung jederzeit abweichen kann.[1250] Die ausreichende Gewährleistung grundrechtlicher Schutzpflichten sowie der Grundsatz der Gewaltenteilung müssen in Ausgleich gebracht werden. Abzustellen ist auf die Umstände des Einzelfalls.[1251] Dabei sollte § 32 Abs. 1 BVerfGG analog herangezogen werden, um diejenigen Situationen zu bestimmen, in denen eine vorübergehende Regelung gemäß § 35 BVerfGG für den Grundrechtsschutz unabdingbar ist.[1252] Hierdurch erlangt die umfassende Befugnis des BVerfG in Form der Schaffung von Übergangsvorschriften einen Ausnahmecharakter[1253] und bedarf einer präzisen Begründung. So führte die Schutzpflicht für das ungeborene Leben in der ersten Schwangerschaftsentscheidung des BVerfG nach den damaligen Wertevorstellungen zu Recht dazu, dass ein Abwarten der Anpassung der Vorschriften durch den Gesetzgeber nicht zumutbar war.[1254]

C. Argumente für eine intensive gerichtliche Kontrolldichte grundrechtlicher Schutzpflichten

Weder die in Bezug auf die Schutzpflichten kaum vorhandenen Vorgaben in der Verfassung noch das Gewaltenteilungs- sowie das Demokratieprinzip stellen überzeugende Argumente gegen die Anwendbarkeit des Untermaßverbotes aus der zweiten Schwangerschaftsentscheidung dar. Im Folgenden

---

1250 *Bethge*, in: Maunz/Schmidt-Bleibtreu/Klein/Bethge, BVerfGG, § 35, Rn. 39, 40.

1251 Vgl. *Bethge*, in: Maunz/Schmidt-Bleibtreu/Klein/Bethge, BVerfGG, § 35, Rn. 39.

1252 *Bethge*, in: Maunz/Schmidt-Bleibtreu/Klein/Bethge, BVerfGG, § 35, Rn. 39. Zustimmend: *Moritz*, Staatliche Schutzpflichten, S. 199.

1253 Vgl. *Geise*, Schutzpflichten und Abwehrrechte, S. 159, der die Möglichkeit des BVerfG „gem. § 35 BVerfGG durch Vollstreckungsanordnung vorübergehend Recht zu setzen“ als „Ausnahmefall“ bezeichnet.

1254 Ebenso: *Bethge*, in: Maunz/Schmidt-Bleibtreu/Klein/Bethge, BVerfGG, § 35, Rn. 35. Auch *Bethge* stellt insofern auf die analoge Anwendung der Voraussetzungen des § 31 Abs. 1 BVerfGG ab: „Die vom Bundesverfassungsgericht getroffene Interimsregelung war erforderlich und unabdingbar, weil sie zur Abwehr schwerer Nachteile oder aus einem anderen wichtigen Grund zum gemeinen Wohl dringend geboten war.“ (*Bethge*, in: Maunz/Schmidt-Bleibtreu/Klein/Bethge, BVerfGG, § 35, Rn. 39)

sollen daher Gesichtspunkte, die für eine Anwendbarkeit des Untermaßverbotes sprechen, aufgeführt werden.

I. Ansichten in der Literatur, die sich für das Untermaßverbot als universellen Prüfungsmaßstab grundrechtlicher Schutzpflichterfüllung aussprechen

Einige Ansichten in der Literatur sprechen sich für die Anwendung des Untermaßverbots als universellen Prüfungsmaßstab grundrechtlicher Schutzpflichterfüllung aus.[1255] Neben *Calliess*[1256] gehören dieser Gruppe auch *Steinberg/Müller* an, die die Evidenzkontrolle als „äußerst problematischen Maßstab zur Feststellung eines Schutzpflichtenverstoßes" und „misslungene Schutzpflichtenrechtsprechung"[1257] bezeichnen, „welche die staatlichen Schutzpflichten geradezu ins Leere laufen" lasse.[1258] So könne beispielsweise im Bereich des Umweltrechts aufgrund der unzähligen umweltrechtlichen Vorschriften immer festgestellt werden, dass der Gesetzgeber überhaupt eine Schutzmaßnahme getroffen habe und diese nicht gänzlich ungeeignet bzw.

1255 So unter anderem: *Lange*, Grundrechtsbindung des Gesetzgebers, S. 406: „Vom Gesetzgeber ist jedenfalls ein Minimum effektiver Schutzmaßnahmen zu verlangen. Die Maßnahmen müssen als solche wirksam sein, die Vornahme ‚irgendwelcher' Maßnahmen genügt nicht."

Für das Grundrecht aus Art. 2 Abs. 2 S. 1 GG *Geise*, Schutzpflichten und Abwehrrechte, S. 169: „Zumindest wenn Schutzpflichten aus Art. 2 Abs. 2 Satz 1 GG [...] betroffen sind, muss eine umfassende verfassungsgerichtliche Prüfungskompetenz anhand des Untermaßverbots angenommen werden. Dies gilt erst recht, wenn gleichzeitig Umweltschutzbelange betroffen sind."

Für die Übertragung des Untermaßverbots im Hinblick auf umweltrelevante Schutzpflichten spricht sich *Murswiek*, Die Verwaltung 33 (2000), 241 (263) aus: „Das mindeste, was man von der umweltbezogenen Schutzpflichtrechtsprechung erwarten muß, ist, daß dieser Ansatz [des Untermaßverbots] auch auf durch Ungewißheit über Wirkungszusammenhänge charakterisierte Entscheidungslagen übertragen wird."

1256 *Calliess*, JZ 2006, 321 (328) sowie *Calliess*, in: HGR II, § 44, Rn. 26: „Ziel [... des gesetzgeberischen] Ermessens ist aber immer die effektive Erfüllung der Schutzpflicht, wobei in jedem Fall ein verfassungsrechtlicher Mindeststandard an Grundrechtsschutz gewährleistet sein muß. Dieser Mindeststandard ist durch das *Untermaßverbot* bestimmt".

1257 *Steinberg/Müller*, in: Ooyen/Möllers, Hdb. BVerfG, S. 746.

1258 *Steinberg/Müller*, in: Ooyen/Möllers, Hdb. BVerfG, S. 749.

völlig unzulänglich sei.[1259] Daher verwundere es nicht, dass das BVerfG bisher in keinem umweltrechtlichen Sachverhalt einen Verstoß gegen grundrechtliche Schutzpflichten festgestellt habe.[1260] Wenn man sich den Zustand der Umwelt ansehe, verdeutliche dies, dass der Evidenzmaßstab keinen effektiven Grundrechtsschutz gewährleisten könne.[1261] *Geise* spricht insofern davon, dass sich das BVerfG „[b]ei einer strikten Anwendung der Evidenzkontrolle [...] hinter dem beschränkten Prüfungsmaßstab verstecken könnte."[1262] Dem zustimmend macht *Murswiek* deutlich, dass „die Symbolpolitik des Gesetzgebers [...] durch bloß symbolische Rechtsprechung [in Form der Evidenzkontrolle] auf der Ebene des Bundesverfassungsgerichts fortgesetzt" werde.[1263] Das BVerfG habe „die Gelegenheit verstreichen lassen, die in ihrer Allgemeinheit nicht plausible und in der Begründung so nicht haltbare Evidenzformel zu revidieren."[1264]

Calliess fordert insbesondere aufgrund der mit dem Gewaltmonopol des Staates korrespondierenden Friedenspflicht der Bürger untereinander, dass die Verpflichtung des Staates zum Schutz der Bürger wirksam erfolgen müsse.[1265] Anders als die Evidenzkontrolle könne „die Einführung des Untermaßverbotes in den Prüfungsmaßstab eine effektivere Durchsetzung des Grundrechtsschutzes" ermöglichen.[1266] Speziell in Bezug auf das – für die Thematik des Klimawandels bedeutsame – Gebiet gesundheitsrelevanter Umweltbeeinträchtigungen wird für die Anwendung des Untermaßverbots das tatsächliche Ungleichgewicht zwischen „Störer" und „Opfer" angeführt. Die Verursacher von Umweltbelastungen – wie beispielsweise große Unternehmen im Energiesektor oder der Schwerindustrie – hätten die Möglichkeit, mithilfe von Lobbyismus ihren wirtschaftlichen Interessen

---

1259 *Steinberg*, NJW 1996, 1985 (1988).

1260 *Murswiek*, Die Verwaltung 33 (2000), 241 (262); *Steinberg/Müller*, in: Ooyen/Möllers, Hdb. BVerfG, S. 749.

1261 *Murswiek*, Die Verwaltung 33 (2000), 241, (262).

1262 *Geise*, Schutzpflichten und Abwehrrechte, S. 161.

1263 *Murswiek*, Die Verwaltung 33 (2000), 241 (249).

1264 *Murswiek*, Die Verwaltung 33 (2000), 241 (245).

1265 *Calliess*, JZ 2006, 321 (326). Zustimmend: *Geise*, Schutzpflichten und Abwehrrechte, S. 161.

1266 *Steinberg/Müller*, in: Ooyen/Möllers, Hdb. BVerfG, S. 749.

in der Politik zur Durchsetzung zu verhelfen.[1267] Hieraus resultiere eine „faktische Grundrechtsübermacht" der umweltbelastenden Konzerne, weshalb eine effektive gerichtliche Kontrolle grundrechtlicher Schutzpflichten erforderlich sei.[1268]

II. Der Wandel der Industrie- zur Risikogesellschaft

Die einen strengen Kontrollmaßstab befürwortenden Ansichten im rechtswissenschaftlichen Schrifttum lassen sich neben den angeführten überzeugenden Argumenten zudem maßgeblich mit dem Wandel der Industrie- zur Risikogesellschaft untermauern.[1269] Den Begriff der Risikogesellschaft prägte der Soziologe *Ulrich Beck* in den 1980er Jahren. Er bezeichnet hiermit die infolge technisch-ökonomischer Entscheidungen seit der zweiten Hälfte des 20. Jahrhunderts entstandenen „historisch völlig neuartigen" Risiken.[1270] Darunter fasst er unter anderem diejenigen der Atomkraft sowie die drohende ökologische Zerstörung.[1271] Während auch vor dieser Zeit Gefahren – beispielsweise am Arbeitsplatz oder im Verkehr – existierten, seien die neuen Risiken im Unterschied zu den bereits bekannten nicht eingrenzbarer, globaler und häufig irreparabler Natur.[1272] *Beck* sieht die Problematik darin, dass „[d]ie Gefahren, denen wir ausgesetzt sind, […] einem anderen Jahrhundert [entstammen] als die Sicherheitsversprechen, die sie zu bändigen versuchen."[1273] Der gesellschaftliche Widerspruch bestehe darin, dass hochentwickelte Sicherheitsbürokratien mit einer „Verbreitung und Zumutung historisch neuartiger Gefahren [konfrontiert werden], die durch alle Maschen von Recht […] und Politik fallen".[1274] Zusammenfassend stellt er fest: „Die Industriegesellschaft hat eine ‚halbierte Demokratie' hervorgebracht, in der die Fragen

1267 Vgl. *Fisahn*, Die Saat des Kadmos, S. 336.

1268 *Geise*, Schutzpflichten und Abwehrrechte, S. 163.

1269 *Geise*, Schutzpflichten und Abwehrrechte, S. 166: „So korrelieren die von der Großtechnologie ausgehenden Risiken mit einem vermehrten Schutzbedürfnis der Bevölkerung. Eine ausführliche inhaltliche Prüfungskompetenz kann diese neuartigen Risikolagen zumindest im Ansatz kompensieren."

1270 *Beck*, Aus Politik und Zeitgeschichte B 36/1989, 3 (5).

1271 *Beck*, Aus Politik und Zeitgeschichte B 36/1989, 3 (5).

1272 *Beck*, Aus Politik und Zeitgeschichte B 36/1989, 3 (4, 5).

1273 *Beck*, Aus Politik und Zeitgeschichte B 36/1989, 3 (6).

1274 *Beck*, Aus Politik und Zeitgeschichte B 36/1989, 3 (7).

der technischen Gesellschaftsveränderung der politisch-parlamentarischen Entscheidung entzogen bleiben."[1275] Der unaufhaltsame technisch-ökonomische Fortschritt erfordere eine andere Politik und ein anderes Recht, um das „notwendige Gegensteuern" zu bewirken.[1276]

Die Bezeichnung als Risikogesellschaft trifft auf die heutigen Verhältnisse nach wie vor zu. Dies lässt sich am Beispiel der Künstlichen Intelligenz (KI) veranschaulichen. Diese findet nicht nur im öffentlichen Sektor – beispielsweise auf dem Gebiet der Gefahrenabwehr und der Strafverfolgung – sondern auch unter privaten Akteuren immer häufiger Verwendung.[1277] So wird KI unter anderem im Bereich der medizinischen Forschung und Versorgung eingesetzt.[1278] Zu beobachten ist dabei die zunehmende Besorgnis über die Auswirkungen der KI auf die Grundrechte.[1279] Der Bundesbeauftragte für den Datenschutz und die Informationsfreiheit (BfDI) *Ulrich Kelber* stellte im Jahr 2022 in Bezug auf die Verwendung von KI fest:

> KI wird eingesetzt, ohne dass grundlegende rechtliche Fragen beantwortet wären. Der Gesetzgeber sollte jetzt zeitnah die notwendigen Entscheidungen treffen. Soweit personenbezogene Daten mit KI verarbeitet werden, ist der Gesetzgeber in Bund und Ländern bereits aufgrund seiner grundrechtlichen Schutzpflichten aufgerufen, tätig zu werden.[1280]

1275 *Beck*, Aus Politik und Zeitgeschichte B 36/1989, 3 (13).

1276 *Beck*, Aus Politik und Zeitgeschichte B 36/1989, 3 (13). Vgl. auch *Geise*, Schutzpflichten und Abwehrrechte, S. 167, 168 in Bezug auf den restriktiven Kontrollmaßstab grundrechtlicher Schutzpflichten: „Darüber hinaus ist ein eingeschränkter Prüfungsmaßstab nicht im Stande, den neuartigen Bedrohungen der zunehmend technisierten Risikogesellschaft zu begegnen. Der Reflex des Rechts als Antwort auf die Risikogesellschaft hat folglich auf halber Strecke Halt gemacht. [...] Wenn das Schutzbedürfnis ernst genommen werden soll, dann reicht eine bloße Evidenzkontrolle bezüglich der staatlichen Schutzpflichten nicht aus, sondern ist auf eine inhaltlich umfassende verfassungsgerichtliche Kontrolle angewiesen."

1277 Agentur der Europäischen Union für Grundrechte, KI und Grundrechte, S. 1.

1278 Bundesministerium für Bildung und Forschung, Big Data, Digitalisierung und KI in der Medizin.

1279 Agentur der Europäischen Union für Grundrechte, KI und Grundrechte, S. 1; *Bittner/Hamann*, DIE ZEIT vom 02.11.2023, S. 13.

1280 BfDI, Pressemitteilung 5/2022.

Die Landesbeauftragte für den Datenschutz Niedersachsen, *Barbara Thiel*, betont:

> Der Einsatz von KI-Systemen bedeutet in der Regel einen tiefen Eingriff in Grundrechte und Freiheiten der betroffenen Personen, da hierbei häufig massenhaft Daten verarbeitet und automatisierte Entscheidungen getroffen werden.[1281]

Grundrechte des Grundgesetzes, die durch den Einsatz von KI betroffen sein können, sind insbesondere das allgemeine Persönlichkeitsrecht (Art. 2 Abs. 1 i. V. m. Art. 1 Abs. 1 GG), das Recht auf informationelle Selbstbestimmung (Art. 2 Abs. 1 i. V. m. Art. 1 Abs. 1 GG) sowie der allgemeine Gleichheitssatz (Art. 3 Abs. 1 GG).[1282]

Auch auf Ebene der EU ist man sich über die Risiken für die Grundrechte bewusst. Im Jahr 2021 hat die Agentur der Europäischen Union für Grundrechte den Bericht „Die Zukunft richtig gestalten – Künstliche Intelligenz und Grundrechte" veröffentlicht.[1283] Hierin wird erörtert, inwieweit KI die Grundrechte gefährdet, und wie diese bei der Verwendung und Weiterentwicklung von KI zu berücksichtigen sind.[1284] Festgestellt wird, dass „beim Einsatz von KI-Systemen – ganz unabhängig vom Anwendungsbereich – stets ein breites Spektrum an Grundrechten berührt" werde.[1285] „Die möglichen Auswirkungen auf die Grundrechte geraten [aber] selten ins Blickfeld."[1286] Dass sowohl der Klimawandel als auch die KI zwei zentrale, die Menschenrechte betreffende Themengebiete der aktuellen Zeit darstellen, macht *Josep Borrell*, der Hohe Vertreter der Europäischen Union für Außen- und Sicherheitspolitik sowie Vize-Präsident der EU-Kommission, deutlich. Er stellt in Bezug auf die Menschenrechtsagenda der EU für das Jahr 2023 fest:

> Zu den weiteren konkreten Aufgaben, denen wir uns stellen müssen, gehört unter anderem, dass wir dafür sorgen müssen, dass der digitale Wandel [...] nicht dafür verwendet [... wird], die Menschenrechte einzuschränken. Ferner müssen wir weiterhin mit den am stärksten vom Klimawandel und der Umweltzerstörung

---

1281 LfD Niedersachsen, Pressemitteilung vom 18.03.2021.

1282 *Edenharter*, Der Einsatz von KI als Gefahr für den Grundrechtsschutz?, Folie 7.

1283 Agentur der Europäischen Union für Grundrechte, KI und Grundrechte.

1284 Agentur der Europäischen Union für Grundrechte, KI und Grundrechte, S. 4.

1285 Agentur der Europäischen Union für Grundrechte, KI und Grundrechte, S. 5.

1286 Agentur der Europäischen Union für Grundrechte, KI und Grundrechte, S. 6.

> betroffenen Ländern zusammenarbeiten, um den Auswirkungen auf die Menschenrechte entgegenzuwirken.[1287]

Diese Vorgaben umsetzend hat das EU-Parlament im März 2024 das weltweit erste[1288] KI-Gesetz[1289] beschlossen.

Anhand des Beispiels der KI wird deutlich, dass zur heutigen Zeit ein hoher Anteil der auf die Grundrechte einwirkenden Gefahren von Seiten Privater ausgeht.[1290] Dieser großflächigen Gefährdung der Grundrechte durch privates Verhalten in der Risikogesellschaft wird die ausschließliche Anwendung eines eingeschränkten gerichtlichen Prüfungsmaßstabs der grundrechtlichen Schutzpflichten nicht gerecht. Vielmehr spricht dieser Gesichtspunkt – zumindest bei hoher Gefährdung gewichtiger Rechtsgüter – für die Notwendigkeit einer effektiven Überprüfungsmöglichkeit durch die Justiz. So gilt die KI im Gesundheitssektor als große Chance, um die Genauigkeit von Diagnosen und Behandlungen zu verbessern[1291], birgt aber aufgrund der dafür notwendigen massenhaften Verarbeitung sensibler, personenbezogener Daten durch die jeweiligen Unternehmen auch deutliche Gefahren. *Johannes Casper*, Hamburgischer Beauftragter für Datenschutz und Informationsfreiheit, führt aus:

> Der Deutsche Ethikrat weist zu Recht darauf hin, dass sich in verantwortungsethischer Perspektive die Notwendigkeit für den Staat zum gewährleistenden, überwachenden und gegebenenfalls auch regulierenden und sanktionierenden Eingreifen umso mehr aufdrängt, je weniger Unternehmen und private Organisationen Möglichkeiten bereitstellen, dem Einzelnen die Kontrolle über seine Daten zu erleichtern. Hier kommt dem Datenschutz künftig eine wichtige Funktion zu.[1292]

Die zum Teil erhebliche Gefährdung des bedeutsamen Rechts auf informationelle Selbstbestimmung durch den privaten Einsatz von KI macht deutlich, dass staatliche Maßnahmen, die in diesem Bereich lediglich einen nicht völlig

---

1287 *Borrell*, Blog des HR/VP vom 01.02.2023, Absatz 18.

1288 *Voigt*, ZEIT ONLINE vom 13.03.2024, Absatz 1.

1289 Verordnung (EU) 2024/1689.

1290 Vgl. *Mihr/Görisch*, in: Hofmann/Kersting u. a., Schutz der Grundrechte im Digitalen Zeitalter, S. 205.

1291 *Herzog*, die Debatte vom 15.03.2019, Abschnitte 1 und 2.

1292 *Herzog*, die Debatte vom 15.03.2019, Abschnitt 7.

unzureichenden Schutz gewähren oder nicht erheblich hinter dem Schutzziel zurückbleiben, nicht als ausreichend angesehen werden können.

III. Die Ausführungen des BVerfG in den Beschlüssen zur „Bundesnotbremse"

Im folgenden Abschnitt soll speziell im Hinblick auf das Recht auf Leben und körperliche Unversehrtheit aus Art. 2 Abs. 2 S. 1 GG das teilweise Erfordernis der Anwendung des Untermaßverbotes als umfassender gerichtlicher Prüfungsmaßstab der Schutzpflichterfüllung begründet werden. Hierzu werden Ausführungen des BVerfG in den Beschlüssen vom 19. November 2021 zur „Bundesnotbremse", die der Eindämmung des Infektionsgeschehens während der Corona-Pandemie diente, herangezogen.

Am 23. April 2021 trat das Vierte Gesetz zum Schutz der Bevölkerung bei einer epidemischen Lage von nationaler Tragweite in Kraft, das eine Vielzahl von Maßnahmen zur Eindämmung der Pandemie enthielt, die in das Gesetz zur Verhütung und Bekämpfung von Infektionskrankheiten beim Menschen (IfSG) eingefügt worden waren.[1293] Der Erste Senat des BVerfG hatte im Rahmen des Bundesnotbremse-I-Beschlusses über mehrere Verfassungsbeschwerden zu entscheiden, die sich auf diesbezügliche Neuregelungen des IfSG bezogen.[1294] Konkret ging es um die in § 28 b Abs. 1 S. 1 Nr. 1 und Nr. 2 IfSG eingefügten bußgeldbewährten Kontaktbeschränkungen sowie bußgeldbewährten Ausgangsbeschränkungen.[1295] Beide Maßnahmen, die Teil der „Bundesnotbremse" waren, waren an eine Sieben-Tage-Inzidenz gekoppelt und galten längstens ca. zwei Monate.[1296] § 28 b Abs. 1 S. 1 Nr. 1 IfSG ließ private Zusammenkünfte im privaten und öffentlichen Raum ausschließlich zu, wenn an ihnen höchstens die Angehörigen eines Haushalts und eine weitere Person einschließlich der zu ihrem Haushalt gehörenden Kinder bis zur Vollendung des 14. Lebensjahres teilnahmen.[1297] Die Regelung sah einige Ausnahmen vor.[1298] § 28 b Abs. 1 S. 1 Nr. 2 IfSG normierte Ausgangs-

---

[1293] BGBl. Jg. 2021, Teil I, Nr. 18, 802.
[1294] BVerfG, NJW 2022, 139 (140).
[1295] BVerfG, NJW 2022, 139, 140.
[1296] BGBl. Jg. 2021, Teil I, Nr. 18, 802, 805.
[1297] BGBl. Jg. 2021, Teil I, Nr. 18. 802.
[1298] BGBl. Jg. 2021, Teil I, Nr. 18, 802.

beschränkungen.[1299] Der Aufenthalt von Personen außerhalb einer Wohnung oder einer Unterkunft war hiernach von 22 Uhr bis 5 Uhr des Folgetags untersagt.[1300] Diese Vorschrift enthielt ebenfalls Ausnahmetatbestände.[1301] Beide Maßnahmen waren Teil eines Schutzkonzepts des Gesetzgebers, das dieser zur Erfüllung seiner aus Art. 2 Abs. 2 S. 1 GG folgenden Schutzpflicht erlassen hatte.

Das BVerfG wies die Verfassungsbeschwerden mit Beschluss vom 19. November 2021 als unbegründet zurück.[1302] Die Beschwerdeführenden würden weder durch § 28 b Abs. 1 S. 1 Nr. 1 IfSG noch durch § 28 b Abs. 1 S. 1 Nr. 2 IfSG in ihren Grundrechten verletzt.[1303] In Bezug auf die in § 28 b Abs. 1 S. 1 Nr. 1 IfSG festgeschriebenen Kontaktbeschränkungen stellt das BVerfG einen Eingriff in das Familiengrundrecht und die Ehegestaltungsfreiheit aus Art. 6 Abs. 1 GG sowie in das Recht auf freie Entfaltung der Persönlichkeit aus Art. 2 Abs. 1 GG fest.[1304] § 28 b Abs. 1 S. 1 Nr. 2 IfSG greife in das Freiheitsgrundrecht aus Art. 2 Abs. 2 S. 2 GG i. V. m. Art. 104 Abs. 1 GG, das allgemeine Persönlichkeitsrecht aus Art. 2 Abs. 1 i. V. m. Art. 1 Abs. 1 GG sowie ebenfalls in Art. 6 Abs. 1 GG ein.[1305] Die Eingriffe seien jedoch formell und materiell verfassungsgemäß und damit gerechtfertigt.[1306] Dabei liegt der Schwerpunkt der gerichtlichen Prüfung auf der Verhältnismäßigkeit der Maßnahmen.[1307] Der Gesetzgeber habe zur Erfüllung der aus Art. 2 Abs. 2 S. 1 GG folgenden staatlichen Schutzpflicht und damit zur Verfolgung eines legitimen Zwecks gehandelt.[1308] Beide Maßnahmen seien hierfür geeignet sowie erforderlich.[1309] Bedeutsam sind sodann die Formulierungen des BVerfG zur Angemessenheit (auch Verhältnismäßigkeit im engeren Sinne genannt).[1310] Voraussetzung hierfür ist, dass der mit der Maßnahme verfolgte Zweck und

---

1299 BGBl. Jg. 2021, Teil I, Nr. 18, 802.
1300 BGBl. Jg. 2021, Teil I, Nr. 18, 802.
1301 BGBl. Jg. 2021, Teil I, Nr. 18, 802, 803.
1302 BVerfG, NJW 2022, 139 (142).
1303 BVerfG, NJW 2022, 139 (142).
1304 BVerfG, NJW 2022, 139 (142).
1305 BVerfG, NJW 2022, 139 (158).
1306 BVerfG, NJW 2022, 139 (142, 158).
1307 BVerfG, NJW 2022, 139 (149 f., 162 f.).
1308 BVerfG, NJW 2022, 139 (149, 162).
1309 BVerfG, NJW 2022, 139 (149, 162).
1310 BVerfG, NJW 2022, 139 (155 ff., 164 ff.).

die zu erwartende Zweckerreichung nicht außer Verhältnis zu der Schwere des Eingriffs stehen.[1311] Subsumierend legt das BVerfG dar:

> Mit den Kontaktbeschränkungen aus § 28 b I 1 Nr. 1 IfSG verfolgte der Gesetzgeber [...] Gemeinwohlziele von überragender Bedeutung. Die Rechtsgüter Leben und Gesundheit sind als solche bereits Rechtsgüter von überragender Bedeutung, zu deren Schutz der Gesetzgeber nach Art. 2 II 1 GG verpflichtet ist. Er konnte [...] wegen der tatsächlichen Lage bei Verabschiedung des Gesetzes annehmen, dass zu deren Schutz mit besonderer Dringlichkeit gehandelt werden musste. In der Abwägung hat der Gesetzgeber für den zu beurteilenden Zeitraum einen verfassungsgemäßen Ausgleich zwischen den mit den Kontaktbeschränkungen verfolgten besonders bedeutsamen Gemeinwohlbelangen und den erheblichen Grundrechtsbeeinträchtigungen gefunden.[1312]

Gleiches stellt das Gericht in Bezug auf die Ausgangsbeschränkungen fest.[1313]

Die Erklärungen des BVerfG verdeutlichen das erhebliche Durchsetzungspotenzial des Grundrechts auf Leben und körperliche Unversehrtheit aus Art. 2 Abs. 2 S. 1 GG.[1314] So sind zum Schutz dieser überragend wichtigen Verfassungswerte weitreichende Grundrechtseingriffe in bedeutsame Freiheitsrechte möglich. Dies bestätigt das BVerfG in seinem Bundesnotbremse-II-Beschluss.[1315] Das vom Gesetzgeber im Rahmen der „Bundesnotbremse" erlassene Gebot von Wechselunterricht ab einer Sieben-Tage-Inzidenz von 100 bzw. die vollständige Untersagung von Präsenzunterricht ab einer Sieben-Tage-Inzidenz von 165 (§ 28 b Abs. 3 S. 2 und 3 IfSG) ist nach Auffassung des Gerichts zum Schutz von Leben und Gesundheit verhältnismäßig.[1316] Im

---

1311 BVerfG, NJW 2022, 139 (155).

1312 BVerfG, NJW 2022, 139 (157).

1313 BVerfG, NJW 2022, 139 (164 f.). Konkret führt das BVerfG aus: „§ 28 b I 1 Nr. 2 IfSG genügt auch dem Verhältnismäßigkeitsgebot im engeren Sinne. Die Nachteile für die Betroffenen überwiegen ungeachtet der erheblichen Eingriffsintensität der Ausgangsbeschränkungen nicht gegenüber der Bedeutung für die überragend wichtigen Gemeinwohlbelange des Lebens- und Gesundheitsschutzes [...]. Der Gesetzgeber hat einen verfassungsgemäßen Ausgleich zwischen Individual- und Gemeinwohlbelangen gefunden."

1314 *Leisner-Egensperger*, VerfBlog vom 07.12.2021, Abschnitte 7 und 9.

1315 BVerfG, 1 BvR 971/21.

1316 BVerfG, 1 BvR 971/21, Rn. 109.

Rahmen der Angemessenheit macht das BVerfG auch hier auf das immense Gewicht des Grundrechts aus Art. 2 Abs. 2 S. 1 GG aufmerksam:

> [Das Verbot von Präsenzunterricht nach § 28 b Abs. 3 S. 2 und 3 IfSG] beeinträchtigte [...] zusammen mit den seit Beginn der Pandemie bereits erfolgten Schulschließungen das der Persönlichkeitsentwicklung der Kinder dienende Recht auf schulische Bildung schwerwiegend. Auf der anderen Seite diente die Maßnahme jedoch Gemeinwohlbelangen von überragender Bedeutung. Insgesamt wurde ein seinerzeit angemessener Ausgleich zwischen den mit der Maßnahme verfolgten Gemeinwohlbelangen und der Grundrechtsbeeinträchtigung der Schülerinnen und Schüler erzielt.[1317]

Zu berücksichtigen ist, dass das BVerfG in den vorliegenden Beschlüssen allein abwehrrechtlich anhand des Übermaßverbotes prüft. Die diesbezügliche Feststellung der Vereinbarkeit mit den dem Schutz von Art. 2 Abs. 2 S. 1 GG entgegenstehenden Grundrechten kann hinsichtlich einer möglichen – und für die vorliegende Arbeit entscheidenden – Schutzpflichtenkonstellation nicht zu der Schlussfolgerung führen, dass derart umfassende Eingriffe zum Schutz von Leben und Gesundheit zwingend gewesen wären. Dennoch lassen sich der abwehrrechtlichen Konstruktion der „Bundesnotbremse" wesentliche Maßstäbe für den verfassungsrechtlich gebotenen Schutz von Leben und Gesundheit entnehmen.[1318] Die verfassungsrechtliche Grundentscheidung für das Durchsetzungspotenzial des Schutzes von Leben und Gesundheit ist auch in der Schutzpflichtenkonstellation für die Bestimmung des grundrechtlich gebotenen Schutzniveaus zu berücksichtigen.[1319] Denn es ist widersprüchlich, dem Gesetzgeber auf der einen Seite aufgrund der Wichtigkeit des Rechtsguts Leben und körperliche Unversehrtheit eine beachtliche Eingriffsbefugnis in Freiheitsrechte zum Schutz von Art. 2 Abs. 2 S. 1 GG zuzugestehen, ihn auf der anderen Seite bei Untätigkeit oder dem Erlass von einen nur schwachen Schutz gewährenden Normen aufgrund eines restriktiven Prüfungsmaßstabs nicht zu weiterreichenden Schutzmaßnahmen verpflichten zu können.[1320] Die

---

1317 BVerfG, 1 BvR 971/21, Rn. 133.

1318 *Leisner-Egensperger*, VerfBlog vom 07.12.2021, Abschnitte 7 und 9.

1319 *Leisner-Egensperger*, VerfBlog vom 07.12.2021, Abschnitte 7 und 9.

1320 Insofern können die Ausführungen von *Leisner-Egensperger*, VerfBlog vom 07.12.2021 nicht vollumfänglich überzeugen. So spricht sie sich aufgrund des in dem „Bundesnotbremse-I"-Beschluss des BVerfG festgelegten erheblichen Durchsetzungspotenzials des Art. 2 Abs. 2 S. 1 GG zwar zu Recht für ein bei einer Schutzpflichtenkonstellation

in den „Bundesnotbremse-Beschlüssen" des BVerfG zum Ausdruck gekommene große Bedeutung der Rechtsgüter aus Art. 2 Abs. 2 S. 1 GG spricht daher zumindest bei der gerichtlichen Beurteilung von Schutzmaßnahmen im Falle von für Leben und körperliche Unversehrtheit bestehenden großen Gefahren für die Anwendung des Untermaßverbotes.

D. Unterschiedliche Kontrollmaßstäbe im Vergleich zu einem einheitlichen Kontrollmaßstab

Die vorige Untersuchung hat ergeben, dass der Anwendung des Untermaßverbotes aus der zweiten Schwangerschaftsentscheidung weder die in der Verfassung kaum vorhandenen Regelungen der grundrechtlichen Schutzpflichten noch der Grundsatz der Gewaltenteilung sowie das Demokratieprinzip entgegenstehen. Vielmehr sprechen gewichtige Gründe für eine zumindest teilweise Anwendung dieses Prüfungsmaßstabs. Fraglich und daher im Folgenden zu prüfen ist, ob den bereits dargestellten Ansichten in der Literatur zu folgen ist, die sich für das Untermaßverbot als alleinigen gerichtlichen Kontrollmaßstab grundrechtlicher Schutzpflichterfüllung aussprechen. Möglich wäre stattdessen – je nach Fallgestaltung – entweder die Überprüfung der staatlichen Tätigkeit anhand der Evidenzkontrolle oder des Untermaßverbots.

Für verschiedene Kontrollmaßstäbe spricht die Vielzahl unterschiedlicher Fallgestaltungen. So erscheint beispielsweise eine intensive gerichtliche Überprüfung staatlicher Schutzmaßnahmen im Falle der Gefährdung des Lebens sowie der körperlichen Unversehrtheit eher geboten als bei einer Gefährdung nicht personalbezogener Grundrechte.[1321] Dies gilt auch im Hinblick auf die Berücksichtigung des Grundsatzes der Gewaltenteilung. Der Rechtsprechung

---

zu beachtendes „verfassungsrechtlich gebotene[s], hohe[s] Schutzniveau" aus, hält aber hinsichtlich der Kontrolldichte des Gerichts an einer Evidenzkontrolle fest. Das Gericht müsse prüfen, „ob die zum Schutz von Leben und Gesundheit getroffenen Regelungen und Maßnahmen nicht offensichtlich unzulänglich sind, das verfassungsrechtlich gebotene, hohe Schutzniveau zu erreichen." (*Leisner-Egensperger*, VerfBlog vom 07.12.2021, Abschnitt 9) Das kann nicht überzeugen, weil das hohe Schutzniveau des Art. 2 Abs. 2 S. 1 GG nur dann effektiv durchsetzbar ist, wenn dem Gericht ein Maßstab zu dessen wirksamer Überprüfung zusteht.

1321 *Hermes*, Das Grundrecht auf Schutz von Leben und Gesundheit, S. 257.

des BVerfG können keine einheitlichen Kriterien zur Anwendbarkeit der unterschiedlichen Kontrollmaßstäbe entnommen werden. *Rupp* führt insoweit zu Recht aus:

> Diesen Ansatz einer Strukturierung der inhaltlichen Überprüfung von Parlamentsgesetzen [zur Erfüllung grundrechtlicher Schutzpflichten] hat das Bundesverfassungsgericht jedoch bedauerlicherweise nie konsequent in seine Rechtsprechung integriert, wodurch es zu einer materiellen Konturierung und Rationalisierung der einzelnen Stufen nicht kommen konnte.[1322]

Allerdings erwähnt das Gericht immer wieder, dass die Reichweite der Kontrolle durch die Justiz von bestimmten Kriterien abhängig sei. Hierzu führt es bereits in der ersten Entscheidung zum Schwangerschaftsabbruch aus, dass „der Rang des in Frage stehenden [zu schützenden] Rechtsgutes innerhalb der Wertordnung des Grundgesetzes" von Bedeutung sei.[1323] In der Kalkar-Entscheidung stellt das BVerfG neben der „Art und dem Rang" des Rechtsgutes weitere Anhaltspunkte in Form der Art, der Nähe und dem Ausmaß möglicher Gefahren auf.[1324]

Auch die überwiegenden Ansichten in der Literatur sprechen sich je nach Sachverhalt für eine verschieden starke gerichtliche Überprüfung staatlicher Schutzpflichterfüllung aus. Ausschlaggebende Gesichtspunkte sollen – ähnlich den vom BVerfG genannten – die Bedeutung der widerstreitenden Rechtsgüter, die Intensität ihrer jeweiligen Gefährdung sowie die Eigenart des jeweiligen Sach- und Rechtsgebietes sein.[1325] Einige Ansichten im rechtswissenschaftlichen Schrifttum unterscheiden sich aber insofern von der verfassungsgerichtlichen Rechtsprechung, als sie zwar eine unterschiedliche Kontrollintensität fordern, diese jedoch innerhalb eines einheitlichen Prüfungsmaßstabs zur Anwendung bringen wollen.[1326] Sowohl *Hermes* als auch

[1322] *Rupp*, Die grundrechtliche Schutzpflicht, S. 58.

[1323] BVerfGE 39, 1 (42). Ähnlich BVerfGE 46, 160 (164); 49, 24 (53); 56, 54 (80, 81).

[1324] BVerfGE 49, 89 (142).

[1325] *Rupp*, Die grundrechtliche Schutzpflicht, S. 58.

[1326] A.A. *Moritz*, Staatliche Schutzpflichten, S. 120, 149, die sich je nach den Umständen des Einzelfalls für die Anwendbarkeit der „in ihrer Kontrolldichte variierenden Maßstäbe der Evidenzkontrolle, der Mischformel sowie der intensivierten inhaltlichen Kontrolle anhand des Untermaßverbotes" ausspricht. Ähnlich auch *Rupp*, Die grundrechtliche Schutzpflicht, S. 57 ff., der je nach „Eigenart des jeweiligen Sach- und Rechtsgebietes [..., insbesondere der] Bedeutung der widerstreitenden

Calliess sprechen sich für eine besondere Form der Verhältnismäßigkeitsprüfung aus[1327], innerhalb derer in drei Stufen je nach Sachverhalt eine mehr oder weniger umfangreiche gerichtliche Überprüfung staatlicher Schutzpflichterfüllung zur Anwendung kommen soll.[1328]

Zur Bewertung der beiden dargestellten unterschiedlichen Vorschläge werden die bereits in Bezug auf die Entwicklung einer schlüssigen Grundrechtsdogmatik angeführten Kriterien berücksichtigt. Hiernach ist insbesondere die Einfachheit der Dogmatik entscheidend, die für ein verständliches, lehrbares, lernbares und anwendbares Recht erforderlich ist.

I. Das Übermaßverbot als universeller Prüfungsmaßstab der grundrechtlichen Abwehrrechte

Im Folgenden soll zunächst ein Vergleich zur etablierten abwehrrechtlichen Dogmatik gezogen werden. Dort hat sich der Verhältnismäßigkeitsgrundsatz als Schranken-Schranke zur wichtigsten Anforderung an Grundrechtsbeschränkungen entwickelt.[1329] In den meisten Fällen ist er der entscheidende Gesichtspunkt einer abwehrrechtlichen Prüfung.[1330] Die Ursprünge des Verhältnismäßigkeitsgrundsatzes liegen zurück im 19. Jahrhundert im Preußischen Allgemeinen Landrecht und waren dort zunächst im Polizeirecht normiert.[1331] Trotz der heutigen herausragenden Bedeutung dieses Prinzips ist es nicht ausdrücklich im Grundgesetz festgeschrieben.[1332] Die Verankerung des Verhältnismäßigkeitsgebots auf Verfassungsebene erfolgte vielmehr durch die Rechtsprechung des BVerfG. Dieses hat den Grundsatz im Wege der Verfassungsfortbildung aus dem Rechtsstaatsprinzip, Art. 20 Abs. 3 GG,

---

Rechtsgüter und d[er] Intensität ihrer jeweiligen Gefährdung“ (S. 58) zwischen der Evidenz-, Vertretbarkeits- und intensiven Inhaltskontrolle differenziert.

1327 Dabei unterscheiden sie sich in der Prüfung der 1. und 2. Stufe, wohingegen die Kontrolle auf der 3. Stufe nach beiden Ansichten gleich ausfällt. Näher hierzu: *Calliess*, JZ 2006, 321 (329); *Hermes*, Das Grundrecht auf Schutz von Leben und Gesundheit, S. 253 ff.

1328 *Calliess*, JZ 2006, 321 (329); *Hermes*, Das Grundrecht auf Schutz von Leben und Gesundheit, S. 257.

1329 *Sachs*, in: Sachs GG, Art. 20 GG, Rn. 146.

1330 *Schröder*, Ad Legendum 4/2015, 327 (329).

1331 *Reuter*, JURA 2009, 511 (512).

1332 *Reuter*, JURA 2009, 511 (512); *Schröder*, Ad Legendum 4/2015, 327.

sowie den Grundrechten entwickelt.[1333] Der Erste Senat formulierte in einem Beschluss aus dem Jahr 1965: „In der Bundesrepublik Deutschland hat der Grundsatz der Verhältnismäßigkeit verfassungsrechtlichen Rang. Er ergibt sich aus dem Rechtsstaatsprinzip, im Grunde aus dem Wesen der Grundrechte selbst [...].“[1334] Hiernach müssen freiheitsbeschränkende staatliche Maßnahmen einen legitimen Zweck verfolgen und an diesem in Umfang und Ausmaß gemessen werden.[1335] Grundgedanke ist, dass der Bürger der staatlichen Gewalt nicht unbegrenzt und willkürlich ausgeliefert ist.[1336] Gesetzesvorbehalte sind so praktisch zum „Vorbehalt des verhältnismäßigen Gesetzes“ geworden.[1337] Dabei hat sich ein Schema der Verhältnismäßigkeitsprüfung (auch als Übermaßverbot bezeichnet) etabliert, das aus den vier Prüfungsstufen legitimer Zweck, Geeignetheit, Erforderlichkeit und Angemessenheit besteht.[1338] Im Rahmen der abwehrrechtlichen Prüfung gilt somit ein universeller Prüfungsmaßstab. Diese ständige Verfassungsrechtsprechung[1339] ist auch von Seiten des Schrifttums weithin anerkannt.[1340]

Das Verhältnismäßigkeitsprinzip sieht sich allerdings insbesondere im Hinblick auf zwei Gesichtspunkte der Kritik ausgesetzt: dem Prinzip der Gewaltenteilung sowie der Rechtssicherheit.[1341] Das Parlament ist in der parlamentarischen Demokratie das einzig unmittelbar demokratisch legitimierte Verfassungsorgan.[1342] Es ist an die Vorgaben der Verfassung gebunden (Art. 20 Abs. 3 Alt. 1 GG), deren Interpretation dem BVerfG obliegt.[1343] Zwar ist das BVerfG zur Verfassungsfortbildung befugt[1344], diese muss sich aufgrund des Gewaltenteilungsgrundsatzes allerdings in Grenzen halten. Hieraus folgt,

1333 BVerfGE 19, 342 (348 f.); BVerfG, NJW 1994, 1577 (1579).
1334 BVerfGE 19, 342 (348, 349).
1335 Vgl.: BVerfG, NJW 1997, 2165, 2166.
1336 *Grzeszick*, in: Dürig/Herzog/Scholz, Band 3, Art. 20 GG, Rn. 109.
1337 *Schlink*, EuGRZ 1984, 457 (460).
1338 BVerfG, 1 BvR 971/21, Rn. 109; *Reuter*, JURA 2009, 511 (512); *Schröder*, Ad Legendum 4/2015, 327.
1339 Siehe etwa: BVerfGE 115, 276 (304 f.); BVerfGE 117, 163 (182 ff.); BVerfGE 124, 300 (331).
1340 *Reuter*, JURA 2009, 511 (513); *Schröder*, Ad Legendum 4/2015, 327.
1341 *Schröder*, Ad Legendum 4/2015, 327 (329).
1342 *Reuter*, JURA 2009, 511 (514).
1343 *Pötzsch*, bpb vom 01.09.2008, Abschnitt 2.
1344 *Pötzsch*, bpb vom 01.09.2008, Abschnitt 2.

dass der im Wege der Verfassungsfortbildung herausgearbeitete Grundsatz der Verhältnismäßigkeit einen Handlungsspielraum des Gesetzgebers im Verhältnis zur Verfassungsgerichtsbarkeit vorsehen muss.[1345] Diesem Erfordernis ist das BVerfG durch einen differenzierten Kontrollmaßstab der Verhältnismäßigkeitsprüfung gerecht geworden.[1346] Je nach Fallgestaltung prüft es die vier Stufen der Verhältnismäßigkeit eines staatlichen Grundrechtseingriffs unterschiedlich genau.[1347] Das Gericht unterscheidet zwischen einer Evidenz-, Vertretbarkeits- sowie einer intensiven Inhaltskontrolle.[1348] So können beispielsweise im Rahmen der 4. Stufe, der Angemessenheit, bei der geringsten Kontrollintensität nur „offensichtlich fehlsam[e]" Wertungsentscheidungen des Gesetzgebers für verfassungswidrig erklärt werden.[1349] Vom Grundsatz der Evidenzkontrolle ausgehend nimmt die Prüfintensität zu, je intensiver der Grundrechtseingriff bzw. je höherwertiger das Gut ist, um dessen Eingriffsrechtfertigung es geht.[1350] Das BVerfG führt unter Nennung weiterer Kriterien für die Bestimmung der Kontrollintensität aus:

> Je nach Eigenart des in Rede stehenden Sachbereichs[1351], der Bedeutung der auf dem Spiel stehenden Rechtsgüter und den Möglichkeiten des Gesetzgebers, sich ein hinreichend sicheres Urteil zu bilden, kann die verfassungsgerichtliche Kontrolle dabei von einer bloßen Evidenz- über eine Vertretbarkeitskontrolle bis hin zu einer intensivierten inhaltlichen Kontrolle reichen.[1352]

Hierbei ist das BVerfG um eine transparente und genaue Handhabung der verschiedenen Prüfungsumfänge des Verhältnismäßigkeitsgrundsatzes bemüht. Dies lässt sich an dem Bundesnotbremse-I-Beschluss veranschaulichen, der

---

1345 *Reuter*, JURA 2009, 511 (514). Vgl. auch: *Schröder*, Ad Legendum 4/2015, 327 (329).

1346 *Reuter*, JURA 2009, 511 (514).

1347 Vgl. zu den verschiedenen Kontrollmaßstäben auf der Prüfungsstufe des legitimen Zwecks: BVerfG, 1 BvR 781/21, Rn. 171. Vgl. zu den verschiedenen Kontrollmaßstäben auf der Prüfungsstufe der Geeignetheit: BVerfG, 1 BvR 532/77 u. a., Rn. 131.

1348 BVerfG, 1 BvR 781/21, Rn. 171.

1349 BVerfG, 1 BvL 44/55, Rn. 23; BVerfG, 1 BvR 638/64 u. a., Rn. 145.

1350 Vgl.: BVerfG, 1 BvR 781/21, Rn. 204: „Der [gesetzgeberische] Spielraum kann sich wegen des betroffenen Grundrechts und der Intensität des Eingriffs verengen."

1351 Insofern macht das BVerfG im weiteren Verlauf des Beschlusses deutlich, dass „[d]er [gesetzgeberische] Spielraum [...] umso weiter [reicht], je höher die Komplexität der zu regelnden Materie ist." (BVerfG, 1 BvR 781/21, Rn. 204)

1352 BVerfG, 1 BvR 781/21, Rn. 171.

unter anderem über die Verhältnismäßigkeit der während der Corona-Pandemie erlassenen Kontaktbeschränkungen zu entscheiden hatte.[1353] Das BVerfG wendet hier eine Vertretbarkeitskontrolle an.[1354] Dies begründet das Gericht zum einen damit, dass die jeweils nicht unerheblichen Eingriffe in Art. 6 Abs. 1 GG sowie Art. 2 Abs. 1 GG dem „Schutz von Leben und Gesundheit [...] und damit [...] überragend wichtigen Rechts- und Gemeinschaftsgütern" dienten.[1355] Zum anderen sei die verfassungsgerichtliche Prüfung auf die Vertretbarkeit der gesetzgeberischen Entscheidung beschränkt, weil „es dem Gesetzgeber angesichts der tatsächlichen Unsicherheiten nur begrenzt möglich [war], sich ein hinreichend sicheres Bild zu machen".[1356] Dies lag darin begründet, dass die Situation der Pandemie durch eine schwer prognostizierbare Dynamik gekennzeichnet war und mithin eine komplexe Sachlage darstellte.[1357] Die Handhabung des Verhältnismäßigkeitsprinzips als universellem Kontrollmaßstab ist aufgrund der differenzierten Kontrollintensitäten mit dem Grundsatz der Gewaltenteilung vereinbar.[1358] Denn das Gericht passt den Gestaltungsspielraum der Legislative an die Umstände des jeweiligen Sachverhalts an.

Bedenken in Bezug auf die Handhabbarkeit und Rechtssicherheit der Verhältnismäßigkeitsprüfung werden hinsichtlich des vierten Prüfungspunktes der Angemessenheit geäußert.[1359] Es mangele an Methoden für den Abwägungsvorgang sowie an Maßgaben für die Gewichtung der unterschiedlichen Interessen und Rechte.[1360] Die Kritik kann in diesem Maße nicht überzeugen. Sowohl in der Literatur als auch in der Rechtsprechung des BVerfG

1353 Vgl. in Bezug auf eine nachvollziehbare Differenzierung der verschiedenen Prüfungsschritte sowie der jeweils anzuwenden Kontrollintensität auch den Beschluss des Ersten Senats zur „Bundesnotbremse II": BVerfG, 1 BvR 971/21, Rn. 109 ff.

1354 BVerfG, 1 BvR 781/21, Rn. 171, 187, 217. Vgl. ebenso BVerfG, 1 BvR 971/21, Rn. 115, 123, 135.

1355 BVerfG, 1 BvR 781/21, Rn. 188. Vgl. auch BVerfG, 1 BvR 971/21, Rn. 115.

1356 BVerfG, 1 BvR 781/21, Rn. 204. Vgl. auch BVerfG, 1 BvR 971/21, Rn. 115.

1357 BVerfG, 1 BvR 781/21, Rn. 205.

1358 Vgl. *Schröder*, Ad Legendum 4/2015, 327 (330): „Damit es nicht den Gesetzgeber in seiner originären Aufgabe unangemessen einschränkt, hat das BVerfG [...] auf allen vier Ebenen der Verhältnismäßigkeitsprüfung Beurteilungs- bzw. Gestaltungsspielräume und Einschätzungsprärogativen des Gesetzgebers anerkannt".

1359 *Schröder*, Ad Legendum 4/2015, 327 (329).

1360 *Sachs*, in: Sachs GG, Art. 20 GG, Rn. 155; *Schröder*, Ad Legendum 4/2015, 327 (329).

hat sich eine Prüfstruktur der Angemessenheit des Übermaßverbots etabliert. So kann auf einer ersten Stufe abstrakt nach der Bedeutung des jeweils beeinträchtigten und geförderten Rechtsguts gefragt werden.[1361] Auf einer zweiten Stufe können sodann die konkreten Vor- und Nachteile in Form des Ausmaßes des Nutzens für das geförderte Interesse sowie des Gewichts des Eingriffs in das Grundrecht dargestellt werden.[1362] Auf einer dritten Stufe erfolgt sodann auf der Grundlage der vorherigen Ergebnisse die eigentliche Abwägung.[1363] Zudem finden sich in der Rechtsprechung des BVerfG, zumindest in Bezug auf bestimmte, besonders bedeutsame Grundrechte, Anhaltspunkte für deren Gewichtung. So macht das BVerfG in Bezug auf das Grundrecht auf Leben und körperliche Unversehrtheit, Art. 2 Abs. 2 S. 1 GG, deutlich, dass dies „Rechtsgüter von überragender Bedeutung“[1364] sind. In Bezug auf Art. 2 Abs. 2 S. 2 GG, die Freiheit der Person, führt das BVerfG aus, dass dieses Grundrecht „als Grundlage und Voraussetzung der Entfaltungsmöglichkeiten

---

1361 *Reuter*, JURA 2009, 511 (515).

1362 *Reuter*, JURA 2009, 511 (515).

1363 *Reuter*, JURA 2009, 511 (515). Für eine ähnliche Prüfstruktur spricht sich auch *Jakobs*, Der Grundsatz der Verhältnismäßigkeit, S. 22 aus.

Das BVerfG differenziert nicht zwischen erster, zweiter und dritter Stufe, stellt aber ebenso auf die Bedeutung der jeweiligen Rechtsgüter sowie auf das Eingriffsgewicht und den Handlungsbedarf für den verfolgten legitimen Zweck ab. (BVerfG, 1 BvR 781/21, Rn. 218 ff.).

Zusammenfassend kann auf die Ausführungen in BVerfG, 1 BvR 781/21, Rn. 227 verwiesen werden, in denen das Gericht die Angemessenheit der Kontaktbeschränkungen während der Corona-Pandemie bestätigt. Es führt insofern aus: „Auf der anderen Seite durfte der Gesetzgeber davon ausgehen, dass den durch die Kontaktbeschränkungen in § 28 b I 1 Nr. 1 IfSG bewirkten, erheblichen Eingriffen in die genannten Grundrechte mit dem Lebens- und Gesundheitsschutz sowie der Aufrechterhaltung eines funktionsfähigen Gesundheitssystems Gemeinwohlbelange von überragender Bedeutung gegenüberstanden, zu deren Wahrung zum maßgeblichen Zeitpunkt bei Verabschiedung des angegriffenen Gesetzes dringlicher Handlungsbedarf bestand.“

Die Prüfung des BVerfG unterscheidet sich im Ergebnis nicht von den Literaturansichten. So stellt auch *Reuter*, der zur Strukturierung der Angemessenheitsprüfung den dreistufigen Prüfungsaufbau empfiehlt, fest, dass „diese Untergliederung letztlich nicht mehr als einen Leitfaden dar[stellt]. [... Es] sind selbstverständlich Vermengungen der hier angebotenen Prüfungsschritte denkbar.“ (*Reuter*, JURA 2009, 511 [515, Fn. 64]).

1364 BVerfG, 1 BvR 781/21, Rn. 231.

des Bürgers […] einen hohen Rang unter den Grundrechten ein[nimmt].“[1365] Feststellen lässt sich, dass die Bedeutung eines Grundrechts mit einer Nähe zum Menschenwürdekern zunimmt.[1366] Dass auch durch diese zumindest groben Vorgaben für die Prüfung der Angemessenheit nur ein gewisses Maß an Rationalität hergestellt werden kann und den Richtern darüber hinaus die Möglichkeit zu eigener Wertung und Gewichtung bleibt[1367], ist notwendige Folge der nur vage formulierten Grundrechte. Zudem sind Abwägungsentscheidungen stets nur begrenzt rational kontrollierbar.[1368]

II. Die Vorteile des einheitlichen abwehrrechtlichen Kontrollmaßstabs gegenüber den verschiedenen Prüfmaßstäben im Rahmen der grundrechtlichen Schutzpflichten

Der im Rahmen der abwehrrechtlichen Grundrechtsprüfung seit langer Zeit als ständige Rechtsprechung etablierte Prüfungspunkt der Verhältnismäßigkeit ermöglicht durch das auf jeden Sachverhalt anwendbare vierstufige Prüfungsschema die Einfachheit der Dogmatik und damit auch der Rechtsanwendung. Gleiches gilt hinsichtlich der zur Wahrung des Grundsatzes der Gewaltenteilung erforderlichen Unterscheidung zwischen verschiedenen Prüfungsumfängen dieses einheitlichen Maßstabs. Denn das Gericht hat hierfür bestimmte Kriterien entwickelt, die über das Ausmaß der Prüfintensität bestimmen.

Dass das BVerfG einen sicheren Umgang mit der differenzierten Verhältnismäßigkeitsprüfung pflegt[1369], wird in den beiden bereits angeführten Beschlüssen zur Bundesnotbremse[1370] deutlich. Es wendet die vier

---

1365 BVerfGE 109, 133 (157).

1366 *Sachs*, in: Sachs GG, Art. 20 GG, Rn. 157.

1367 *Reuter*, JURA 2009, 511 (517, 518).

1368 *Grzeszick*, in: Dürig/Herzog/Scholz, Band 3, Art. 20 GG, Rn. 120.

1369 *Möstl* spricht insofern zu Recht davon, dass die Gerichte das „Übermaßverbot […] – auch wenn man über Einzelergebnisse freilich immer streiten kann und streiten wird – seit Jahrzehnten mit Erfolg bewältigen.“ (*Möstl*, in: Stern/Sodan/Möstl, Band 3, § 68, Rn. 41) Vgl. auch *Dietlein*, ZG 1995, 131 (132), der von dem „bekannte[n] und bewährte[n] Übermaßverbot“ sowie von „dem trotz verbleibender Unsicherheiten doch durch klare und griffige Kriterien praxisgerecht ausdifferenzierten Übermaßverbot“ spricht.

1370 BVerfG, 1 BvR 781/21 sowie BVerfG, 1 BvR 971/21.

Prüfungsstufen an und unterscheidet unter Bezugnahme auf die durch die Rechtsprechung entwickelten Kriterien nachvollziehbar zwischen den verschiedenen Prüfungsumfängen. Bereits die Gliederungen des Bundesnotbremse-I- sowie des Bundesnotbremse-II-Beschlusses des Ersten Senats zeigen den strukturierten Aufbau der Verhältnismäßigkeitskontrolle. So nennt das Gericht die vier Prüfschritte und geht innerhalb dieser jeweils zunächst der Frage nach dem anzuwendenden Maßstab nach, bevor anschließend die Subsumption in Bezug auf die Umstände des Sachverhalts erfolgt. Dies zeigt, dass die Verständlichkeit und Übersichtlichkeit der Dogmatik der Verhältnismäßigkeitsprüfung zu Rechtssicherheit führen.

Im Gegensatz hierzu erscheint der Umgang des Ersten Senats des BVerfG in dem nur ein gutes halbes Jahr vor den Bundesnotbremse-Beschlüssen ergangenen Klimabeschluss mit den Kontrollmaßstäben grundrechtlicher Schutzpflichterfüllung nicht sicher. So erwähnt das Gericht das neben der Evidenzkontrolle durch die Verfassungsrechtsprechung entwickelte Untermaßverbot nicht.[1371] Angesichts der Unübersichtlichkeit und Widersprüchlichkeit der Dogmatik der grundrechtlichen Schutzpflichten überrascht das unsaubere Arbeiten des BVerfG kaum. Vielmehr unterstreicht das ungenaue Vorgehen des Ersten Senats im Klimabeschluss die fehlende Einfachheit der Dogmatik in diesem Bereich und den daraus resultierenden Mangel an Handhabbarkeit sowie Rechtssicherheit.

Der Vergleich zwischen der verworrenen Struktur der Überprüfung grundrechtlicher Schutzpflichten auf der einen Seite und der klare Anwendungsvorgaben enthaltenden abwehrrechtlichen Verhältnismäßigkeitsprüfung auf der anderen Seite spricht dafür, auch im Rahmen der Schutzpflichten einen einheitlichen Kontrollmaßstab anzuwenden. Aufgrund der Tatsache, dass in der heutigen Zeit vermehrt und zum Teil erhebliche Gefahren von Seiten Privater ausgehen (Stichwort: „Risikogesellschaft“), ist eine wirksame Überprüfung der Schutzpflichten erforderlich. So verlangt beispielsweise insbesondere das Grundrecht auf Leben und körperliche Unversehrtheit, Art. 2 Abs. 2 S. 1 GG, bei erheblicher Gefährdung eine intensive gerichtliche Überprüfung. Soll ein einziger Prüfmaßstab zur Anwendung kommen, muss dies das Untermaßverbot aus der zweiten Schwangerschaftsentscheidung sein. Die Evidenzkontrolle gewährt demgegenüber keine hinreichende

1371 Siehe: BVerfG, 1 BvR 2656/18 u. a., Rn. 152, 172.

Effektivität. Äquivalent zur abwehrrechtlichen Verhältnismäßigkeitsprüfung kann innerhalb des Untermaßverbots zur Wahrung des Grundsatzes der Gewaltenteilung zwischen verschiedenen Kontrollintensitäten unterschieden werden. So besteht die Chance, der bisherigen intransparenten und eine Stringenz vermissenden Prüfung grundrechtlicher Schutzpflichten zu Struktur zu verhelfen. Angesichts der Tatsache, dass diese Grundrechtsdimension zur heutigen Zeit „im Zentrum der Aufmerksamkeit“[1372] steht, ist dies zur Gewährleistung eines wirkungsvollen Grundrechtsschutzes sowie von Rechtssicherheit lange überfällig.

III. Die Prüfstruktur des Untermaßverbots mit verschiedenen Kontrollintensitäten

Das BVerfG führt in Bezug auf die Anforderungen des Untermaßverbots aus:

> Notwendig ist ein – unter Berücksichtigung entgegenstehender Rechtsgüter – angemessener Schutz; entscheidend ist, daß er als solcher wirksam ist. Die Vorkehrungen, die der Gesetzgeber trifft, müssen für einen angemessenen und wirksamen Schutz ausreichend sein und zudem auf sorgfältigen Tatsachenermittlungen und vertretbaren Einschätzungen beruhen.[1373]

Diese Vorgaben berücksichtigend hat die Literatur ein Anwendungsschema des Untermaßverbots entwickelt, bestehend aus einer Vorfrage und drei daran anschließenden Prüfstufen.[1374] Da diese Prüfstruktur ein Mehr an Handhabbarkeit[1375] und damit auch an Rechtssicherheit mit sich bringt, wird sie im Folgenden zur Konkretisierung des Untermaßverbots herangezogen.

Die vom BVerfG aufgestellten prozeduralen Erfordernisse von Schutzvorkehrungen, die „auf sorgfältigen Tatsachenermittlungen und vertretbaren Einschätzungen beruhen“, verkörpern keine Besonderheit der Schutzpflichtdogmatik.[1376] Vielmehr stellen sie seit langem anerkannte allgemeine

---

1372 *Calliess*, JZ 2006, 321 (322).

1373 BVerfGE 88, 203 (254).

1374 *Calliess*, JZ 2006, 321 (329). Siehe zu den drei Prüfschritten: *Krings*, grundrechtliche Schutzansprüche S. 302 f.; *Möstl*, staatliche Garantie, S. 104, 108; *Möstl*, in: Stern/Sodan/Möstl, Band 3, § 68, Rn. 41. Ablehnend hingegen *Dietlein*, ZG 1995, 131 (139 f.).

1375 Vgl. *Möstl*, in: Stern/Sodan/Möstl, Band 3, § 68, Rn. 41.

1376 *Krings*, grundrechtliche Schutzansprüche, S. 301.

Kontrollmaßstäbe final-programmierter Rechtssetzungstätigkeit dar.[1377] Sie werden vom Schrifttum daher nicht bei der inhaltlichen Konkretisierung des Untermaßverbots berücksichtigt.[1378]

Die Vorfrage des Untermaßverbots lautet, ob ein staatliches Konzept zum Schutz der im jeweiligen Fall gefährdeten/beeinträchtigten Rechtsgüter existiert.[1379] Im Anschluss hieran ist zu prüfen, ob die staatlichen Maßnahmen zum Schutz der betroffenen Grundrechte geeignet sind, wobei ausreichend ist, dass sie dem Schutzzweck überhaupt dienen.[1380] Auf der zweiten Stufe, der Effektivität, wird untersucht, ob ein besseres (höheres Maß an Schutz gewährendes), ebenso mildes (d.h. Rechte Dritter sowie öffentliche Interessen nicht stärker beeinträchtigendes) Schutzmittel existiert.[1381] Der letzte Prüfungspunkt der Zumutbarkeit geht der Frage nach, ob die unter den vorhandenen Schutzmaßnahmen verbleibende Gefährdung oder Beeinträchtigung der Rechtsgüter (Schutzdefizite) aufgrund der gegen eine Effektuierung des Schutzes sprechenden Rechte Dritter sowie der öffentlichen Interessen dem Schutzsuchenden zumutbar ist.[1382] Die für diese Abwägung zu berücksichtigenden Belange sind der Rang der zu schützenden Rechtsgüter sowie die Größe der für diese bestehenden Gefahren, die Möglichkeit zu effizientem Selbstschutz sowie das Gewicht gegenläufiger Rechtsgüter und Interessen.[1383] Gleichlaufende Belange verschieben die Gewichtung im Rahmen der Abwägung.[1384] So können beispielsweise die aus Art. 2 Abs. 2 S. 1 GG folgenden grundrechtlichen Schutzpflichten und Art. 20a GG, sofern sie inhaltlich

1377 *Dietlein*, ZG 1995, 131 (141).

1378 *Krings*, grundrechtliche Schutzansprüche, S. 302.

1379 *Calliess*, JZ 2006, 321 (329); *Michael*, JuS 2001, 148 (151). Sollte ein staatliches Schutzkonzept fehlen, ist Gegenstand der Prüfung das Unterlassen von Schutzmaßnahmen (*Michael*, JuS 2001, 148 [151]).

1380 *Möstl*, staatliche Garantie, S. 109; *Möstl*, in: Stern/Sodan/Möstl, Band 3, § 68, Rn. 41.

1381 *Calliess*, JZ 2006, 321 (329); *Krings*, grundrechtliche Schutzansprüche, S. 303; *Michael*, JuS 2001, 148 (151); *Möstl*, DÖV 1998, 1029 (1038 f.); *Möstl*, in: Stern/Sodan/Möstl, Band 3, § 68, Rn. 41.

1382 *Calliess*, JZ 2006, 321 (329); *Krings*, grundrechtliche Schutzansprüche, S. 303; *Möstl*, DÖV 1998, 1029 (1038 f.); *Möstl*, in: Stern/Sodan/Möstl, Band 3, § 68, Rn. 41.

1383 *Michael*, JuS 2001, 148 (151); *Möstl*, staatliche Garantie, S. 111.

1384 *Calliess*, JZ 2006, 321 (330).

übereinstimmen, das Schutzziel inklusive der dahinterstehenden Schutzgüter in der Zumutbarkeitsprüfung stärken.[1385]

Wie beim Übermaßverbot kann auch im Rahmen des Untermaßverbots der zur Beachtung des Gewaltenteilungsgrundsatzes notwendige staatliche Gestaltungsspielraum durch die Anwendung verschiedener Kontrollintensitäten gewahrt werden.[1386] Je nach Sachverhalt soll daher auf den drei Prüfstufen entweder eine Evidenz-, eine Vertretbarkeits- oder eine Inhaltskontrolle zur Anwendung kommen. Kriterien zur Differenzierung zwischen den Prüfungsumfängen sind – ähnlich wie bei der abwehrrechtlichen Verhältnismäßigkeitsprüfung – insbesondere das Gewicht des betroffenen Rechtsguts, das Ausmaß des drohenden Schadens und der Grad seiner Wahrscheinlichkeit sowie bestehende Unsicherheiten.[1387]

1385 *Calliess*, JZ 2006, 321 (330).

1386 Vgl. *Calliess*, JZ 2006, 321 (329).

1387 Vgl. *Möstl*, staatliche Garantie, S. 115.

Die Anwendung des Untermaßverbots auf die Regelungen des Bundes-Klimaschutzgesetzes

Nachdem abstrakt die Anwendung des Untermaßverbots als universeller Prüfmaßstab grundrechtlicher Schutzpflichterfüllung herausgearbeitet wurde, werden im fünften Kapitel die Regelungen des Bundes-Klimaschutzgesetzes anhand dieses Kontrollmaßstabs überprüft. Zudem wird untersucht, ob eine Verurteilung des Gesetzgebers zu einem Zwischenreduktionsziel – entsprechend dem Urteil des Hoge Raad aus dem Jahr 2019 – hierzulande möglich wäre. Ein Ausblick geht im Anschluss daran der Frage nach, ob die geplanten Änderungen des KSG mit der Verfassung vereinbar sein werden.

A. Evidenz-, Vertretbarkeits-, oder Inhaltskontrolle?

Zunächst stellt sich die Frage, welcher der drei Prüfungsumfänge auf die verschiedenen Prüfstufen des Untermaßverbots im Bereich des Klimaschutzes anzuwenden ist. Gefährdete Rechtsgüter sind insbesondere das Grundrecht auf Leben und körperliche Unversehrtheit, Art. 2 Abs. 2 S. 1 GG, sowie das Grundrecht auf Eigentum, Art. 14 Abs. 1 S. 1 Alt. 1 GG. Bei Art. 2 Abs. 2 S. 1 Alt. 1 GG handelt es sich nach der Rechtsprechung des BVerfG um einen „Höchstwert".[1388] Das Eigentum stellt demgegenüber ein weniger gewichtiges, aber immer noch ein hochrangiges Rechtsgut dar.[1389] Von den Folgen

---

1388 BVerfGE 46, 160 (164). Vgl. auch: *Bustami/Kahl*, in: Petras/Valentiner, Fall 4, S. 110, die von den Rechtsgütern Leben und Gesundheit als „besonders hochrangige[n] Schutzgüter[n]" sprechen.

1389 Vgl. *Kahl*, JURA 2021, 117 (126).

des Klimawandels gehen für die genannten Grundrechte erhebliche und sehr wahrscheinliche Gefahren aus.[1390] Allerdings bestehen im Bereich des Klimaschutzes noch nicht unerhebliche wissenschaftliche Unsicherheiten. Daher sollte das Untermaßverbot in Form einer Vertretbarkeitskontrolle zur Anwendung kommen.[1391]

Für die Anwendung eines – unter Berücksichtigung der Umstände des Sachbereichs – möglichst weitreichenden gerichtlichen Kontrollmaßstabs sprechen auch die Ausführungen des EGMR in der erfolgreichen Beschwerde des Vereins KlimaSeniorinnen Schweiz gegen die Schweiz. Denn die EMRK sowie ihre Interpretation durch den EGMR sind bei der Auslegung der Grundrechte zu berücksichtigen.[1392] Vor dieser ersten, vom EGMR für begründet erklärten Klimaklage hat der Gerichtshof in den bisherigen Fällen, in denen Beeinträchtigungen von Art. 2 sowie Art. 8 EMRK durch Umweltgefahren drohten, den Staaten hinsichtlich der zu treffenden Schutzmaßnahmen einen „weiten Ermessensspielraum“ gewährt.[1393] Diesbezüglich führt das BVerfG im Klimabeschluss aus:

> Nach der Rechtsprechung des Europäischen Gerichtshofs für Menschenrechte ergeben sich auch aus der Europäischen Menschenrechtskonvention positive Verpflichtungen des Staates zum Schutz vor lebens- und gesundheitsgefährdenden Umweltbeeinträchtigungen. Daraus folgt jedoch, soweit erkennbar, kein weitergehender als der nach Art. 2 Abs. 2 Satz 1 GG gebotene Schutz.[1394]

1390 *Kahl*, JURA 2021, 117 (126, 127).

1391 Vgl. *Buser*, DVBl. 2020, 1389 (1394): „Für einen strengen Kontrollmaßstab sprechen schließlich die Schwere der konkreten Gefährdungslage und die Wertigkeit der betroffenen Grundrechte. [...] Demnach ist im Bereich des Klimaschutzes ein strenger Kontrollmaßstab anzuwenden. Dieser erfordert eine Vertretbarkeitskontrolle“. Vgl. außerdem: *Kahl*, JURA 2021, 117 (127): „Vergegenwärtigt man sich bei alledem die Schwere der drohenden Gefahren und ihre hohe Eintrittswahrscheinlichkeit, die die Notwendigkeit einer verschärften gerichtlichen Kontrolle (Vertretbarkeitskontrolle) begründen [...].“ *Bustami/Kahl*, in: Petras/Valentiner, Fall 4, S. 110, 111 sprechen sich sogar für eine umfassende Inhaltskontrolle aus.

1392 BVerfG, NVwZ 2018, 1121 (1125).

1393 Bezüglich Art. 2 EMRK: EGMR, NVwZ 2013, 993, Rn. 160, 183; bezüglich Art. 8 EMRK: *Nettesheim*, in: HK-EMRK, Art. 8, Rn. 18.

1394 BVerfG, 1 BvR 2656/18 u. a., Rn. 147.

In seinem Urteil gegen die Schweiz macht der EGMR deutlich, seine bisherige Umweltrechtsprechung nicht exakt auf den Kontext des Klimawandels übertragen zu wollen.[1395] Er lehnt sich an Grundsätze der bisherigen Rechtsprechung an, versucht jedoch, einen für den Bereich des Klimaschutzes angemesseneren Maßstab zu finden.[1396] Diesbezüglich stellt der Gerichtshof fest, dass unterschieden werden müsse zwischen dem den Staaten zu gewährenden Ermessenspielraum hinsichtlich der erforderlichen Ziele und Vorgaben für die Bekämpfung des Klimawandels sowie dem Gestaltungsspielraum in Bezug auf die Wahl der Mittel zur Erreichung dieser Ziele.[1397] Was den ersten Aspekt betreffe, erfordere die Art und Schwere der Bedrohung einen wirksamen Klimaschutz und dementsprechend einen geringeren Ermessensspielraum für die Staaten.[1398] Bezüglich der Wahl der Mittel müsse den Vertragsparteien dagegen ein umfangreicher Gestaltungsspielraum gewährt werden.[1399] Damit bestätigt der EGMR den in der vorliegenden Arbeit herausgearbeiteten, auf den Bereich des Klimaschutzes anzuwendenden umfassenden Prüfungsmaßstab. Zudem weist er zu Recht[1400] auf die dabei notwendige Prärogative der Legislative hinsichtlich der Wahl zwischen verschiedenen wirksamen Schutzmaßnahmen hin.

B. Die Überprüfung des KSG anhand des Untermaßverbots mit der Kontrollintensität einer Vertretbarkeitsprüfung

Das staatliche Konzept zum Schutz der Grundrechte aus Art. 2 Abs. 2 S. 1 GG, Art. 14 Abs. 1 GG vor den Auswirkungen des Klimawandels, das im Folgenden auf seine Vereinbarkeit mit dem Untermaßverbot in Form einer Vertretbarkeitskontrolle überprüft wird, ist das Bundes-Klimaschutzgesetz. Dabei soll zunächst (B, I) die Quantität darin zugelassener CO_2-Emissionen untersucht werden. Anschließend (B, II) wird der Frage nachgegangen, ob

1395 EGMR, 53600/20, Legal Summary, S. 3.
1396 EGMR, 53600/20, Legal Summary, S. 3.
1397 EGMR, 53600/20, Legal Summary, S. 8.
1398 EGMR, 53600/20, Legal Summary, S. 8.
1399 EGMR, 53600/20, Legal Summary, S. 8.
1400 Siehe insofern die Ausführungen im vierten Kapitel, B, II.

der deutsche Staat zu einem konkreten Emissionsreduktionszwischenziel verurteilt werden kann.

I. Die Quantität im KSG zugelassener CO_2-Emissionen

Indem das KSG die zulässige Menge noch zu emittierender CO_2-Emissionen festlegt, fördert es den Klimaschutz und dient damit der Reduzierung der Gefährdung von Art. 2 Abs. 2 S. 1 GG sowie Art. 14 Abs. 1 GG. Es existiert kein effektiveres, aber gleich oder weniger in Grundrechte Dritter oder öffentliche Interessen eingreifendes Mittel. Entscheidender Prüfungsschritt ist damit derjenige der Zumutbarkeit. Zu untersuchen ist, ob das verbleibende Schutzdefizit hinsichtlich der Grundrechte auf Leben, Gesundheit und Eigentum angesichts der entgegenstehenden Grundrechte Dritter den Betroffenen zumutbar ist. Vom Klimawandel gehen schwerwiegende Gefahren für die hochrangigen Grundrechte aus Art. 2 Abs. 2 S. 1 GG aus. Der Emissionsreduktion entgegenstehende Rechtsgüter sind insbesondere die Berufsfreiheit, Art. 12 Abs. 1 S. 1 GG, die Eigentumsfreiheit, Art. 14 Abs. 1 S. 1 Alt. 1 GG, sowie die allgemeine Handlungsfreiheit, Art. 2 Abs. 1 GG.[1401] Dabei handelt es sich um wichtige Freiheitsrechte. Demgegenüber haben die Rechtsgüter Leben und Gesundheit aber ein noch höheres Gewicht. Zudem stärkt Art. 20a GG – soweit er den Klimaschutz umfasst und mit dem Schutzumfang des Art. 2 Abs. 2 S. 1 GG gleichläuft – das Gewicht der Rechtsgüter von Leben und Gesundheit in der Abwägung.[1402] Erforderlich ist demnach ein wirksamer Schutz von Art. 2 Abs. 2 S. 1 GG vor den negativen Auswirkungen des Klimawandels, auch wenn hierfür weitreichende Beschränkungen der genannten Rechte Dritter nötig werden. Entscheidend für die Bestimmung, wann ein solches Schutzniveau erreicht ist, sind die Erkenntnisse der Wissenschaft.[1403]

Nach dem aktuellen sechsten IPCC-Sachstandsbericht der Arbeitsgruppe II ist bei einer Erwärmung der Erde um 2 °C ein wirksamer Schutz der Menschen vor Lebens- und Gesundheitsgefahren durch eine proaktive Anpassung möglich.[1404] Allerdings sind der Anpassung Grenzen gesetzt.[1405] Diese seien für

---

1401 Vgl. *Bustami/Kahl*, in: Petras/Valentiner, Fall 4, S. 113.

1402 Vgl. *Calliess*, in: Dürig/Herzog/Scholz, Band 3, Art. 20a GG, Rn. 178.

1403 *Kahl/Bustami*, in: Petras/Valentiner, Fall 4, S. 112.

1404 IPCC, 2022, Arbeitsgruppe II: Zusammenfassung für die politische Entscheidungsfindung, S. 14.

1405 IPCC, 2022, Working Group II, S. 1865, 1891.

die Rechtsgüter aus Art. 2 Abs. 2 S. 1 GG der Menschen in Europa bei einer Erderwärmung um 3 °C erreicht.[1406] Bei einem derartigen Temperaturanstieg werde es insbesondere aufgrund extremer Hitzewellen erhebliche Risiken für das Leben der Menschen geben, die nicht vermieden werden könnten.[1407] Auch wenn der IPCC explizit nur für eine Erderwärmung ab 3 °C konstatiert, dass ein wirksamer Schutz für Leben und Gesundheit der Menschen in Europa nicht mehr durch Anpassungsmaßnahmen gewährleistet werden könne, ist aufgrund des Vorsorgeprinzips für Art. 2 Abs. 2 S. 1 GG nur eine Erderwärmung von 2 °C hinnehmbar. Denn dies ist die maximale Temperatur, bei welcher der IPCC noch die Möglichkeit wirksamen Schutzes von Leben und Gesundheit der Menschen durch eine zielgerichtete Anpassung feststellt.[1408] Darüber hinaus bestünden insbesondere in Bezug auf künftige, außerhalb bisheriger Höchstwerte liegender Hitzeextreme große Unsicherheiten hinsichtlich der Anpassungsfähigkeit.[1409]

Zwar wird Art. 20a GG zur Stärkung von Art. 2 Abs. 2 S. 1 GG innerhalb der Abwägung mit entgegenstehenden Rechtsgütern hinzugezogen. Insofern könnte erwogen werden, daraus eine noch strengere Temperaturobergrenze abzuleiten. Das BVerfG hat im Klimabeschluss folgende Feststellung getroffen:

> Klimaschutz und der Schutz der in Art. 2 Abs. 2 Satz 1 GG genannten Rechtsgüter menschlichen Lebens und körperlicher Unversehrtheit weisen zwar eine große Schnittmenge auf, sind aber nicht deckungsgleich; so können zur Bewahrung eines umwelt-, tier-, und menschenfreundlichen Klimas Maßnahmen geboten sein, derer es allein um des Schutzes von Leben und Gesundheit der Menschen willen nicht bedürfte, und umgekehrt. Es ist eben nicht von vornherein auszuschließen, dass eine Temperaturschwelle von 1,5 °C zwar zur Begrenzung des Klimawandels angeraten erscheint, zum Schutz menschlichen Lebens und menschlicher Gesundheit aber doch schon das vom deutschen Gesetzgeber übernommene Paris-Ziel [und sogar die Wahrung der 2°C-Grenze] ausreicht.[1410]

1406 IPCC, 2022, Working Group II, S. 1891.

1407 IPCC 2022, Working Group II, S. 1891.

1408 IPCC, 2022, Arbeitsgruppe II: Zusammenfassung für die politische Entscheidungsfindung, S. 14.

1409 Vgl. IPCC, 2022, Working Group II, S. 1860.

1410 BVerfG, 1 BvR 2656/18 u. a., Rn. 163.

Als konkretes Beispiel kann der von Art. 20a GG umfasste Schutz der biologischen Vielfalt[1411] herangezogen werden. Diese ist nach dem sechsten Sachstandsbericht des IPCC bereits unterhalb einer Erderwärmung von 2 °C einem hohen Risiko ausgesetzt.[1412] Dennoch kann aus der Verknüpfung der grundrechtlichen Schutzpflicht des Art. 2 Abs. 2 S. 1 GG mit Art. 20a GG kein strengeres Temperaturerfordernis als das 2 °C-Ziel abgeleitet werden. Ansonsten würde missachtet, dass Art. 20a GG lediglich eine Staatszielbestimmung und kein subjektives Recht darstellt.[1413] Ein solches kann auch nicht im Wege der Verfassungsfortbildung aus dieser Norm hergeleitet werden, da dies aufgrund deren Stellung außerhalb des Grundrechtskatalogs und ohne Nennung in Art. 93 Abs. 1 Nr. 4a GG die zulässigen Grenzen der richterlichen Rechtsfortbildung überschreiten würde.[1414] Geprüft werden muss daher, ob das aktuelle KSG dem verfassungsrechtlichen Mindestschutzniveau einer Erderwärmung um maximal 2 °C entspricht.

Hierfür können die Berechnungen des IPCC hinsichtlich eines diese Temperaturschwelle wahrenden globalen CO_2-Restbudgets herangezogen werden.[1415] Der IPCC hat fünf unterschiedliche Budgets errechnet, die sich hinsichtlich ihrer Wahrscheinlichkeit im Hinblick auf die Wahrung der 2 °C-Grenze unterscheiden.[1416] Die Wahrscheinlichkeiten reichen von 17 % über 33 %, 50 % sowie 67 % bis hin zu 83 %.[1417] Aufgrund der Risiken, die für die Rechtsgüter aus Art. 2 Abs. 2 S. 1 GG ab der Überschreitung der 2 °C-Erderwärmung bestehen, folgt aus dem Vorsorgeprinzip die Zugrundelegung des globalen Restbudgets, das dieses Ziel mit einer 83-prozentigen Wahrscheinlichkeit erreicht. Hierfür wurde im sechsten Sachstandsbericht

---

1411 *Gärditz*, in: Landmann/Rohmer, Umweltrecht, Art. 20a GG, Rn. 10.

1412 IPCC 2022, Arbeitsgruppe II: Zusammenfassung für die politische Entscheidungsfindung, S. 14.

1413 So ausdrücklich auch BVerfG, 1 BvR 2656/18 u. a., Rn. 112.

1414 Vgl. BVerfG, 1 BvR 2656/18 u. a., Rn. 112; *Boehl*, VerfBlog vom 10.05.2022, Abschnitt 18.

1415 Vgl. so bereits das BVerfG im Klimabeschluss (BVerfG, 1 BvR 2656/18 u. a., Rn. 214 ff.), wobei es noch nicht den mittlerweile aktuelleren sechsten Sachstandsbericht des IPCC heranzieht.

1416 IPCC, 2021, Arbeitsgruppe I: Zusammenfassung für die politische Entscheidungsfindung, S. 32.

1417 IPCC, 2021, Arbeitsgruppe I: Zusammenfassung für die politische Entscheidungsfindung, S. 32.

von der Arbeitsgruppe I des IPCC ein globales CO_2-Restbudget von 900 Gigatonnen berechnet.[1418]

Das BVerfG hat im Klimabeschluss zu Recht festgestellt, dass der Klimawandel nur durch die Anstrengungen aller Staaten aufgehalten werden könne, dies aber nicht die Verpflichtung der einzelnen Staaten zur Vornahme von klimaschützenden Maßnahmen reduziere.[1419] Denn jede Reduktion von Treibhausgasen leiste einen Beitrag zum Klimaschutz.[1420] Um die Emissionsreduktionsvorgaben des KSG auf ihre Vereinbarkeit mit dem dargestellten globalen Restbudget überprüfen zu können, bedarf es eines auf dessen Grundlage zu ermittelnden nationalen CO_2-Restbudgets.[1421] Für die Berechnung eines solchen gibt es verschiedene Methoden (Verteilungsschlüssel).[1422] Der Sachverständigenrat für Umweltfragen hat insbesondere die nachfolgenden Kriterien zur möglichen Berechnung eines nationalen CO_2-Restbudgets in einer Stellungnahme aus dem Jahr 2022 dargelegt:[1423] Die Berücksichtigung historisch kumulativer Emissionen, ökonomischer Kosten, die Emissionsaufteilung nach dem Bevölkerungsanteil sowie eine Budgetzuweisung entsprechend dem aktuellen Emissionsanteil der Staaten („Grandfathering").[1424] Aus dem Verfassungstext des Art. 20a GG lässt sich ausdrücklich keiner dieser Verteilungsschlüssel ableiten.[1425] Daher nehmen einige Vertreter in der Literatur aufgrund des Demokratieprinzips an, dass es kein nationales CO_2-Restbudget geben könne, anhand dessen das KSG zu überprüfen sei.[1426] Etwas weitergehender, aber dennoch

---

1418 IPCC 2021, Arbeitsgruppe I: Zusammenfassung für die politische Entscheidungsfindung, S. 32.

1419 BVerfG, 1 BvR 2656/18 u. a., Rn. 202–204.

1420 BVerfG, 1 BvR 2656/18 u. a., Rn. 202–204.

1421 BVerfG, 1 BvR 2656/18 u. a., Rn. 216.

1422 BVerfG, 1 BvR 2656/18 u. a., Rn. 225.

1423 SRU, Wie viel CO2 darf Deutschland maximal noch ausstoßen?, S. 10.

1424 SRU, Wie viel CO2 darf Deutschland maximal noch ausstoßen?, S. 10.

1425 BVerfG, 1 BvR 2656/18 u. a., Rn. 225.

1426 So *Polzin*, DÖV 2021, 1089 (1097): „Eindeutig überschritten würde die Grenze jedoch, wenn ein konkretes CO2-Restbudget basierend auf den derzeitigen Berechnungen des IPCC und des nationalen Sachverständigenrats verfassungsgerichtlich festgelegt werden würde." Vgl. auch: *Schlacke*, NVwZ 2021, 912 (916). Auch der EGMR gewährt der Schweiz trotz festgestellter Verletzung von Art. 8 EMRK aufgrund eines fehlenden quantifizierten nationalen Treibhausgasbudgets hinsichtlich dessen Bestimmung einen großen Gestaltungsspielraum und macht diesbezüglich keine konkreten Vorgaben (EGMR, 53600/20, Legal Summary, S. 10, 11).

zurückhaltend positioniert sich das Berufungsgericht in der bereits an vorangehender Stelle der Untersuchung angeführten Klimaklage gegen den belgischen Staat.[1427] Es spricht sich dafür aus, den Verteilungsschlüssel des „Grandfathering“ zu wählen.[1428] Dieser sei der den belgischen Staat am wenigsten belastende und daher als einziger ohne einen diesbezüglichen politischen Konsens mit dem Grundsatz der Gewaltenteilung vereinbar.[1429] Für die Übertragung der Argumentationsweise des belgischen Gerichts auf das deutsche Recht könnte sprechen, dass so der Grundsatz des Untermaßverbots gewahrt bleibt, wonach der Gesetzgeber zwischen verschiedenen wirksamen Maßnahmen wählen können muss. Denn alle Verteilungsschlüssel ermöglichen – auf unterschiedliche Vorgehensweise – im Ergebnis die Wahrung des globalen CO_2-Restbudgets. Sie stellen damit gleich wirksame Schutzmittel für die Rechtsgüter aus Art. 2 Abs. 2 S. 1 GG dar. Die Besonderheit des Klimaschutzes ist jedoch, dass dieser nur durch das Handeln der gesamten Staatengemeinschaft erreicht werden kann. So ermöglicht ein Heranziehen des „Grandfathering“-Ansatzes durch den deutschen Staat die Einhaltung der 2 °C-Grenze nicht, wenn beispielsweise die Entwicklungsstaaten ihre Treibhausgasemissionen erhöhen. Da eine internationale Übereinkunft über die Verteilung des globalen CO_2-Restbudgets nicht absehbar ist, könnte ein unabgestimmtes Abstellen der deutschen Regierung auf einen restriktiven Verteilungsschlüssel dazu beitragen, dass die 2 °C-Grenze in einigen Jahren nicht mehr einzuhalten sein wird. Solange daher kein politischer Konsens auf internationaler Ebene hinsichtlich eines bestimmten Verteilungsschlüssels besteht, ist Mindestvoraussetzung eines wirksamen Schutzes von Art. 2 Abs. 2 S. 1 GG i. V. m. Art. 20a GG vor den Folgen des Klimawandels ein nationaler Reduktionsbeitrag, der „wechselseitiges Vertrauen der Vertragspartner in den Realisierungswillen fördert, nicht aber Anreize setzt, diese zu unterlaufen“.[1430] Der SRU hat sich entschieden, den Bevölkerungsanteil als Verteilungsprinzip für das globale CO_2-Restbudget zu wählen.[1431] Das so errechnete nationale Budget kann als verfassungsrechtliche Untergrenze zur Erreichung des 2 °C-Ziels herangezogen werden. Es ist

---

1427 Cour d’appel Bruxelles, 2021/AR/1589, 2022/AR/737 et 2022/AR/891.

1428 Cour d’appel Bruxelles, 2021/AR/1589, 2022/AR/737 et 2022/AR/891, Rn. 192.

1429 Cour d’appel Bruxelles, 2021/AR/1589, 2022/AR/737 et 2022/AR/891, Rn. 192.

1430 So zu Recht: BVerfG, 1 BvR 2656/18 u. a., Rn. 225.

1431 SRU, Wie viel CO2 darf Deutschland maximal noch ausstoßen?, S. 10.

gegenüber Deutschland bereits großzügig gewählt.[1432] Die Berücksichtigung historischer Emissionen hätte ein kleineres nationales CO_2-Restbudget zur Folge.[1433] Zwar führten Berechnungen aufgrund ökonomischer Kosten oder die Anwendung des „Grandfathering" in der Regel zur Ableitung größerer CO_2-Restbudgets für Deutschland.[1434] Sie benachteiligen aber diejenigen Staaten, die kaum zum Klimawandel beigetragen haben.[1435] Werden bereits die historischen Emissionen nicht in der Berechnung des nationalen CO_2-Restbudgets berücksichtigt, so würde die Anwendung weiterer, die Industriestaaten begünstigender Kriterien dazu führen, dass ein wechselseitiges Vertrauen der Staaten in die jeweiligen Beiträge zum Klimaschutz nicht gewährleistet wäre.[1436] Zu Recht stellt der SRU fest:

> Das [entsprechend dem Bevölkerungsanteil] berechnete verbleibende CO_2-Budget erfüllt [...] diesen Anspruch gerade noch ausreichend. Es gibt zahlreiche Gründe, ein kleineres CO_2-Budget als Maßstab der Klimapolitik anzuwenden, ein größeres CO_2-Budget müsste aus Sicht des SRU jedoch [durch entsprechende Abkommen mit anderen Staaten[1437]] explizit gerechtfertigt werden.[1438]

Der SRU hat für eine Erderwärmung um 2 °C ein nationales CO_2-Restbudget von 7,5 Gt ausgerechnet, das dieses Ziel mit einer 83-prozentigen Wahrscheinlichkeit erfüllt.[1439] Dieses Budget wird durch die aktuellen Vorschriften des KSG gewahrt.[1440] Dessen Einhaltung gewährt auch einen wirksamen Schutz für Art. 14 Abs. 1 S. 1 Alt. 1 GG.[1441]

Die wissenschaftlichen Erkenntnisse entwickeln sich jedoch weiter und lassen immer genauere Schlussfolgerungen zu. Insofern muss das KSG fortlaufend auf die Vereinbarkeit mit dem Untermaßverbot überprüft werden. Wie dargestellt, ist Voraussetzung für den Schutz von Art. 2 Abs. 2 S. 1 GG

1432 SRU, Wie viel CO2 darf Deutschland maximal noch ausstoßen?, S. 12, 13.
1433 SRU, Wie viel CO2 darf Deutschland maximal noch ausstoßen?, S. 11.
1434 SRU, Wie viel CO2 darf Deutschland maximal noch ausstoßen?, S. 11.
1435 SRU, Wie viel CO2 darf Deutschland maximal noch ausstoßen?, S. 11.
1436 Vgl. SRU, Wie viel CO2 darf Deutschland maximal noch ausstoßen?, S. 13.
1437 SRU, Wie viel CO2 darf Deutschland maximal noch ausstoßen?, S. 11.
1438 SRU, Wie viel CO2 darf Deutschland maximal noch ausstoßen?, S. 13.
1439 SRU, Wie viel CO2 darf Deutschland maximal noch ausstoßen?, S. 15.
1440 SRU, Wie viel CO2 darf Deutschland maximal noch ausstoßen?, S. 14, 15.
1441 Vgl. BVerfG, 1 BvR 2656/18 u. a., Rn. 172.

ein wirksamer Schutz, mag dieser auch umfassende Eingriffe in entgegenstehende Grundrechte Dritter erfordern. Sollte die Klimawissenschaft in Zukunft beispielsweise zu dem Schluss kommen, dass die Grenze wirksamer Anpassungsmaßnahmen für Leben und Gesundheit der Menschen in Deutschland unterhalb einer Erderwärmung von 2 °C liegt, kann das BVerfG den Bundesgesetzgeber dazu verpflichten, das dementsprechend geringere nationale CO_2-Restbudget einzuhalten. Ein solches Urteil wäre mit dem Gewaltenteilungsgrundsatz vereinbar. Denn zur Gewährleistung des Schutzes der Rechtsgüter aus Art. 2 Abs. 2 S. 1 GG vor den Gefahren des Klimawandels gibt es nur zwei Maßnahmen, die in Betracht kommen: die Reduktion der Treibhausgasemissionen sowie die Anpassung an den Klimawandel. Demgegenüber ist das Climate Engineering zu umstritten, um als wirksame Klimaschutzmaßnahme zu gelten. Der Gesetzgeber kann grundsätzlich zwischen den beiden Schutzmöglichkeiten wählen. Da es eine Grenze der Anpassung gibt, endet der gesetzgeberische Spielraum dort. So kann das Gericht diese Mindestgrenze an Emissionsreduktion, bei der eine wirksame Anpassung noch möglich ist, bestimmen, ohne damit den der Politik vorbehaltenen Gestaltungsspielraum zu verletzen.

Das nach dem hier entwickelten, differenzierten Untermaßverbot bei Zugrundelegung der derzeitigen wissenschaftlichen Erkenntnisse gefundene Ergebnis unterscheidet sich nicht von dem vom BVerfG im Klimabeschluss anhand der Evidenzkontrolle herausgearbeiteten Fazit hinsichtlich der grundrechtlichen Schutzpflichten. Beide Prüfungsumfänge kommen zu dem Schluss, dass ein Verstoß aufgrund eines derzeit ausreichenden Schutzes – durch das Einhalten der 2 °C-Grenze – nicht anzunehmen ist. Etwas anderes kann allerdings bei veränderten wissenschaftlichen Prognosen gelten. So könnte – bei einer unterstellten Anpassungsgrenze von 1,75 °C – die Evidenzkontrolle zu der Annahme gelangen, dass das derzeitige KSG nicht erheblich hinter dem Schutzziel zurückbleibt, während das weitergreifende Untermaßverbot einen Verstoß aufgrund eines Mangels an wirksamem Schutz feststellen könnte.[1442] Die Anwendung des Untermaßverbots ermöglicht außerdem eine strengere Kontrolle der Anpassungsmaßnahmen.

1442 Siehe zu einem Verstoß des aktuellen KSG gegen die 1,75 °C-Grenze mit einer 67-prozentigen Wahrscheinlichkeit: SRU, Wie viel CO2 darf Deutschland maximal noch ausstoßen?, S. 15.

II. Vergleich mit der Rechtsprechung des Hoge Raad im Urteil gegen den niederländischen Staat – Festlegung eines Reduktionszwischenziels möglich?

Festgestellt wurde bereits, dass das BVerfG den Gesetzgeber bei veränderten wissenschaftlichen Erkenntnissen dazu verpflichten kann, die nationalen Treibhausgasemissionen insgesamt, d.h. entsprechend eines kleineren nationalen CO_2-Restbudgets, zu reduzieren.[1443] Im Folgenden soll untersucht werden, ob darüber hinaus ein Urteil wie dasjenige des Hoge Raad aus dem Jahr 2019 gegen den niederländischen Staat möglich wäre. Dort hatte das höchste Zivilgericht der Niederlande den niederländischen Staat zu einem konkreten Emissionsreduktionszwischenziel verurteilt. Bis 2020 mussten die nationalen Treibhausgasemissionen um mindestens 25 % gegenüber dem Vergleichsjahr 1990 reduziert werden.[1444]

Auch das BVerfG könnte bei veränderten wissenschaftlichen Erkenntnissen nicht nur ein geringeres nationales Restbudget vorschreiben, sondern auch bestimmte Zwischenziele der Reduktionen vorgeben. Das Erfordernis einer gerechten Verteilung der Freiheitseinschränkungen über die Zeit folgt aus dem zweiten Prüfungspunkt der Effektivität. Hier ist zu fragen, ob es ein die grundrechtlichen Schutzgüter besser schützendes Mittel gibt, das gleich oder weniger in die entgegenstehenden Freiheitsrechte eingreift. Die Klimawissenschaft hat festgestellt, dass spätere Emissionsreduktionen zu einem erhöhten Risiko misslingenden Klimaschutzes führen.[1445] Das für Art. 2 Abs. 2 S. 1 GG geltende Vorsorgeprinzip erfordert daher eine frühzeitige Reduktion der Treibhausgasemissionen. Dieses Ergebnis wird durch Art. 20a GG gestützt, dessen Prüfung zur Stärkung des Art. 2 Abs. 2 S. 1 GG herangezogen werden kann. Auch das innerhalb des Art. 20a GG anwendbare Vorsorgeprinzip verlangt eine frühzeitige Emissionsreduktion.[1446] Eine gleichmäßige Einschränkung der kollidierenden Freiheitsrechte entspricht zudem deren möglichst eingriffsfreier Gewährleistung, da ein solches Vorgehen insgesamt einen milderen Eingriff darstellt als eine bei zunächst

---

1443 Siehe hierzu die Ausführungen im 5. Kapitel, B, I.

1444 Siehe zur ausführlichen Darstellung des Urteils 1. Kapitel, E, V.

1445 UNEP, The Emissions Gap Report 2013, Executive Summary, S. XI.

1446 Siehe hierzu ausführlicher bereits unter: 3. Kapitel, C, V, 3, b, aa.

zurückhaltenden Klimaschutzbemühungen möglichweise später notwendig werdende „Vollbremsung“.[1447]

Es ist auf die Empfehlungen des IPCC zu bestimmten Temperaturzielen zugeordneten Emissionsreduktionszwischenzielen abzustellen. Da das Untermaßverbot kein Optimierungsgebot enthält, kann die Judikative nur das jeweilige Minimum an Reduktion hinsichtlich der Zieljahre vorgeben. Eine darüber hinausreichende Vorgabe würde den Gestaltungsspielraum der Politik unzulässig verkleinern.[1448] Dem entsprechend hat auch der Hoge Raad das Emissionsreduktionsziel von 25 % bis zum Jahr 2020 gewählt, welches dem Minimum innerhalb des vom IPCC vorgeschlagenen Spielraums entspricht. In Deutschland wäre ein dem niederländischen Fall entsprechendes Urteil damit ohne Verstoß gegen den Grundsatz der Gewaltenteilung möglich.

C. Ausblick: Die Überprüfung der Verfassungsmäßigkeit der Änderungen des KSG

Am 17. Juli 2024 ist das Zweite Gesetz zur Änderung des Bundes-Klimaschutzgesetzes in Kraft getreten.[1449] Hierbei bleiben die nationalen Klimaschutzziele (65 % Reduktion der Treibhausgasemissionen bis 2030, 88 % bis 2040 im Vergleich zum Referenzjahr 1990 sowie das Erreichen von Netto-Treibhausgasneutralität bis zum Jahr 2045) bestehen. Es erfolgt eine Änderung hinsichtlich des Vorgehens bei Überschreitung der Emissionsmengen. Die bisherigen Regelungen sahen vor, dass in Bezug auf jeden Sektor für das zurückliegende Kalenderjahr die Einhaltung der Emissionsziele durch das Bundesumweltamt überprüft wird, § 5 Abs. 1, Abs. 2 Nr. 1 KSG a. F. Bei Überschreiten der zulässigen Jahresemissionsmenge in einem Sektor musste das jeweils zuständige Bundesministerium der Bundesregierung innerhalb von drei Monaten ein Sofortprogramm vorstellen, das die Einhaltung der Jahresemissionsmengen des Sektors für die folgenden Jahre sicherstellt, § 8 Abs. 1 KSG a. F. Die Bundesregierung beschloss sodann die zu ergreifenden Maßnahmen, § 8 Abs. 2 S. 1 KSG a. F. Das Zweite Gesetz zur Änderung

---

1447 Siehe hierzu ausführlicher bereits unter: 3. Kapitel, C, V, 3, b, aa.

1448 Vgl. so zu Recht auch: Rechtsbank Den Haag, C/09/456689/ HA ZA 13-1396, Abschnitt 4.86.

1449 BGBl. 2024, Teil I, Nr. 235.

des Bundes-Klimaschutzgesetzes überprüft die Einhaltung der nationalen Klimaschutzziele anhand einer „sektorübergreifende[n] und mehrjährige[n] Gesamtrechnung“[1450] der Jahresemissionsgesamtmengen der Jahre 2021 bis einschließlich 2030. Ergibt die Prognose in zwei aufeinanderfolgenden Jahren, dass die Jahresemissionsgesamtmengen in Summe überschritten werden, so beschließt die Bundesregierung Maßnahmen, die die Einhaltung der Summe der Jahresemissionsgesamtmengen sicherstellen.[1451] In der neu eingefügten Anlage 2a KSG werden die Jahresemissionsgesamtmengen bis zum Jahr 2030 festgelegt.[1452]

Hintergrund der Gesetzesänderung ist unter anderem das mehrfache Überschreiten der jährlichen Emissionsvorgaben in den Sektoren Gebäude und Verkehr.[1453] Die beiden Ministerien hatten dennoch keine – wie in § 8 Abs. 1 KSG a. F. vorgegeben – Sofortprogramme erlassen.[1454] Die Deutsche Umwelthilfe erstritt daraufhin am 30. November 2023 vor dem Oberverwaltungsgericht Berlin-Brandenburg ein Urteil, welches die jeweiligen Ministerien zum Erlass eines Sofortprogramms verpflichtete. Letzteres wäre nach der geplanten neuen Gesetzeslage nicht mehr erforderlich.

Die Gesetzesänderung ist zum Teil auf erhebliche Kritik gestoßen.[1455] Anfang September 2023 haben unter anderem mehr als sechzig Juraprofessorinnen und -professoren einen offenen Brief an die Bundesregierung verfasst, in dem sie sich gegen eine Novellierung und damit ihrer Ansicht nach „Verwässerung“ des Bundes-Klimaschutzgesetzes aussprechen.[1456] Auch darüber hinaus lassen sich kritische Stimmen in der Literatur finden.[1457] Verfassungsrechtliche Zweifel wurden insbesondere hinsichtlich der Aufweichung der Verbindlichkeit der Jahresemissionsmengen einzelner Sektoren

---

1450 BGBl. 2024, Teil I, Nr. 235, Art. 1, Nr. 4.
1451 BGBl. 2024, Teil I, Nr. 235, Art. 1, Nr. 4.
1452 BGBl. 2024, Teil I, Nr. 235, Art. 1, Nr. 17.
1453 DUH, Pressemitteilung vom 02.02.2024, Abschnitt 1.
1454 DUH, Pressemitteilung vom 02.02.2024, Abschnitt 1.
1455 *Hecker*, VerfBlog vom 12.09.2023, Abschnitt 1; *Kumar*, JuWissBlog Nr. 35/2023 vom 13.06.2023, Abschnitt 3.
1456 *Feichtner/Fischer-Lescano/Groß u. a.*, VerfBlog vom 31.08.2023.
1457 Siehe beispielsweise: *Schönberger*, VerfBlog vom 16.11.2022.

geäußert.[1458] Insofern erscheine ein Verstoß gegen die intertemporale Freiheitssicherung möglich.[1459] Das BVerfG hat im Klimabeschluss hinsichtlich der Anforderungen dieser neuen Rechtsfigur ausgeführt, dass der Gesetzgeber Vorschriften zu erlassen habe, die „hinreichende Orientierung und Anreiz für die Entwicklung sowie die umfassende Implementierung klimaneutraler Techniken und Praktiken bieten".[1460] Denn „die Schonung künftiger Freiheit [verlangt …] den Übergang zu Klimaneutralität rechtzeitig einzuleiten."[1461] Konkretisierend stellt das BVerfG fest:

> Auch insoweit stehen dem Gesetzgeber Gestaltungsspielräume offen. Das Grundgesetz gibt nicht im Einzelnen vor, was zu regeln ist, um Voraussetzungen und Anreize für die Entwicklung klimaneutraler Alternativen zu schaffen. Grundlegend hierfür und damit für eine vorausschauende Schonung künftiger Freiheit ist allerdings, dass der Gesetzgeber einer möglichst frühzeitigen Einleitung der erforderlichen Entwicklungs- und Umsetzungsprozesse […] Orientierung bietet und diesen damit zugleich ein hinreichendes Maß an Entwicklungsdruck und Planungssicherheit vermittelt. Der nötige Entwicklungsdruck entsteht, indem absehbar wird, dass und welche Produkte, Dienstleistungen, Infrastruktur-, Verwaltungs- und Kultureinrichtungen, Konsumgewohnheiten oder sonstigen heute noch CO2-relevanten Strukturen schon bald erheblich umzugestalten sind. Legte der Gesetzgeber beispielsweise frühzeitig konkret fest, dass dem Verkehrssektor ab einem bestimmten Zeitpunkt nur noch geringe jährliche Emissionsmengen zur Verfügung stehen, könnte dies Anreiz und Druck für die Entwicklung und Verbreitung alternativer Techniken und der dafür erforderlichen Infrastruktur entfalten.[1462]

1458 So beispielsweise: *Kumar*, JuWissBlog Nr. 35/2023 vom 13.06.2023, Abschnitt 1; *Schönberger*, VerfBlog vom 16.11.2022, Abschnitt 1; *Wiedmann*, VerfBlog vom 30.03.2023, Abschnitte 2 und 11 ff.

1459 So *Feichtner/Fischer-Lescano/Groß u. a.*, VerfBlog vom 31.08.2023, Abschnitt 4: „Gegenwärtig ist aber eine Novelle [des Bundes-Klimaschutzgesetzes] geplant, die die sektorspezifischen Ziele schwächt. Damit sind die Anforderungen des Bundesverfassungsgerichts in Gefahr, die verlangen, ‚*dass frühzeitig transparente Maßgaben für die weitere Ausgestaltung der Treibhausgasreduktion formuliert werden, die für die erforderlichen Entwicklungs- und Umsetzungsprozesse Orientierung bieten und diesen ein hinreichendes Maß an Entwicklungsdruck und Planungssicherheit vermitteln*'. Vgl. *Schönberger*, VerfBlog vom 16.11.2022, Abschnitte 13 ff.; *Wiedmann*, VerfBlog vom 30.03.2023, Abschnitt 12.

1460 BVerfG, 1 BvR 2656/18 u. a., Rn. 195.

1461 BVerfG, 1 BvR 2656/18 u. a., Rn. 248.

1462 BVerfG, 1 BvR 2656/18 u. a., Rn. 249.

Explizit stellt das BVerfG im weiteren Verlauf des Beschlusses nochmals fest:

> [Der Gesetzgeber] könnte zur Schaffung des erforderlichen Planungshorizonts auch andere Regelungstechniken [als eine Sektoraufteilung] wählen.[1463] [Allerdings] müssen weitere Jahresemissionsmengen und Reduktionsmaßgaben so differenziert festgelegt werden, dass eine hinreichend konkrete Orientierung entsteht. [...] Wenn im Einzelnen konkret erkennbar ist, dass, wann und wie die Möglichkeit endet, Treibhausgas zu emittieren, wächst die Wahrscheinlichkeit, dass klimaneutrale Technologien und Verhaltensweisen diesem Entwicklungspfad entsprechend zügig etabliert werden.[1464]

Die Ausführungen des BVerfG überzeugen, sollten jedoch – entsprechend der bisherigen Argumentation hinsichtlich der grundrechtsdogmatischen Verankerung des intertemporalen Freiheitsschutzes – nicht innerhalb einer abwehrrechtlichen Verhältnismäßigkeitsprüfung erfasst werden. Das Erfordernis zur Schaffung eines frühzeitigen Entwicklungs- und Planungshorizonts kann schlüssiger aus Art. 20a GG folgen, der den Gesetzgeber dazu verpflichtet, die natürlichen Lebensgrundlagen für die künftigen Generationen nicht nur um den Preis radikaler eigener Einschränkungen von Freiheitsrechten zu erhalten. Diese Staatszielbestimmung kann zur Konkretisierung der Schutzpflichten von Art. 2 Abs. 2 S. 1 GG, Art. 14 Abs. 1 S. 1 Alt. 1 GG herangezogen werden.

In der Literatur wird in Bezug auf die Zweite Änderung des KSG zum Teil davon gesprochen, dass eine „Abschaffung der Sektorziele [...] jedenfalls nicht ohne weiteres verfassungsrechtlich zulässig“ sei.[1465] *Schönberger* führt fort:

> Die Aufhebung der sektoralen Mengenbegrenzungen würde [...] gerade den durch sie geschaffenen Entwicklungsdruck und die Planungssicherheit wieder aufgeben. Für die Betroffenen wäre kaum noch erkennbar, wie die Reduktionslasten innerhalb der Gesellschafts- und Wirtschaftsbereiche verteilt werden sollen, wenn nur noch eine Gesamtbilanz vorgenommen wird. [...] Die Sektorziele aus Anlage 2 können also nicht schlicht abgeschafft, sondern nur durch ein alternatives Steuerungskonzept abgelöst beziehungsweise um ein solches ergänzt werden, welches seinerseits einen hinreichenden Entwicklungsdruck und Planungssicherheit sicherstellt. Die

---

1463 BVerfG, 1 BvR 2656/18 u. a., Rn. 251.

1464 BVerfG, 1 BvR 2656/18 u. a., Rn. 254.

1465 *Schönberger*, VerfBlog vom 16.11.2022, Abschnitt 9.

> bloße Streichung der sektoralen Mengengrenzen würde den Anforderungen des Bundesverfassungsgerichts wohl kaum gerecht werden.[1466]

Dieser Ansicht ist entgegenzuhalten, dass im Zweiten Gesetz zur Änderung des Bundes-Klimaschutzgesetzes keine Abschaffung der jährlichen Sektorziele geregelt ist. Diese werden unverändert in Anlage 2b KSG aufgeführt. Auch wird gemäß § 5 Abs. 2 Nr. 1 KSG weiterhin überprüft, ob die jährlichen Sektorziele über- oder unterschritten werden. Anders als bisher entfällt jedoch die Pflicht gemäß § 8 Abs. 1 KSG a. F. zur Erstellung eines Sofortprogramms der Ministerien, die hinter ihrem Jahresreduktionsziel zurückbleiben. Ein Überschreiten der jährlich vorgesehenen Emissionen in einem Sektor wird durch ein Unterschreiten in einem anderen Sektor automatisch ausgeglichen. Sollten die Prognosen zwei Jahre in Folge zu dem Schluss kommen, dass die aggregierten Jahresemissionsgesamtmengen bis zum Jahr 2030 die Summe der Jahresemissionsgesamtmengen nach Anlage 2a KSG für diese Jahre überschreiten, ist die Bundesregierung zum Erlass von Maßnahmen verpflichtet, die das Einhalten der Emissionsmenge bis 2030 sicherstellen, § 8 Abs. 1 KSG. Zur Beschlussvorbereitung der Bundesregierung haben insbesondere die säumigen Ministerien Maßnahmen vorzuschlagen, die in ihrem Sektor oder auch sektorübergreifend Anwendung finden sollen, § 8 Abs. 2 S. 1 und S. 2 KSG. Die Bundesregierung beschließt sodann Maßnahmen in den säumigen oder anderen Sektoren sowie sektorübergreifend; sie kann hierzu die vorgesehenen Jahresemissionsmengen der Sektoren durch Rechtsverordnung abändern, § 8 Abs. 2 S. 3 und S. 4 KSG. Die jährlichen Sektorziele werden somit beibehalten und lediglich ihre Verbindlichkeit abgeschwächt. Diesbezüglich stellt sich die Frage, ob dies mit den Vorgaben des BVerfG zum intertemporalen Schutz der Freiheit vereinbar ist. *Wiedmann* kritisiert:

> Sofern lediglich die Gesamtreduktionsziele rechtsverbindlich [… sind], können sich einzelne Branchen und Unternehmen gerade nicht mehr (oder wenigstens weniger klar) darauf einstellen, wann sie welche Reduktionen erreichen müssen. Im schlimmsten Fall – wenn etwa wie bislang der Verkehrssektor weitgehend unvermindert weiter emittiert – könnte es irgendwann zur ‚Vollbremsung' […] kommen.[1467]

1466 *Schönberger*, VerfBlog vom 16.11.2022, Abschnitte 13–15.
1467 *Wiedmann*, VerfBlog vom 30.03.2023, Abschnitt 10.

Dem ist insofern beizupflichten als die Gesetzesreform zu einer Verringerung der Verbindlichkeit der jährlichen Emissionsmengen der einzelnen Sektoren führt. Dem Gesetzgeber steht jedoch hinsichtlich der Umsetzung des intertemporalen Freiheitsschutzes ein Gestaltungsspielraum zu.[1468] Dieser wird durch die Änderung des KSG gewahrt.[1469] Durch die grundsätzliche Beibehaltung der jährlichen sektoralen Emissionsvorgaben entsteht ein ausreichender Entwicklungsdruck sowie Planungssicherheit. Das gilt insbesondere vor dem Hintergrund, dass auch die alte Fassung des KSG, die die Voraussetzungen des intertemporalen Freiheitsschutzes erfüllt, in § 4 Abs. 5 KSG a. F. eine Abänderung der jährlichen Emissionsmengen einzelner Sektoren durch eine Rechtsverordnung der Bundesregierung zu Beginn des jeweils nächsten Kalenderjahres vorsieht und insofern eine nur eingeschränkte Verbindlichkeit der Sektorenmengen enthält.

Zwar kann die Veränderung im Hinblick auf die Verbindlichkeit der sektorenbezogenen Jahresemissionsmengen – wie dargelegt – keinen Verfassungsverstoß begründen.[1470] Verfassungsrechtliche Bedenken bestehen allerdings in Bezug auf den verlängerten Rhythmus des Nachsteuerungsmechanismus.[1471] Während in der alten Fassung des KSG bei jährlicher Zielverfehlung der Emissionsmenge eines Sektors ein Sofortprogramm des jeweiligen Ministeriums vorgelegt werden muss und die Bundesregierung anschließend Maßnahmen beschließt, § 8 Abs. 1 und Abs. 2 KSG a. F., ist die Regierung nach der Gesetzesänderung erst dann zur Ergreifung von Maßnahmen verpflichtet, wenn die Daten in zwei aufeinanderfolgenden Jahren ein Überschreiten der aggregierten Jahresemissionsgesamtmengen bis zum Jahr 2030 prognostizieren, § 8 Abs. 1 KSG. Dies stellt einen Verstoß gegen das im Rahmen der

---

1468 *Schönberger*, VerfBlog vom 16.11.2022, Abschnitt 10.

1469 So zu Recht auch BT-Drucks. 20/8290, S. 15: „Über das Monitoring wird volle Transparenz über die Emissionsentwicklung insgesamt und in den Sektoren hergestellt, so dass das KSG auch weiterhin den Anforderungen des Bundesverfassungsgerichts an die Orientierungs- und Planungsfunktion gerecht wird."

1470 Vgl. *Bitz*, LTO vom 31.03.2023, Abschnitt 20: „Es steht dem Gesetzgeber an sich frei, diese Planungssicherheit statt mit einzelner Sektorregulierung auch auf anderem Wege Rechnung zu tragen. Das im ‚Modernisierungspaket' vorgesehene sektorübergreifende Klimaschutzprogramm könnte [hierfür] je nach Ausgestaltung durchaus geeignet sein". Siehe auch: *Hecker*, VerfBlog vom 12.09.2023, Abschnitt 5.

1471 *Bitz*, LTO vom 31.03.2023, Abschnitt 23.

grundrechtlichen Schutzpflichten aus Art. 2 Abs. 2 S. 1 GG, Art. 14 Abs. 1 S. 1 Alt. 1 GG zu beachtende Vorsorgeprinzip dar. Denn innerhalb von zwei Jahren können erhebliche Lücken in der erforderlichen Emissionsreduktion entstehen. Hierdurch erhöht sich das Risiko misslingenden Klimaschutzes.

Zusammenfassende Thesen

1. Die Justiz hat im Kontext des Klimawandels in den letzten Jahren an Bedeutung gewonnen. Dies wird anhand der zunehmenden Zahl von Klimaklagen deutlich. Die zu dieser Thematik gegen Staaten ergangenen, wichtigsten Entscheidungen sind das Urteil des Hoge Raad gegen die Niederlande aus dem Jahr 2019, der Klimabeschluss des BVerfG aus dem Jahr 2021 sowie die Entscheidung des EGMR im Fall des Vereins Schweizer KlimaSeniorinnen gegen die Schweiz aus dem Jahr 2024.

2. Wollen deutsche Bürger den deutschen Staat auf dem Rechtsweg zu einer strengeren Reduktion der Treibhausgasemissionen verpflichten, müssen sie eine Rechtssatzverfassungsbeschwerde beim Bundesverfassungsgericht einlegen. Innerhalb dieser können sie als gefährdete Grundrechte Art. 2 Abs. 2 S. 1 GG, Art. 12 Abs. 1 S. 1 GG sowie Art. 14 Abs. 1 S. 1 Alt. 1 GG geltend machen. Wenden sie sich gegen vom Staat ausgehende Emissionen ist die Abwehrdimension der genannten Grundrechte anwendbar. In Bezug auf die Reduktion im KSG zugelassener privater Treibhausgase kann dagegen nicht auf die abwehrrechtliche Seite von Art. 2 Abs. 2 S. 1 GG, Art. 12 Abs. 1 S. 1 GG und Art. 14 Abs. 1 S. 1 Alt. 1 GG abgestellt werden. Denn diese Emissionen können dem Staat nicht zugerechnet werden.

3. Im Klimabeschluss hat das Bundesverfassungsgericht die Grundrechtsdogmatik durch Anerkennung einer eingriffsähnlichen Vorwirkung sowie des intertemporalen Freiheitsschutzes fortentwickelt. Es sieht in den im KSG enthaltenen Emissionszulassungsnormen eine eingriffsähnliche Vorwirkung auf künftige Freiheitsrechte. Denn je mehr vom CO2-Restbudget heute verbraucht werde, desto stärker fielen die

Eingriffe des Staates in künftige, mit dem Ausstoß von Treibhausgasen verbundene Freiheitsausübung aus. Die Vorschriften des KSG bedürften daher bereits heute der Rechtfertigung. Sie müssten mit dem Klimaschutzgebot aus Art. 20a GG vereinbar sein sowie den Verhältnismäßigkeitsgrundsatz wahren. Letzterer verlange – nicht wie bisher – die Angemessenheit der Freiheitseingriffe im Verhältnis zu dem damit verfolgten Ziel des Klimaschutzes, sondern die verhältnismäßige Verteilung der für den Klimaschutz nötigen Freiheitseingriffe über die Zeit und zwischen den Generationen (intertemporaler Freiheitsschutz). Da die Konstruktion der eingriffsähnlichen Vorwirkung im heutigen Recht angelegte, später unumkehrbar eintretende staatliche Eingriffe verlangt, muss sie als für den Bereich des Klimaschutzes geltende Sonderdogmatik verstanden werden. In anderen Rechtsgebieten mit intergenerationalem Bezug wie den Sozialversicherungssystemen oder der Staatsverschuldung fehlt es an einer vergleichbaren Unumkehrbarkeit.

4. Der Gedanke des aus Art. 20a GG i. V. m. den Freiheitsrechten folgenden intertemporalen Freiheitsschutzes im Bereich des Klimaschutzes überzeugt. Grundrechtsdogmatisch sollte dieser jedoch – anders als es das BVerfG im Klimabeschluss handhabt – nicht abwehrrechtlich eingeordnet werden. Denn durch eine solche Vorgehensweise entstehen Widersprüche innerhalb der Grundrechtsdogmatik. So ist insbesondere nicht verständlich, weshalb heutige rechtswidrige Grundrechtsgefährdungen in spätere gerechtfertigte Grundrechtseingriffe münden. Zudem wird die Unterscheidung zwischen Abwehrrechten und Schutzpflichten erschwert, was einen Verlust an Einfachheit der Dogmatik mit sich bringt. So soll nach der abwehrrechtlichen Erfassung des intertemporalen Freiheitsschutzes auch aus einem Abwehrrecht die Verpflichtung des Staates zu einem Tun folgen können. Die vom BVerfG aus dem abwehrrechtlich geprüften intertemporalen Freiheitsschutz abgeleitete Rechtsfolge lässt sich schlüssiger den grundrechtlichen Schutzpflichten insbesondere aus Art. 2 Abs. 2 S. 1 GG sowie Art. 14 Abs. 1 S. 1 Alt. 1 GG i. V. m. Art. 20a GG entnehmen. Aus dem hierbei geltenden Vorsorgeprinzip folgt das Erfordernis heutiger umfassender Emissionsreduktion sowie der Entwicklung eines langfristigen Emissionsreduktionsplans.

5. Die bisherige Schutzpflichtenrechtsprechung des BVerfG enthält – nach bestimmten Kriterien differenzierende – Kontrollmaßstäbe. Bei

Rechtsgütern von hohem Wert sowie einer großen Gefährdung wendet das Gericht in der Regel einen umfassenden Prüfungsmaßstab an, während bei weniger gewichtigen Grundrechten sowie niedrigerer Gefährdungslage die Evidenzkontrolle Verwendung findet. Auffallend ist, dass das BVerfG sich nicht immer an die selbst aufgestellten Kriterien hält und so zum Teil auch innerhalb der zuerst genannten Fallgruppe einen restriktiveren Kontrollmaßstab zur Anwendung bringt. So hat es im Rahmen des Klimabeschlusses trotz der erheblichen Bedrohung der Rechtsgüter aus Art. 2 Abs. 2 S. 1 GG eine Evidenzkontrolle vorgenommen. Innerhalb der Dogmatik der grundrechtlichen Schutzpflichten entsteht dadurch Rechtsunsicherheit.

6. Heutzutage gehen viele Risiken für die Grundrechte von Seiten Privater aus. Zum Teil gefährden sie wichtige Rechtsgüter erheblich. In diesen Fällen ist eine intensive gerichtliche Kontrolle der staatlichen Schutzpflichterfüllung in Form des Untermaßverbots notwendig. Dieser Kontrollmaßstab sollte jedoch auch darüber hinaus bei weniger hochwertigen Grundrechten und geringeren Risiken angewendet werden, da ein universeller Prüfungsmaßstab – wie das Beispiel des abwehrrechtlichen Verhältnismäßigkeitsgrundsatzes zeigt – zu einer handhabbareren Dogmatik führt und damit zu einem Mehr an Rechtssicherheit beitragen kann. Zur Wahrung des Grundsatzes der Gewaltenteilung kann innerhalb der Prüfungsstufen des Untermaßverbots je nach Sachverhalt eine verschieden starke Prüfintensität zur Anwendung kommen. Zudem ist es Aufgabe der Legislative, zwischen verschiedenen wirksamen Schutzmaßnahmen zu wählen.

7. Das universell anwendbare Untermaßverbot ist in vier Prüfungsschritte zu untergliedern:

   - Vorfrage: Existiert ein staatliches Konzept zum Schutz der bedrohten Rechtsgüter?
   - 1. Stufe: Sind die staatlichen Maßnahmen zum Schutz der Grundrechte geeignet? (Geeignetheit)
   - 2. Stufe: Gibt es besser schützende, aber Rechte Dritter oder öffentliche Interessen gleich oder weniger beeinträchtigende Mittel? (Effektivität)
   - 3. Stufe: Ist das dem Schutzsuchenden zugemutete Maß an Gefährdung seiner Rechtsgüter aufgrund entgegenstehender Rechte angemessen? (Zumutbarkeit)

8. Innerhalb dieser vier Stufen kann zwischen einer Evidenz-, Vertretbarkeits-, sowie einer intensiven Inhaltskontrolle unterschieden werden. Kriterien zur Differenzierung sind das Gewicht des betroffenen Rechtsguts, das Ausmaß des drohenden Schadens sowie der Grad seiner Wahrscheinlichkeit und bestehende Unsicherheiten.

9. Aufgrund der vom Klimawandel bedrohten hochwertigen Rechtsgüter, insbesondere Art. 2 Abs. 2 S. 1 GG, sowie der diesbezüglich bestehenden erheblichen Gefahren einerseits und bestehender Unsicherheiten andererseits sollte innerhalb der grundrechtlichen Schutzpflichten aus Art. 2 Abs. 2 S. 1 GG, Art. 14 Abs. 1 S. 1 Alt. 1 GG vor den Gefahren des Klimawandels das Untermaßverbot in Form einer Vertretbarkeitskontrolle zur Anwendung kommen. Mit dem KSG existiert ein staatliches Instrument zum Schutz der genannten Grundrechte vor den Gefahren des Klimawandels. Dieses ist auch geeignet und effektiv. Aufgrund des Höchstwertes von Art. 2 Abs. 2 S. 1 GG sowie der vom Klimawandel für diese Rechtsgüter ausgehenden erheblichen Gefahren verlangt der Prüfungspunkt der Zumutbarkeit einen wirksamen Schutz von Leben und Gesundheit, auch wenn hierfür weitreichende Eingriffe in wichtige Freiheitsrechte notwendig sind. Nach dem IPCC liegt die Grenze wirksamer Anpassung für die Menschen in Europa bei einer Temperaturerhöhung von 2 °C, sodass dies das Mindestmaß an Schutz darstellt. Um das hierfür vom IPCC berechnete globale Restbudget auf die verschiedenen Staaten aufzuteilen (nationale Restbudgets) existieren verschiedene Berechnungsmethoden. Grundsätzlich kann der Gesetzgeber aufgrund des Gewaltenteilungsgrundsatzes zwischen diesen verschiedenen Verteilungsschlüsseln wählen. Solange aber kein internationaler Konsens in Bezug auf einen einheitlichen Verteilungsschlüssel besteht, gewährt nur ein solches nationales Restbudget ein ausreichendes Maß an Schutz für Art. 2 Abs. 2 S. 1 GG, das den Realisierungswillen der anderen Vertragsparteien des Pariser Abkommens fördert und nicht dazu ermutigt, die international vereinbarten Ziele zu unterlaufen. Die damit übereinstimmende und dabei für Deutschland noch großzügigste Berechnungsmethode ist diejenige nach dem Bevölkerungsanteil. Das KSG hält das auf dieser Grundlage errechnete nationale Restbudget ein. Etwas anderes kann bei veränderten wissenschaftlichen Erkenntnissen gelten. Sollte beispielsweise die wirksame Anpassungsgrenze bei 1,75 °C liegen, könnte das BVerfG den Gesetzgeber zur Einhaltung des diesbezüglich bestehenden nationalen Restbudgets verpflichten. Aufgrund

des Vorsorgeprinzips wäre außerdem die Verurteilung der Legislative zu einem konkreten Emissionsreduktionszwischenziel möglich, sofern dieses das Minimum der für diesen Zeitpunkt zur Erreichung einer bestimmten Temperaturobergrenze notwendigen Emissionsreduktion darstellt. Die Umsetzung der für ein nationales Restbudget oder ein Zwischenreduktionsziel erforderlichen Maßnahmen verbleibt im Gestaltungsspielraum des Gesetzgebers.

10. Die Änderung des Bundes-Klimaschutzgesetzes ist zum Teil verfassungswidrig. Dies gilt nicht für die Neuregelung hinsichtlich der Sektorziele. Diese Fortentwicklung ist mit dem aus Art. 20a GG i. V. m. den grundrechtlichen Schutzpflichten aus Art. 2 Abs. 2 S. 1 GG, Art. 14 Abs. 1 S. 1 Alt. 1 GG folgenden intertemporalen Freiheitsschutz vereinbar. Denn die Sektorziele werden beibehalten und nur in ihrer Verbindlichkeit abgeschwächt. Hierdurch bestehen weiterhin ein hinreichender Entwicklungsdruck sowie Planungssicherheit für emissionsfreie Technologien. Der auf zwei Jahre verlängerte Nachsteuerungsmechanismus begründet aber einen Verfassungsverstoß. Er missachtet das im Rahmen der aufgeführten grundrechtlichen Schutzpflichten geltende Vorsorgeprinzip, indem er das Entstehen von Emissionsreduktionslücken ermöglicht. Dadurch steigt das Risiko misslingenden Klimaschutzes.

Literaturverzeichnis

Abel, Patrick, Anmerkung zu BVerfG 18.1.2022, 1 BvR 1565/21, Beschluss der 1. Kammer des Ersten Senats, in: Nachhaltigkeitsrecht 2022, S. 197–199 (zitiert: *Abel*, NR 2022, S.).

Agentur der Europäischen Union für Grundrechte, Die Zukunft richtig gestalten – Künstliche Intelligenz und Grundrechte – Zusammenfassung, Luxemburg 2021. Abrufbar unter: https://fra.europa.eu/sites/default/files/fra_uploads/fra-2021-artificial-intelligence-summary_de.pdf. Zuletzt besucht am 15.05.2024 (zitiert: Agentur der Europäischen Union für Grundrechte, KI und Grundrechte, S.).

Badenhausen-Fähnle, Elisabeth, Der Klimabeschluss des BVerfG – Einleitung einer Kehrtwende für die Anwendung der grundrechtlichen Schutzpflichten im Klimaschutz?, in: Verwaltungsrundschau 2022, S. 1–6 (zitiert: *Badenhausen-Fähnle*, VR 2022, S.).

Bayerisches Landesamt für Umwelt, Herausragende Klimaschutz-Projekte gesucht. Bayerischer Klimaschutzpreis 2023 ausgelobt, Pressemitteilung Nr. 58/22 vom 09.12.2022. Abrufbar unter: https://www.lfu.bayern.de/pressemitteilungen/c/1730166/58-22-herausragende-klimaschutz-projekte-gesuchtnbsp. Zuletzt besucht am 06.05.2024 (zitiert: Bayerisches Landesamt für Umwelt, Pressemitteilung Nr. 58/22).

Beck, Ulrich, Risikogesellschaft. Überlebensfragen, Sozialstruktur und ökologische Aufklärung, in: Aus Politik und Zeitgeschichte, Band 36, 1989, S. 3–13 (zitiert: *Beck*, Aus Politik und Zeitgeschichte B 36/1989, S.).

Beckmann, Martin, Das Bundesverfassungsgericht, der Klimawandel und der „intertemporale Freiheitsschutz", in: Umwelt- und Planungsrecht 2021, S. 241–251 (zitiert: *Beckmann*, UPR 2021, S.).

Beckmann, Martin / Durner, Wolfgang / Mann, Thomas / Röckinghausen, Marc (Hrsg.), Landmann, Robert von / Rohmer, Gustav (Begr.), Umweltrecht Kommentar, Band I, 102. Ergänzungslieferung, Stand: 01.09.2023, München (zitiert: *Bearbeiter*, in: Landmann/Rohmer, Umweltrecht, Art., Rn.).

Berkemann, Jörg, „Freiheitschancen über die Generationen" (Art. 20a GG) – Intertemporaler Klimaschutz im Paradigmenwechsel, in: Die Öffentliche Verwaltung 2021, S. 701–715 (zitiert: *Berkemann*, DÖV 2 021, S.).

Bickenbach, Christian, Subjektiv-öffentliches Recht auf Klimaschutz? Die Erderwärmung vor den Gerichten, in: JuristenZeitung 2020, S. 168–177 (zitiert: *Bickenbach*, JZ 2020, S.).

Bittner, Jochen / Hamann, Götz, Brauchen wir Regeln für die Roboter?, in: DIE ZEIT vom 02.11.2023, S. 13 (zitiert: *Bittner/Hamann*, DIE ZEIT vom 02.11.2023, S.).

Bittner, Jochen, Ist das wahr?, in: DIE ZEIT vom 27.07.2023, S. 11 (zitiert: *Bittner*, DIE ZEIT vom 27.07.2023, S.).

Bitz, Lena, Ist der Klimaschutz-Rückschritt noch verfassungskonform?, in: Legal Tribune Online vom 31.03.2023. Abrufbar unter: https://www.lto.de/recht/hintergruende/h/koalitionsausschuss-modernisierungspaket-sektorenziele-weichen-co2-gesamtrechnung/. Zuletzt besucht am 22.06.2024 (zitiert: *Bitz*, LTO vom 31.03.2023, Abschnitt).

Böckenförde, Ernst-Wolfgang, Staat, Verfassung, Demokratie. Studien zur Verfassungstheorie und zum Verfassungsrecht, 2. Auflage, Frankfurt am Main 1992 (zitiert: *Böckenförde*, Staat, Verfassung, Demokratie, S.).

Boehl, Antonia, Ein ökologischer Verfassungswandel? Eine Anmerkung zur neuen Auslegung von Art. 20a GG durch das BVerfG, in: Verfassungsblog vom 10.05.2022. Abrufbar unter: https://verfassungsblog.de/ein-okologischer-verfassungswandel/. Zuletzt besucht am 20.05.2024 (zitiert: *Boehl*, VerfBlog vom 10.05.2022, Abschnitt).

Böhm, Andrea / Pinzler, Petra, Das Öl ist zurück. Was jetzt? Überall setzen die Menschen erneut auf Wohlstand durch Öl und Gas. Geht die Wette auf, gehen wir unter, in: DIE ZEIT vom 30.11.2023, S. 33–34 (zitiert: *Böhm/Pinzler*, DIE ZEIT vom 30.11.2023, S.).

Böhm, Monika, Umweltstaatlichkeit, in: Handbuch des Verwaltungsrechts, Band III, Verwaltung und Verfassungsrecht, hg. von Wolfgang Kahl und Markus Ludwigs, München 2022, S. 1097–1139 (zitiert: *Böhm*, Umweltstaatlichkeit, S.).

Borrell, Josep, Das Jahr 2023 muss zu einem Wendepunkt für die Menschenrechte werden, in: Blog des HR/VP vom 01.02.2023. Abrufbar unter: https://www.eeas.europa.eu/eeas/das-jahr-2023-muss-zu-einem-wendepunkt-für-die-menschenrechte-werden_de. Zuletzt besucht am 17.05.2024 (zitiert: *Borrell*, Blog des HR/VP vom 01.02.2023, Absatz).

Briegleb, Alice / De Spiegeleir, Antoine, From Urgenda to Klimaatzaak: A New Chapter in Climate Litigation, in: Verfassungsblog vom 05.12.2023. Abrufbar unter: https://verfassungsblog.de/from-urgenda-to-klimaatzaak/. Zuletzt besucht am 25.04.2024 (zitiert: *Briegleb/De Spiegeleir*, VerfBlog vom 05.12.2023, Abschnitt).

Britz, Gabriele, Klimaschutz in der Rechtsprechung des Bundesverfassungsgerichts, in: Neue Zeitschrift für Verwaltungsrecht 2022, S. 825–834 (zitiert: *Britz*, NVwZ 2022, S.).

Britz, Gabriele, Grundrechtliche Schutzpflichten in bald 50 Jahren Rechtsprechung des Bundesverfassungsgerichts, in: Neue Zeitschrift für Verwaltungsrecht 2023, S. 1449–1458 (zitiert: *Britz*, NVwZ 2023, S.).

Brosius-Gersdorf, Frauke (Hrsg.), Dreier, Horst (Begr.), Dreier Grundgesetz-Kommentar, Band 1, 4. Auflage, Tübingen 2023 (zitiert: *Bearbeiter*, in: Dreier, Band 1, Art., Rn.).

Budras, Corinna / Göbel, Heike, Der Staat muss der Jugend ihre Freiheit lassen, in: Frankfurter Allgemeine Zeitung vom 23.09.2021. Abrufbar unter: https://www.faz.net/aktuell/wirtschaft/klima-beschluss-bedeutung-fuer-rente-und-schulden-17549826.html. Zuletzt besucht am 06.05.2024 (zitiert: *Budras/Göbel*, FAZ vom 23.09.2021, Abschnitt).

Bundesministerium der Justiz, Bericht der Kommission zur reproduktiven Selbstbestimmung und Fortpflanzungsmedizin. Abrufbar unter: https://www.bundesgesundheitsministerium.de/fileadmin/Dateien/3_Downloads/K/Kom-rSF/Abschlussbericht_Kom-rSF.pdf. Zuletzt besucht am: 03.04.2025 (zitiert: Bericht der Kommission zur reproduktiven Selbstbestimmung und Fortpflanzungsmedizin, S.).

Bundesministerium für Bildung und Forschung, Big Data, Digitalisierung und KI in der Medizin. Abrufbar unter: https://www.gesundheitsforschung-bmbf.de/de/big-data-digitalisierung-und-ki-in-der-medizin-13285.php. Zuletzt besucht am 15.05.2024 (zitiert: Bundesministerium für Bildung und Forschung, Big Data, Digitalisierung und KI in der Medizin).

Bundesministerium für Umwelt, Naturschutz, Bau und Reaktorsicherheit, Aktionsprogramm Klimaschutz 2020: Kabinettsbeschluss vom 3. Dezember 2014, Berlin 2014. Abrufbar unter: https://www.bmuv.de/fileadmin/Daten_BMU/Download_PDF/Aktionsprogramm_Klimaschutz/aktionsprogramm_klimaschutz_2020_broschuere_bf.pdf.

Zuletzt besucht am 21.04.2025 (zitiert: Aktionsprogramm Klimaschutz 2020, Kabinettsbeschluss vom 3. Dezember 2014).

Bundesministerium für Umwelt, Naturschutz, Bau und Reaktorsicherheit, Klimaschutzbericht 2017: Zum Aktionsprogramm Klimaschutz 2020 der Bundesregierung, Berlin 2018. Abrufbar unter: https://www.bmuv.de/fileadmin/Daten_BMU/Download_PDF/Klimaschutz/klimaschutzbericht_2017_aktionsprogramm_bf.pdf. Zuletzt besucht am 21.04.2025 (zitiert: BMU, Klimaschutzbericht 2017, S.).

Bundesministerium für Wirtschaft und Klimaschutz, Was uns die Folgen des Klimawandels kosten – Merkblatt 3, Berlin 2023. Abrufbar unter: https://www.bundeswirtschaftsministerium.de/Redaktion/DE/Downloads/M-O/Merkblaetter/merkblatt-klimawandelfolgen-in-deutschland-03.pdf. Zuletzt besucht am 21.06.2025 (zitiert: BMWK, Klimawandelkosten – Merkblatt 3).

Bundesministerium für Wirtschaft und Klimaschutz, Was uns die Folgen des Klimawandels kosten – Zusammenfassung, Berlin 2023. Abrufbar unter: https://www.bmwk.de/Redaktion/DE/Downloads/M-O/Merkblaetter/merkblatt-klimawandelfolgen-in-deutschland-zusammenfassung.pdf?__blob=publicationFile&v=6. Zuletzt besucht am 21.06.2025 (zitiert: BMWK, Klimawandelkosten – Zusammenfassung, Abbildung).

Bundesministerium für Wirtschaft und Klimaschutz, Neues Klimaschutzgesetz. Bundesregierung setzt sich ambitioniertere Ziele. Bundeswirtschaftsministerium, Schlaglichter Oktober 2021. Abrufbar unter: https://www.bundeswirtschaftsministerium.de/Redaktion/DE/Infografiken/Schlaglichter/2021/10/neues-klimaschutzgesetz-download.pdf?__blob=publicationFile&v=1 Zuletzt besucht am 09. Januar 2026 (zitiert: BMWI, Neues KSG, S.).

Bundesverfassungsgericht, Verfassungsbeschwerden gegen das Klimaschutzgesetz teilweise erfolgreich, Pressemitteilung Nr. 31/2021 vom 29.04.2021. Abrufbar unter: https://www.bundesverfassungsgericht.de/SharedDocs/Pressemitteilungen/DE/2021/bvg21-031.html. Zuletzt besucht am 25.04.2024 (zitiert: BVerfG, Pressemitteilung Nr. 31/2021, Absatz).

Buser, Andreas, Ein Grundrecht auf Klimaschutz? Möglichkeiten und Grenzen grundrechtlicher Klimaklagen in Deutschland, in: Deutsches Verwaltungsblatt 2020, S. 1389–1396 (zitiert: *Buser*, DVBl. 2020, S.).

Buser, Andreas, Die Freiheit der Zukunft. Zum Klimabeschluss des Bundesverfassungsgerichts, in: Verfassungsblog vom 30.04.2021. Abrufbar unter: https://verfassungsblog.de/die-freiheit-der-zukunft/. Zuletzt besucht am 29.04.2024 (zitiert: *Buser*, VerfBlog vom 30.04.2021, Abschnitt).

Calliess, Christian, Der Klimabeschluss des Bundesverfassungsgerichts (BVerfG): Aufwertung des Staatsziels des Art. 20a GG und Intertemporale Freiheitssicherung als neues Grundrecht auf Klimaschutz?; in: Berliner Online-Beiträge zum Europarecht Nr. 146 (08.05.2023), S. 1–31. Abrufbar unter: https://www.jura.fu-berlin.de/forschung/europarecht/bob/berliner_online_beitraege/Paper146-Calliess/BOB146_Klimabeschluss-Aufwertung-20aGG-Intertemporale-Freiheitssicherung-Grundrecht-auf-Klimaschutz_.pdf. Zuletzt besucht am 25.05.2025 (zitiert: *Calliess*, Berliner Online-Beiträge zum Europarecht Nr. 146, S.).

Calliess, Christian, Die grundrechtliche Schutzpflicht im mehrpoligen Verfassungsrechtsverhältnis, in: JuristenZeitung 2006, S. 321–330 (zitiert: *Calliess*, JZ 2006, S.).

Calliess, Christian, Das „Klimaurteil" des Bundesverfassungsgerichts: „Versubjektivierung" des Art. 20a GG?, in: Zeitschrift für Umweltrecht 2021, S. 355–357 (zitiert: *Calliess*, ZUR 2021, S.).

Calliess, Christian, Verfassungsänderung durch die Hintertür?, in: Frankfurter Allgemeine Zeitung vom 20.05.2021, S. 6 (zitiert: *Calliess*, FAZ vom 20.05.2021, S. 6).

Calliess, Christian, Rechtsstaat und Umweltstaat. Zugleich ein Beitrag zur Grundrechtsdogmatik im Rahmen mehrpoliger Verfassungsrechtsverhältnisse, Tübingen 2001 (zitiert: *Calliess*, Rechtsstaat und Umweltstaat, S.).

Calliess, Christian, Vorsorgeprinzip, planetare Grenzen und Climate Engineering, in: Berliner Online-Beiträge zum Europarecht Nr. 142 (29.06.2022), S. 1–39. Abrufbar unter: https://www.jura.fu-berlin.de/forschung/europarecht/bob/berliner_online_beitraege/Paper142-Calliess/BOB142_0629.pdf. Zuletzt besucht am 10.05.2024 (zitiert: *Calliess*, Berliner Online-Beiträge zum Europarecht Nr. 142, S.).

Calliess, Christian, Umweltpolitik im Grundgesetz. Staatsziel des Art. 20a GG und Grundrechte nach dem Klimabeschluss des BVerfG, in: Juristische Schulung 2023, S. 1–9 (zitiert: *Calliess*, JuS 2023, S.).

Canaris, Claus-Wilhelm, Grundrechte und Privatrecht, in: Archiv für die civilistische Praxis 184 (1984), S. 201–246 (zitiert: *Canaris*, AcP 184 (1984), S.).

Chatzinerantzis, Alexandros / Appel, Markus, Haftung für den Klimawandel, in: Neue Juristische Wochenschrift 2019, S. 881–886 (zitiert: *Chatzinerantzis/Appel*, NJW 2019, S.).

Chiariello, Elisabeth, Der Richter als Verfassungsgeber? Zur Fortbildung von Grundlagen des Rechtsstaats und der Demokratie durch höchste Gerichte, Zürich 2009 (zitiert: *Chiariello*, Der Richter als Verfassungsgeber?, S.).

Ciesinger, Ruth, Niedrigwasser und Dürre: Der trockene Rhein steht für viele Fehler aus der Vergangenheit, in: Tagesspiegel vom 20.08.2022. Abrufbar unter: https://www.tagesspiegel.de/politik/der-trockene-rhein-steht-fur-viele-fehler-der-vergangenheit-8592493.html. Zuletzt besucht am 25.04.2024 (zitiert: *Ciesinger*, Tagesspiegel vom 20.08.2022, Absatz).

Colin, Nathalie / Devillers, Aurelie, Belgium's ‚climate case': the Belgian State, the Brussels Region and the Flemish Region ordered to cut greenhouse gas emissions by 55 % by 2030, in: Freshfields Bruckhaus Deringer vom 07.12.2023. Abrufbar unter: https://sustainability.freshfields.com/post/102iulv/belgiums-climate-case-the-belgian-state-the-brussels-region-and-the-flemish. Zuletzt besucht am 28.05.2024 (zitiert: *Colin/Devillers*, FBD vom 07.12.2023, Abschnitt).

Cremer, Wolfram, Freiheitsgrundrechte. Funktionen und Strukturen, Tübingen 2003 (zitiert: *Cremer*, Freiheitsgrundrechte, S.).

De Schutter, Olivier, Changements climatiques et droits humains: L'affaire Urgenda, in: CRIDHO Working Paper 2020/1, S. 1–33. Abrufbar unter: https://sites.uclouvain.be/cridho/documents/Working.Papers/CRIDHO-WP-2020-1_ODeSchutter_Urgenda-commentaire.pdf. Zuletzt besucht am 28.05.2024 (zitiert: *De Schutter*, CRIDHO Working Paper 2020/1, S.).

Der Bundesbeauftragte für den Datenschutz und die Informationsfreiheit, BfDI legt Konsultationsbericht zu KI vor, Pressemitteilung 5/2022 vom 04.04.2022. Abrufbar unter: https://www.bfdi.bund.de/SharedDocs/Pressemitteilungen/DE/2022/05_Konsultation-Bericht.html. Zuletzt besucht am 15.05.2024 (zitiert: BfDI, Pressemitteilung 5/2022).

Deutsche Umwelthilfe, Begründung zu bahnbrechendem Klimaschutz-Urteil: Deutsche Umwelthilfe fordert von Bundesregierung jetzt wirksame Klimaschutz-Sofortprogramme für Verkehr und Gebäude, Pressemitteilung vom 02.02.2024. Abrufbar unter: https://www.duh.de/presse/pressemitteilungen/pressemitteilung/begruendung-zu-bahnbrechendem-klimaschutz-urteil-deutsche-umwelthilfe-fordert-von-bundesregierung-je/. Zuletzt besucht am 22.06.2024 (zitiert: DUH, Pressemitteilung vom 02.02.2024, Abschnitt).

Deutscher Juristinnenbund e. V., Policy Paper: Neues Regelungsmodell für den Schwangerschaftsabbruch vom 08. Dezember 2022. Abrufbar unter: https://www.djb.de/fileadmin/user_upload/presse/stellungnahmen/st22-26_Policy_Paper_Schwangerschaftsabbruch.pdf. Zuletzt besucht am 03.04.2025 (zitiert: Deutscher Juristinnenbund, Policy Paper v. 08.12.2022, S.).

Die Bundesregierung, Klimaschutzgesetz und Klimaschutzprogramm. Ein Plan fürs Klima, 17.05.2024. Abrufbar unter: https://www.bundesregierung.de/breg-de/themen/tipps-fuer-verbraucher/klimaschutzgesetz-2197410. Zuletzt besucht am 26.06.2024 (zitiert: Die Bundesregierung, Ein Plan fürs Klima).

Die Landesbeauftragte für den Datenschutz Niedersachsen, Einsatz von künstlicher Intelligenz im Justizvollzug nur unter Wahrung der Persönlichkeitsrechte, Pressemitteilung vom 18.03.2021. Abrufbar unter: https://www.lfd.niedersachsen.de/startseite/infothek/presseinformationen/einsatz-von-kunstlicher-intelligenz-im-justizvollzug-nur-unter-wahrung-der-personlichkeitsrechte-198588.html. Zuletzt besucht am 15.05.2024 (zitiert: LfD Niedersachsen, Pressemitteilung vom 18.03.2021).

Dietlein, Johannes, Das Untermaßverbot, in: Zeitschrift für Gesetzgebung 1995, S. 131–141 (zitiert: *Dietlein*, ZG 1995, S.).

Dietlein, Johannes, Die Lehre von den grundrechtlichen Schutzpflichten, 2. Auflage, Berlin 2005 (zitiert: *Dietlein*, Schutzpflichten, S.).

Dittrich, Lars, Prima Klima und sonst? Gedanken zum „Klimabeschluss“ des Bundesverfassungsgerichts, in: Linien der Rechtsprechung des Bundesverfassungsgerichts, Band 6, hg. von Daniel Bernhard Müller und Lars Dittrich, Berlin 2022, S. 203–225 (zitiert: *Dittrich*, in: Müller/Dittrich, Linien der Rspr. d. BVerfG, Band 6, S.).

Dreier, Horst, Subjektiv-rechtliche und objektiv-rechtliche Grundrechtsgehalte, in: Juristische Ausbildung 1994, S. 505–513 (zitiert: *Dreier*, JURA 1994, S.).

Edenharter, Andrea, Künstliche Intelligenz als Herausforderung für europäische Gesellschaften – Der Einsatz von KI als Gefahr für den Grundrechtsschutz? Vortrag bei der 65. Jahrestagung des Instituts für Interdisziplinäre Forschung der Görres-Gesellschaft, Berlin 14.09.2021. Abrufbar unter: https://www.goerres-gesellschaft.de/fileadmin/user_upload/Ordner_fuer_Nachrichten_und_Termine/Praesentation_Edenharter.pdf. Zuletzt besucht am 15.05.2024 (zitiert: *Edenharter*, Der Einsatz von KI als Gefahr für den Grundrechtsschutz?, Folie).

Eifert, Martin, Verfassungsauftrag zum freiheitschonenden Klimaschutz: Der Klimaschutz-Beschluss des BVerfG, in: Juristische Ausbildung 2021, S. 1085–1098 (zitiert: *Eifert*, JURA 2021, S.).

Epping, Volker / Lenz, Sebastian / Leydecker, Philipp (Hrsg.), Grundrechte, 10. Auflage, Berlin 2024 (zitiert: *Epping*, Grundrechte, Kapitel, Rn.).

European Topic Centre on Waste and Materials in a Green Economy, Textiles and the environment in a circular economy, Eionet Report – ETC/WMGE 2019/6, Mol 2019. Abrufbar unter: https://ecodesign-centres.org/wp-content/uploads/2020/03/ETC_report_textiles-and-the-enviroment-in-a-circular-economy.pdf. Zuletzt besucht am 29.05.2024 (zitiert: ETC/WMGE 2019/6, S.).

Falke, Josef, Neue Entwicklungen im Europäischen Umweltrecht, in: Zeitschrift für Umweltrecht 2024, S. 245–255 (zitiert: *Falke*, ZUR 2024, S.).

Faßbender, Kurt, Der Klima-Beschluss des BVerfG – Inhalte, Folgen und offene Fragen, in: Neue Juristische Wochenschrift 2021, S. 2085–2091 (zitiert: *Faßbender*, NJW 2021, S.).

Feichtner, Isabel / Fischer-Lescano, Andreas / Groß, Thomas u. a., Für eine völker- und verfassungsrechtskonforme Klimaschutzpolitik: Effektive Maßnahmen gegen die Erderwärmung statt Verwässerung des Klimaschutzgesetzes!, in: Verfassungsblog vom 31.08.2023. Abrufbar unter: https://verfassungsblog.de/fur-eine-volker-und-verfassungsrechtskonforme-klimaschutzpolitik/. Zuletzt besucht am 22.06.2024 (zitiert: *Feichtner/Fischer-Lescano/Groß u. a.*, VerfBlog vom 31.08.2023, Abschnitt).

Fellenberg, Frank, Rechtsschutz als Instrument des Klimaschutzes – ein Zwischenstand, in: Neue Zeitschrift für Verwaltungsrecht 2022, S. 913–920 (zitiert: *Fellenberg*, NVwZ 2022, S.).

Fisahn, Andreas, Die Saat des Kadmos. Staat, Demokratie und Kapitalismus, Münster 2016 (zitiert: *Fisahn*, Die Saat des Kadmos, S.).

Franzius, Claudio, Der Klimabeschluss des BVerfG – Eine verfassungsrechtliche Einordnung, in: Klima und Recht 4/2022, S. 102–107 (zitiert: *Franzius*, KlimR 4/2022, S.).

Franzius, Claudio, Die Figur der eingriffsähnlichen Vorwirkung. Zum Klimabeschluss des BVerfG, in: FEU Research Paper No.11/2021, S. 1–22. Abrufbar unter: https://www.uni-bremen.de/fileadmin/user_upload/fachbereiche/fb6/feu/FEU/Arbeitspapiere_FEU/FEU_AP11_Die_Figur_der_eingriffsaehnlichen_Vorwirkung.pdf. Zuletzt besucht am 07.05.2024 (zitiert: *Franzius*, FEU Research Paper No. 11/2021, S.).

Frenz, Walter, Einklagbarer Anspruch auf mehr Klimaschutz, in: Zeitschrift für Neues Energierecht 2021, S. 123–130 (zitiert: *Frenz*, ZNER 2021, S.).

Frenz, Walter, Anmerkung: BVerfG, Beschl. v. 24.03.2021 – 1 BvR 2656/18, 1 BvR 78/20, 1 BvR 96/20, 1 BvR 288/20. Freiheit nach Maßgabe des Klimaschutzes, in: Deutsches Verwaltungsblatt 2021, S. 810–819 (zitiert: *Frenz*, DVBl. 2021, S.).

Fücks, Ralf, Klimaschutz und Freiheit, in: Die Welt vom 02.05.2021. Abrufbar unter: https://www.welt.de/debatte/kommentare/article230820415/Urteil-aus-Karlsruhe-Klimaschutz-und-Freiheit.html. Zuletzt besucht am 29.04.2024 (zitiert: *Fücks*, Die Welt vom 02.05.2021, Abschnitt).

Gebhard, Friederike, Impfpflicht und Grundgesetz. Eine verfassungsrechtliche Analyse der Einführung einer allgemeinen Impfpflicht, Tübingen 2022 (zitiert: *Gebhard*, Impfpflicht und Grundgesetz, S.).

Geise, Marlon, Schutzpflichten und Abwehrrechte am Beispiel von Stickstoffdioxidimmissionen im Straßenverkehr. Eine verfassungsdogmatische Untersuchung, Berlin 2023 (zitiert: *Geise*, Schutzpflichten und Abwehrrechte, S.).

Gelinsky, Katja, Klimaschutz ist Menschenrecht, in: Frankfurter Allgemeine Zeitung vom 10.04.2024, S. 15 (zitiert: *Gelinsky*, FAZ vom 10.04.2024, S.).

Gelinsky, Katja, Klimakosten von bis zu 900 Milliarden Euro. Studie untersucht Schäden / Leopoldina: Kritischer Zeitpunkt bald verstrichen, in: Frankfurter Allgemeine Zeitung vom 07.03.2023, S. 1 (zitiert: *Gelinksy*, FAZ vom 07.03.2023, S.).

Goerlich, Helmut, Nachbarschutz durch Verfahrensrechte, in: Die Öffentliche Verwaltung 1982, S. 631–639 (zitiert: *Goerlich*, DÖV 1982, S.).

Graser, Alexander, Vermeintliche Fesseln der Demokratie: Warum die Klimaklagen ein vielversprechender Weg sind, in: Zeitschrift für Umweltrecht 2019, S. 271–278 (zitiert: *Graser*, ZUR 2019, S.).

Gröpl, Christoph / Windthorst, Kay / Coelln, Christian von (Hrsg.), Grundgesetz Studienkommentar, 5. Auflage, München 2022 (zitiert: *Bearbeiter*, in: Gröpl/Windthorst/v. Coelln, StuKo GG, Art., Rn.).

Groß, Thomas, Die Ableitung von Klimaschutzmaßnahmen aus grundrechtlichen Schutzpflichten, in: Neue Zeitschrift für Verwaltungsrecht 2020, S. 337–342 (zitiert: *Groß*, NVwZ 2020, S.).

Groß, Thomas, Verfassungsrechtliche Klimaschutzverpflichtungen, in: Zeitschrift für Europäisches Umweltrecht 2019, S. 353–363 (zitiert: *Groß*, EurUP 2019, S.).

Günther, Michael / Heidel, Hans-Gerd / Wollenteit, Ulrich / Hack, Martin / Goldmann, Clara / John, Michéle / Legler, Dirk / Verheyen, Roda / Bruhn, Davina / Kortländer, Jenny, Klageschrift gegen die Bundesregierung vom 25.10.2018. Abrufbar unter: https://www.greenpeace.de/sites/default/files/publications/20182710-greenpeace-guenther-klageschrift-klimaklage.pdf. Zuletzt besucht am 29.05.2024 (zitiert: *Günther/Heidel u. a.*, Klageschrift vom 25.10.2018, S.).

Gusy, Christoph, Parlamentarischer Gesetzgeber und Bundesverfassungsgericht, Berlin 1985 (zitiert: *Gusy*, Parlamentarischer Gesetzgeber und Bundesverfassungsgericht, S.).

Habekuss, Fritz, Kein Sommer, wie er früher einmal war. Die Bilder der vergangenen Wochen zeigen vielerorts Waldbrände und Extremhitze. Welche Rolle spielt dabei das Klima?, in: DIE ZEIT vom 27.07.2023, S. 31 (zitiert: *Habekuss*, DIE ZEIT vom 27.07.2023, S.).

Hagist, Christian, Konsequenzen des „Klima-Urteils“ für die Nachhaltigkeit der sozialen Sicherungssysteme in Deutschland – Eine staatswissenschaftliche Analyse, Berlin 2021. Abrufbar unter: https://www.junge-unternehmer.eu/fileadmin/junge-unternehmer/publikationen/studien/konsequenz_klima_urteil_hagist_studie.pdf.

Zuletzt besucht am 06.05.2024 (zitiert: *Hagist*, Konsequenzen des „Klima-Urteils“, S.).

Hahn, Lisa / Petras, Maximilian / Valentiner, Dana-Sophia / Wienfort, Nora (Hrsg.), Grundrechte. Klausur- und Examenswissen, Berlin 2022 (zitiert: *Bearbeiter*, in: Hahn/Petras/Valentiner/Wienfort, Grundrechte, §, S.)

Haller, Heiko / Risse, Jörg, Klimaschutzklagen und Streitverkündung gegen den Staat, in: Neue Juristische Wochenschrift 2021, S. 3500–3505 (zitiert: *Haller/Risse*, NJW 2021, S.).

Hänni, Julia, Menschenrechtlicher Schutz in der Klimakrise – Das Leiturteil Urgenda, in: Europäische Grundrechte-Zeitschrift 2020, S. 616–633 (zitiert: *Hänni*, EuGRZ 2020, S.).

Hanschel, Dirk / Schultze, Morgane, Menschenrechtliche Aspekte des Klimaschutzes, in: Klima und Recht 2022, S. 166–171 (zitiert: *Hanschel/Schultze*, KlimR 2022, S.).

Haratsch, Andreas, „I want you to panic!“ – Die Entscheidung des Bundesverfassungsgerichts zum Klimaschutzgesetz, Vortrag vom 17.03.2022. Video abrufbar unter: https://video.fernuni-hagen.de/Play/4353. Zuletzt besucht am 30.04.2024 (zitiert: *Haratsch*, I want you to panic!, Minute).

Hau, Wolfgang / Poseck, Roman (Hrsg.), Beck'scher Online-Kommentar BGB, 70. Edition, Stand: 01.05.2024, München (zitiert: *Bearbeiter*, in: BeckOK BGB, §, Rn.).

Hecker, Wolfgang, Schwach, aber rechtmäßig. Die Abschwächung des Klimaschutzgesetzes verstößt nicht gegen das Grundgesetz, in: Verfassungsblog vom 12.09.2023. Abrufbar unter: https://verfassungsblog.de/schwach-aber-rechtmasig/. Zuletzt besucht am 22.06.2024 (zitiert: *Hecker*, VerfBlog vom 12.09.2023, Abschnitt).

Hermes, Georg / Walther, Susanne, Schwangerschaftsabbruch zwischen Recht und Unrecht. Das zweite Abtreibungsurteil des BVerfG und seine Folgen, in: Neue Juristische Wochenschrift 1993, S. 2337–2347 (zitiert: *Hermes/Walther*, NJW 1993, S.).

Hermes, Georg, Das Grundrecht auf Schutz von Leben und Gesundheit. Schutzpflicht und Schutzanspruch aus Art. 2 Abs. 2 Satz 1 GG, Heidelberg 1987 (zitiert: *Hermes*, Das Grundrecht auf Schutz von Leben und Gesundheit, S.).

Herzog, Lena, Das Ende des Arztgeheimnisses? Über die Nutzung von Patientendaten durch KI, in: die Debatte vom 15.03.2019. Abrufbar unter: https://www.die-debatte.org/kuenstliche-intelligenz-datenschutz/. Zuletzt besucht am 17.03.2024 (zitiert: *Herzog*, die Debatte vom 15.03.2019, Abschnitt).

Herzog, Roman / Herdegen, Matthias / Scholz, Rupert / Klein, Hans (Hrsg.), Maunz, Theodor / Dürig, Günter (Begr.), Grundgesetz-Kommentar, Band 3, 103. Ergänzungslieferung, Stand: Januar 2024, München (zitiert: *Bearbeiter*, in: Dürig/Herzog/Scholz, Band 3, Art., Rn.).

Hesse, Konrad, Grundzüge des Verfassungsrechts der Bundesrepublik Deutschland, 20. Auflage, Heidelberg 1999 (zitiert: *Hesse*, Grundzüge, Rn.).

Heymann, Tigran, Klimaklagen – von grundrechtlichen Schutzpflichten und zivilrechtlicher Haftung, in: InfrastrukturRecht 2022, S. 60–64 (zitiert: *Heymann*, IR 2022, S.).

Hobusch, Alexander, Der moderne Eingriffsbegriff in der Fallbearbeitung, in: Juristische Ausbildung 2019, S. 278–281 (zitiert: *Hobusch*, JURA 2019, S.).

Huber, Hans, Der Formenreichtum der Verfassung und seine Bedeutung für ihre Auslegung, in: Zeitschrift des Bernischen Juristenvereins 1971, S. 172–196 (zitiert: *Huber*, ZBJV 1971, S.).

Hufen, Friedhelm, Staatsrecht II, Grundrechte, 10. Auflage, München 2023 (zitiert: *Hufen*, Grundrechte, §, Rn.).

IPCC, 2022: Zusammenfassung für die politische Entscheidungsfindung, in: Klimawandel 2022: Folgen, Anpassung und Verwundbarkeit. Beitrag der Arbeitsgruppe II zum Sechsten Sachstandsbericht des Zwischenstaatlichen Ausschusses für Klimaänderungen, hg. von H.O. Pörtner, D.C. Roberts, M. Tignor, E.S. Poloczanska, K. Mintenbeck, A. Alegría, M. Craig, S. Langsdorf, S. Löschke, V. Möller, A. Okem und B. Rama. Deutsche Übersetzung durch Deutsche IPCC-Koordinierungsstelle, Bonn; Die Luxemburger Regierung, Luxemburg; Bundesministerium für Klimaschutz, Umwelt, Energie, Mobilität, Innovation und Technologie, Wien; Akademie der Naturwissenschaften Schweiz SCNAT, ProClim, Bern, Mai 2023. Abrufbar unter: https://www.de-ipcc.de/media/content/AR6-WGII-SPM_deutsch_barrierefrei.

pdf. Zuletzt besucht am 20.05.2024 (zitiert: IPCC, 2022, Arbeitsgruppe II: Zusammenfassung für die politische Entscheidungsfindung, S.).

IPCC, 2007: Climate Change 2007: Mitigation. Contribution of Working Group III to the Fourth Assessment Report of the Intergovernmental Panel on Climate Change, hg. von B. Metz, O.R. Davidson, P.R. Bosch, R. Dave, L.A. Meyer, Cambridge University Press, Cambridge, United Kingdom and New York, NY, USA 2007. Abrufbar unter: https://www.ipcc.ch/site/assets/uploads/2018/03/ar4_wg3_full_report-1.pdf. Zuletzt besucht am 21.04. 2025 (zitiert: IPCC AR4/2007, Mitigation of Climate Change, Abschnitt).

IPCC, 2022: Demand, Services and Social Aspects of Mitigation, in: Climate Change 2022: Mitigation of Climate Change. Contribution of Working Group III to the Sixth Assessment Report of the Intergovernmental Panel on Climate Change, hg. von P.R. Shukla, J. Skea, R. Slade, A. Al Khourdajie, R. van Diemen, D. McCollum, M. Pathak, S. Some, P. Vyas, R. Fradera, M. Belkacemi, A. Hasija, G. Lisboa, S. Luz, J. Malley, Cambridge University Press, Cambridge, United Kingdom and New York, NY, USA 2022. Abrufbar unter: https://www.ipcc.ch/report/ar6/wg3/downloads/report/IPCC_AR6_WGIII_Chapter05.pdf. Zuletzt besucht am 21.04.2025 (zitiert: Demand, Services and Social Aspects of Mitigation, in: IPCC, 2022: Climate Change 2022: Mitigation of Climate Change, S.).

IPCC, 2022: Zusammenfassung für die politische Entscheidungsfindung, in: Klimawandel 2022: Minderung des Klimawandels. Beitrag der Arbeitsgruppe III zum Sechsten Sachstandsbericht des Zwischenstaatlichen Ausschusses für Klimaänderungen, hg. von P.R. Shukla, J. Skea, R. Slade, A. Al Khourdajie, R. van Diemen, D. McCollum, M. Pathak, S. Some, P. Vyas, R. Fradera, M. Belkacemi, A. Hasija, G. Lisboa, S. Luz, J. Malley. Deutsche Übersetzung durch Deutsche IPCC-Koordinierungsstelle, Bonn; Die Luxemburger Regierung, Luxemburg; Bundesministerium für Klimaschutz, Umwelt und Energie, Mobilität, Innovation und Technologie, Wien; Akademie der Naturwissenschaften Schweiz SCNAT, ProClim, Bern, November 2022. Abrufbar unter: https://www.de-ipcc.de/media/content/AR6-WGIII-SPM_deutsch_barrierefrei.pdf. Zuletzt besucht am 17.04.2025 (zitiert: IPCC, 2022, Arbeitsgruppe III: Zusammenfassung für die politische Entscheidungsfindung, Abschnitt).

IPCC, 2021: Zusammenfassung für die politische Entscheidungsfindung, in: Klimawandel 2021: Naturwissenschaftliche Grundlagen. Beitrag von Arbeitsgruppe I zum Sechsten Sachstandsbericht des Zwischenstaatlichen Ausschusses für Klimaänderungen, hg. von V. Masson-Delmotte, P. Zhai, A. Pirani, S.L. Connors, C. Péan, S. Berger, N. Caud, Y. Chen, L. Goldfarb, M. I. Gomis, M. Huang, K. Leitzell, E. Lonnoy, J.B.R. Matthews, T.K. Maycock, T. Waterfield, O. Yelekci, R. Yu und B. Zhou. Deutsche Übersetzung durch Deutsche IPCC-Koordinierungsstelle, Bonn; Bundesministerium für Klimaschutz, Umwelt, Energie, Mobilität, Innovation und Technologie, Wien; Akademie der Naturwissenschaften Schweiz SCNAT, ProClim, Bern, Februar 2022. Abrufbar unter: https://www.de-ipcc.de/media/content/AR6-WGI-SPM_deutsch_barrierefrei.pdf. Zuletzt besucht am 20.05.2024 (zitiert: IPCC, 2021, Arbeitsgruppe I: Zusammenfassung für die politische Entscheidungsfindung, S.).

IPCC, Climate Change 2022: Impacts, Adaption and Vulnerability. Working Group II Contribution to the Sixth Assessment Report of the Intergovernmental Panel on Climate Change, hg. von H.O. Pörtner, D.C. Roberts, M.M.B. Tignor, E. Poloczanska, K. Mintenbeck, A. Alegría, M. Craig, S. Langsdorf, S. Löschke, V. Möller, A. Okem und B. Rama, Cambridge, New York, 2022. Abrufbar unter: https://www.ipcc.ch/report/ar6/wg2/downloads/report/IPCC_AR6_WGII_FullReport.pdf. Zuletzt besucht am 20.05.2024 (zitiert: IPCC, 2022, Working Group II).

IPCC, 2013: Zusammenfassung für politische Entscheidungsträger, in: Klimaänderung 2013: Naturwissenschaftliche Grundlagen. Beitrag der Arbeitsgruppe I zum Fünften Sachstandsbericht des Zwischenstaatlichen Ausschusses für Klimaänderungen, hg. von T.F. Stocker, D. Qin, G.-K. Plattner, M. Tignor, S.K. Allen, J. Boschung, A. Nauels, Y. Xia, V. Bex und P.M. Midgley, Cambridge und New York 2013. Deutsche Übersetzung durch Deutsche IPCC-Koordinierungsstelle, Österreichisches Umweltbundesamt, ProClim, Bonn/Wien/Bern, 2014. Abrufbar unter: https://www.ipcc.ch/site/assets/uploads/2018/03/ar5-wg1-spmgerman.pdf. Zuletzt besucht am 27.05.2024 (zitiert: IPCC, 2013: Zusammenfassung für politische Entscheidungsträger, S.).

IPCC, 2018: Global Warming of 1,5°C. An IPCC Special Report on the impacts of global warming of 1,5°C above pre-industrial levels and related global greenhouse gas emission pathways, in the context of strengthening the global response to the threat of climate change, sustainable development, and efforts to eradicate poverty, hg. von V. Masson-Delmotte, P. Zhai, H.-O. Pörtner, D. Roberts, J. Skea, P.R. Shukla, A. Pirani, W. Moufouma-Okia, C. Péan, R. Pidcock, S. Connors, J.B.R. Matthews, Y. Chen, X. Zhou, M.I. Gomis, E. Lonnoy, T. Maycock, M. Tignor und T. Waterfield, Cambridge und New York 2019. Abrufbar unter: https://www.ipcc.ch/site/assets/uploads/sites/2/2022/06/SR15_Full_Report_HR.pdf. Zuletzt besucht am 27.05.2024 (zitiert: IPCC, 2018: Global Warming of 1,5°C, S.).

IPCC, 2014: Zusammenfassung für politische Entscheidungsträger, in: Klimaänderung 2014: Folgen, Anpassung und Verwundbarkeit. Beitrag der Arbeitsgruppe II zum Fünften Sachstandsbericht des Zwischenstaatlichen Ausschusses für Klimaänderungen, hg. von C.B. Field, V.R. Barros, D.J. Dokken, K.J. Mach, M.D. Mastrandrea, T.E. Bilir, M. Chatterjee, K.L. Ebi, Y.O. Estrada, R.C. Genova, B. Girma, E.S. Kissel, A.N. Levy, S. MacCracken, P.R. Mastrandrea und L.L. White, Cambridge und New York 2014. Deutsche Übersetzung durch Deutsche IPCC-Koordinierungsstelle, Österreichisches Umweltbundesamt, ProClim, Bonn/Wien/Bern 2015. Abrufbar unter: https://www.ipcc.ch/site/assets/uploads/2018/03/AR5-WGII_SPMgerman.pdf. Zuletzt besucht am 27.05.2024 (zitiert: IPCC, 2014: Zusammenfassung für politische Entscheidungsträger, S.).

IPCC, 2018: Zusammenfassung für politische Entscheidungsträger, in: 1,5°C globale Erwärmung. Ein IPCC-Sonderbericht über die Folgen einer globalen Erwärmung um 1,5°C gegenüber vorindustriellem Niveau und die damit verbundenen globalen Treibhausgasemissionspfade im Zusammenhang mit einer Stärkung der weltweiten Reaktion auf die Bedrohung durch den Klimawandel, nachhaltiger Entwicklung und Anstrengungen zur Beseitigung von Armut, hg. von V. Masson-Delmotte, P. Zhai, H.O. Pörtner, D. Roberts, J. Skea, P.R. Shukla, A. Pirani, W. Moufouma-Okia, C. Péan, R. Pidcock, S. Connors, J.B.R. Matthews, Y. Chen, X. Zhou, M.I. Gomis, E. Lonnoy, T. Maycock, M. Tignor und T. Waterfield, Genf 2018. Deutsche Übersetzung durch Deutsche IPCC-Koordinierungsstelle, ProClim/SCNAT, Österreichisches Umweltbundesamt, Bonn/Bern/Wien 2018. Abrufbar unter: https://www.de-ipcc.de/media/content/SR1.5-SPM_de_barrierefrei.pdf. Zuletzt besucht am 29.05.2024 (zitiert: IPCC, 2018: Zusammenfassung für politische Entscheidungsträger, S.).

Isensee, Josef, Das Grundrecht auf Sicherheit. Zu den Schutzpflichten des freiheitlichen Verfassungsstaates, Berlin 1983 (zitiert: *Isensee*, Das Grundrecht auf Sicherheit, S.).

Isensee, Josef / Kirchhof, Paul (Hrsg.), Handbuch des Staatsrechts der Bundesrepublik Deutschland, Band IX, Allgemeine Grundrechtslehren, 3. Auflage, Heidelberg 2011 (zitiert: *Bearbeiter*, in: Hdb. des Staatsrechts, Band IX, §, Rn.).

Jakobs, Michael, Der Grundsatz der Verhältnismäßigkeit. Mit einer exemplarischen Darstellung seiner Geltung im Atomrecht, Köln 1985 (zitiert: *Jakobs*, Der Grundsatz der Verhältnismäßigkeit, S.).

Janisch, Wolfgang, Zum Klimaschutz gezwungen, in: Süddeutsche Zeitung vom 29.04.2021. Abrufbar unter: https://www.sueddeutsche.de/politik/umwelt-zum-klimaschutz-gezwungen-1.5280472. Zuletzt besucht am 29.04.2024 (zitiert: *Janisch*, SZ vom 29.04.2021, Abschnitt).

Kahl, Wolfgang, Klimaschutz und Grundrechte, in: Juristische Ausbildung 2021, S. 117–129 (zitiert: *Kahl*, JURA 2021, S.).

Kainz, Constanze , Was jetzt? / UN-Klimakonferenz in Äqypten, in: ZEIT ONLINE vom 12.11.2022. Abrufbar unter: https://www.zeit.de/politik/2022-11/cop27-un-klimakonferenz-aegypten-nachrichtenpodcast. Zuletzt besucht am 24.05.2024 (zitiert: *Kainz*, ZEIT ONLINE vom 12.11.2022).

Kämmerer, Jörn-Axel / Kotzur, Markus, Kunig, Philip / Münch, Ingo von (Begr.), Grundgesetz Kommentar, Band 1, 7. Auflage, München 2021 (zitiert: *Bearbeiter*, in: von Münch/Kunig, Art., Rn.).

Kingreen, Thorsten / Poscher, Ralf, Grundrechte, Staatsrecht II, 38. Auflage, Heidelberg 2022 (zitiert: *Kingreen*, Grundrechte, Rn.).

Kirchhof, Gregor, Intertemporale Freiheitssicherung. Zu den Folgen der Klimaschutzentscheidung des Bundesverfassungsgerichts für die Sozialversicherungen und die Staatsverschuldung. Gutachten im Auftrag von DIE FAMILIENUNTERNEHMER e. V., Berlin 2021. Abrufbar unter: https://www.familienunternehmer.eu/fileadmin/schnelluploads/famu_intertemporale_freiheitssicherung.pdf. Zuletzt besucht am 06.05.2024 (zitiert: *Kirchhof*, Intertemporale Freiheitssicherung, S.).

Kirchner, Thomas, Wenn Richter die Welt retten, in: Süddeutsche Zeitung vom 26.04.2020. Abrufbar unter: https://www.sueddeutsche.de/politik/

niederlande-wenn-richter-die-welt-retten-1.4888805. Zuletzt besucht am 25.04.2024 (zitiert: *Kirchner*, SZ vom 26.04.2020, Abschnitt).

Klein, Eckart, Grundrechtliche Schutzpflichten des Staates, in: Neue Juristische Wochenschrift 1989, S. 1633–1640 (zitiert: *Klein*, NJW 1989, S.).

Klein, Oliver, Das Untermaßverbot – Über die Justiziabilität grundrechtlicher Schutzpflichterfüllung, in: Juristische Schulung 2006, S. 960–964 (zitiert: *Klein*, JuS 2006, S.).

Kleuker, Mathias, Gesetzgebungsaufträge des Bundesverfassungsgerichts, Berlin 1993 (zitiert: *Kleuker*, Gesetzgebungsaufträge, S.).

Köck, Wolfgang / Markus, Till, Neue Impulse für den Klimaschutz!, in: Zeitschrift für Umweltrecht 2019, S. 257–258 (zitiert: *Köck/Markus*, ZUR 2019, S.).

Kohlrausch, Lena, Die deutschen Klimaschutzgesetze im Vergleich, in: Zeitschrift für Umweltrecht 2020, S. 262–272 (zitiert: *Kohlrausch*, ZUR 2020, S.).

Konrad Adenauer Stiftung, „Schönfärberei beim Klimaschutz kann haftungsrechtlich gefährlich werden." Ein Gespräch über Klimaklagen gegen Unternehmen und die Rolle des Privatrechts als Treiber für mehr Klimaschutz. Interview mit Marc-Philippe Weller, Berlin 2021. Abrufbar unter: https://www.ipr.uni-heidelberg.de/md/jura/ipr/personen/weller/weller_klimaklagen_gegen_unternehmen_interview_kas_4.10.2021.pdf. Zuletzt besucht am 25.05.2024 (zitiert: KAS, Klimaklagen, S.).

Koop, Thorsten, Der Klimabeschluss des BVerfG vom 24.3.2021 und seine Bedeutung für die gesetzliche Rentenversicherung, in: Neue Zeitschrift für Verwaltungsrecht 2022, S. 519–522 (zitiert: *Koop*, NVwZ 2022, S.).

Kreuter-Kirchhof, Charlotte, Das Pariser Klimaschutzübereinkommen und die Grenzen des Rechts – eine neue Chance für den Klimaschutz, in: Deutsches Verwaltungsblatt 2017, S. 97–104 (zitiert: *Kreuter-Kirchhof*, DVBl. 2017, S.).

Krieger, Heike / Heintzen, Markus, Lösungsvorschlag: Eine Klimaklage vor dem VG Berlin, in: Hauptstadtfälle, Berliner Fälle zum Öffentlichen Recht, Berlin 2021. Abrufbar unter: https://www.jura.fu-berlin.de/studium/lehrplan/projekte/hauptstadtfaelle/faelle/grundrechte/Klimaklage/Loesungsvorschlag/index.html. Zuletzt besucht am 29.05.2024 (zitiert: *Krieger/Heintzen*, Hauptstadtfälle 2021, S.).

Krings, Günter, Grund und Grenzen grundrechtlicher Schutzansprüche. Die subjektiv-rechtliche Rekonstruktion der grundrechtlichen Schutzpflichten und ihre Auswirkung auf die verfassungsrechtliche Fundierung des Verbrauchervertragsrechts, Berlin 2003 (zitiert: *Krings*, grundrechtliche Schutzansprüche, S.).

Kumar, Parul, Warum die Sektorziele beibehalten werden sollten: Eine Analyse des Klimaschutzgesetzes, in: Junge Wissenschaft im Öffentlichen Recht Blog Nr. 35/2023 vom 13.06.2023. Abrufbar unter: https://www.juwiss.de/35-2023/. Zuletzt besucht am 22.06.2024 (zitiert: *Kumar*, JuWissBlog Nr. 35/2023 vom 13.06.2023, Abschnitt).

Landeszentrale für politische Bildung Baden-Württemberg, Demokratie und Rechtsstaatlichkeit in Polen. Abrufbar unter: https://osteuropa.lpb-bw.de/polen-demokratie-pressefreiheit. Zuletzt besucht am 18.04.2024 (zitiert: lpb BW, Demokratie und Rechtsstaatlichkeit in Polen, Abschnitt).

Lang, Lorenz, Art. 20a GG in der Hand des Bundesverfassungsgerichts – Potential für einen Anspruch auf Gesetzgebung?*, in: Natur und Recht 2022, S. 230–236 (zitiert: *Lang*, NUR 2022, S.).

Lange, Friederike Valerie, Grundrechtsbindung des Gesetzgebers. Eine rechtsvergleichende Studie zu Deutschland, Frankreich und den USA, Tübingen 2010 (zitiert: *Lange*, Grundrechtsbindung des Gesetzgebers, S.).

Leibholz, Gerhard, Der Status des Bundesverfassungsgerichts, in: Jahrbuch des Öffentlichen Rechts, Band 6 (1957), S. 110–221 (zitiert: *Leibholz*, JöR 6 (1957), S.).

Leisner-Egensperger, Anna, Leben und Gesundheit: Die Bundesnotbremsen-Beschlüsse als Maßstab grundrechtlicher Schutzpflichten in der Klimakrise, in: Verfassungsblog vom 07.12.2021. Abrufbar unter: https://verfassungsblog.de/leben-und-gesundheit/. Zuletzt besucht am 08.05.2024 (zitiert: *Leisner-Egensperger*, VerfBlog vom 07.12.2021, Abschnitt).

Linke, Tobias, Die Menschenwürde im Überblick: Konstitutionsprinzip, Grundrecht, Schutzpflicht, in: Juristische Schulung 2016, S. 888–893 (zitiert: *Linke*, JuS 2016, S.).

Mangold, Anna Katharina, Verfassungsrecht und die zweite Corona-Welle. „Mehr über die soziale Dimension der Grundrechte diskutieren“, in: Legal Tribune Online vom 14.08.2020. Abrufbar unter: https://www.lto.de/recht/hintergruende/h/

interview-corona-verfassungsrecht-schutzpflichten-einschraenkungen-alte-menschen-schule-kita/. Zuletzt besucht am 14.05.2024 (zitiert: *Mangold*, LTO vom 14.08.2020, Antwort).

Marquart, Maria, Bauern bekommen Klimawandel deutlich zu spüren, in: Der Spiegel vom 23.08.2022. Abrufbar unter: https://www.spiegel.de/wirtschaft/unternehmen/bauern-bekommen-klimawandel-deutlich-zu-spueren-a-29b02939-7f48-4edd-86d3-5fedcc63f3b7. Zuletzt besucht am 25.04.2024 (zitiert: *Marquart*, Der Spiegel vom 23.08.2022).

Märtin, Lukas / Mühlbach, Carl, Generationengerechtigkeit und Fiskalpolitik: Staatsverschuldung und Schuldenbremse im Lichte des Klima-Beschlusses des BVerfG, in: Verfassungsblog vom 18.05.2021. Abrufbar unter: https://verfassungsblog.de/generationengerechtigkeit-und-fiskalpolitik/. Zuletzt besucht am 06.05.2024 (zitiert: *Märtin/Mühlbach*, VerfBlog vom 18.05.2021, Abschnitt).

Maurer, Hartmut, Zur Verfassungswidrigerklärung von Gesetzen, in: Im Dienst an Recht und Staat. Festschrift für Werner Weber, Berlin 1974, S. 345–368 (zitiert: *Maurer*, in: FS Weber, S.).

Menzel, Maria, Schon gewusst? Ein paar Fakten zu den Niederlanden, in: Die Welt vom 01.03.2015. Abrufbar unter: https://www.welt.de/reise/nah/article137910975/Schon-gewusst-Ein-paar-Fakten-zu-den-Niederlanden.html. Zuletzt besucht am 25.05.2024 (zitiert: *Menzel*, Die Welt vom 01.03.2015).

Merten, Detlef, Grundrechtliche Schutzpflichten und Untermaßverbot, in: Gedächtnisschrift für Joachim Burmeister, Heidelberg 2005, S. 227–243 (zitiert: *Merten*, in: GS Burmeister, S.).

Merten, Detlef / Papier, Hans-Jürgen (Hrsg.), Handbuch der Grundrechte in Deutschland und Europa, Band II: Grundrechte in Deutschland – Allgemeine Lehren I, Heidelberg 2006 (zitiert: *Bearbeiter*, in: HGR II, §, Rn.).

Merten, Detlef / Papier, Hans-Jürgen (Hrsg.), Handbuch der Grundrechte in Deutschland und Europa, Band IV: Grundrechte in Deutschland: Einzelgrundrechte I, Heidelberg 2011 (zitiert: *Bearbeiter*, in: HGR IV, §, Rn.).

Meyer-Ladewig, Jens / Nettesheim, Martin / Raumer, Stefan von (Hrsg.), Nomos Handkommentar EMRK, 5. Auflage, Baden-Baden 2023 (zitiert: *Bearbeiter*, in: HK-EMRK, Art., Rn.).

Michael, Lothar, Die drei Argumentationsstrukturen des Grundsatzes der Verhältnismäßigkeit – Zur Dogmatik des Über- und Untermaßverbotes und der Gleichheitssätze, in: Juristische Schulung 2001, S. 148–155 (zitiert: *Michael*, JuS 2001, S.).

Mihr, Anja / Görisch, Sabrina, Der Schutz der Grundrechte im Digitalen Zeitalter, in: Politik in der digitalen Gesellschaft. Zentrale Problemfelder und Forschungsperspektiven, hg. von Jeanette Hofmann, Norbert Kersting, Claudia Ritzi und Wolf Schünemann, Bielefeld 2019, S. 205–224 (zitiert: *Mihr/Görisch*, in: Hofmann/Kersting u. a., Schutz der Grundrechte im Digitalen Zeitalter, S.).

Möllers, Christoph / Weinberg, Nils, Die Klimaschutzentscheidung des Bundesverfassungsgerichts, in: JuristenZeitung 2021, S. 1069–1078 (zitiert: *Möllers/Weinberg*, JZ 2021, S.).

Monecke, Nina, Fünf vor acht/ Schwangerschaftsabbruch. Das war kein guter Kompromiss, in: ZEIT ONLINE vom 24.03.2023. Abrufbar unter: https://www.zeit.de/politik/deutschland/2023-03/schwangerschaftsabbruch-paragraf-218-abtreibung-entkriminalisieren-5vor8/komplettansicht. Zuletzt besucht am 14.03.2023 (zitiert: *Monecke*, ZEIT ONLINE vom 24.03.2023, Abschnitt).

Moritz, Susanne, Staatliche Schutzpflichten gegenüber pflegebedürftigen Menschen, Baden-Baden 2013 (zitiert: *Moritz*, Staatliche Schutzpflichten, S.).

Mosbacher, Mario, Die Grundrechte zwischen Eingriffsabwehrrecht und Schutzpflicht – Zugleich eine grundrechtsdogmatische Analyse der Konzeption des BVerfG im Klimaschutzbeschluss vom 24.03.2021, in: Berliner Online-Beiträge zum Europarecht Nr. 145, S. 1–31. Abrufbar unter: https://www.jura.fu-berlin.de/forschung/europarecht/bob/berliner_online_beitraege/Paper145-Mosbacher/BOB145-_Grundrechte-zwischen-Eingriffsabwehrrecht-und-Schutzpflicht.pdf. Zuletzt besucht am 30.04.2024 (zitiert: *Mosbacher*, Berliner Online-Beiträge zum Europarecht Nr. 145, S.).

Möstl, Markus, Probleme der verfassungsprozessualen Geltendmachung gesetzgeberischer Schutzpflichten: Die Verfassungsbeschwerde gegen legislatives Unterlassen, in: Die Öffentliche Verwaltung 1998, S. 1029–1039 (zitiert: *Möstl*, DÖV 1998, S.).

Möstl, Markus, Die staatliche Garantie für die öffentliche Sicherheit und Ordnung. Sicherheitsgewährleistung im Verfassungsstaat, im Bundesstaat und in der Europäischen Union, Tübingen 2002 (zitiert: *Möstl*, staatliche Garantie, S.).

Müller-Glöge, Rudi / Preis, Ulrich / Gallner, Inken / Schmidt, Ingrid, Dieterich, Thomas / Hanau, Peter / Schaub, Günter (Begr.), Erfurter Kommentar zum Arbeitsrecht, 24. Auflage, München 2024 (zitiert: *Bearbeiter*, in: ErfK ArbR, Abschnitt, Rn.).

Murswiek, Dietrich, Umweltrecht und Grundgesetz, in: Die Verwaltung. Zeitschrift für Verwaltungsrecht und Verwaltungswissenschaften (33) 2000, S. 241–283 (zitiert: *Murswiek*, Die Verwaltung (33) 2000, S.).

Murswiek, Dietrich, Die staatliche Verantwortung für die Risiken der Technik. Verfassungsrechtliche Grundlagen und immissionsschutzrechtliche Ausformung, Berlin 1985 (zitiert: *Murswiek*, Die staatliche Verantwortung für die Risiken der Technik, S.).

Musil, Andreas, Richterliche Rechtsfortbildung und Rechtsprechungsinnovationen, in: 100 Jahre Steuerrechtsprechung in Deutschland 1918–2018. Festschrift für den Bundesfinanzhof, Köln 2018, S. 151–180 (zitiert: *Musil*, in: FS Bundesfinanzhof, S.).

Oberlandesgericht Hamm – Pressestelle –, Pressemitteilung vom 8. November 2017. Abrufbar unter: https://www.olg-hamm.nrw.de/behoerde/presse/Pressemitteilungen/zt-Archiv/archiv-2005---2018/2017_pressearchiv/139-17-peruanischer-Landwirt-RWE.pdf. Zuletzt besucht am 17. 04.2025 (zitiert: OLG Hamm, Pressemitteilung vom 08. November 2017, S.).

Oberlandesgericht Hamm – Pressestelle –, Pressemitteilung vom 30. November 2017. Abrufbar unter: https://www.olg-hamm.nrw.de/behoerde/presse/Pressemitteilungen/zt-Archiv/archiv-2005---2018/2017_pressearchiv/153-17-VT-peruanischer-Landwirt-RWE.pdf. Zuletzt besucht am 17.04.2025 (zitiert: OLG Hamm, Pressemitteilung vom 30. November 2017, S.).

Ott, Leonie, Gerichtsverfahren immer wichtigeres Klimaschutzinstrument, in: Legal Tribune Online vom 27.07.2023. Abrufbar unter: https://www.lto.de/recht/nachrichten/n/klimaklagen-un-vereinte-nationen-unep-klimawandel-klimaschutz-umweltschutzlitigation-prozessfuehrung-strategisch-strategic/. Zuletzt besucht am 25.04.2024 (zitiert: *Ott*, LTO vom 27.07.2023, Abschnitt).

Petras, Maximilian / Valentiner, Dana-Sophia (Hrsg.), Grundrechte. Klausur- und Examensfälle, Berlin 2022 (zitiert: *Bearbeiter*, in: Petras/ Valentiner, Fall, S.).

Picker, Eduard, Rechtsdogmatik und Rechtsgeschichte, in: Archiv für die civilistische Praxis, Band 201 (2001), S. 765–859 (zitiert: *Picker*, AcP 201 (2001), S.).

Pietrzak, Alexandra, Die Schutzpflicht im verfassungsrechtlichen Kontext – Überblick und neue Aspekte, in: Juristische Schulung 1994, S. 748–753 (zitiert: *Pietrzak*, JuS 1994, S.).

Pietzcker, Jost, Mitverantwortung des Staates, Verantwortung des Bürgers, in: JuristenZeitung 1985, S. 209–216 (zitiert: *Pietzcker*, JZ 1985, S.).

Platt, Ulrich / Norbert, Frank / Aeschbach, Nicole / Harnisch, Sebastian / Wurster, Stefan, Klimawandel, 2022. Abrufbar unter: https://archiv.ub.uni-heidelberg.de/volltextserver/31288/1/Umwelt_interdisziplinaer_Klimawandel_2022.pdf. Zuletzt besucht am 29.05.2024 (zitiert: *Platt/ Norbert u. a.*, Klimawandel, S.).

Polzin, Monika, Menschenrechtliche Klimaklagen: Kreative Justiz und überforderte Grundrechte, in: Die Öffentliche Verwaltung 2021, S. 1089–1099 (zitiert: *Polzin*, DÖV 2021, S.).

Pötzsch, Horst, Bewahrer des Grundgesetzes, in: Bundeszentrale für politische Bildung vom 01.09.2008. Abrufbar unter: https://www.bpb.de/themen/nachkriegszeit/grundgesetz-und-parlamentarischer-rat/38997/bewahrer-des-grundgesetzes/. Zuletzt besucht am 19.05.2024 (zitiert: *Pötzsch*, bpb vom 01.09.2008, Abschnitt).

Probst, Maximilian, Klima? Das regeln die Richter! Ein historischer Beschluss des Internationalen Seegerichtshofs, in: DIE ZEIT vom 23.05.2024, S. 29 (zitiert: *Probst*, DIE ZEIT vom 23.05.2024, S.).

Probst, Maximilian, Worauf kommt es beim Klimaschutz an? Die Deutschen vertrauen mehr auf das eigene Verhalten als auf politische Entscheidungen, in: DIE ZEIT vom 05.04.2023, S. 34 (zitiert: *Probst*, DIE ZEIT vom 05.04.2023, S.).

Probst, Maximilian, „Sie taten alles, um nicht gestoppt zu werden“. Der Juraprofessor Donald Braman will Ölkonzerne wie Shell wegen fahrlässiger Tötung vor Gericht stellen, weil sie genau wussten, dass ihre fossilen Brennstoffe den Klimawandel antreiben. Wie realistisch ist sein Vorhaben?, in: DIE ZEIT vom 20.04.2023, S. 32 (zitiert: *Probst*, DIE ZEIT vom 20.04.2023, S.).

Rath, Katja / Benner, Martin, Ein Grundrecht auf Generationengerechtigkeit? Die Relevanz des Klimaschutz-Beschlusses des Bundesverfassungsgerichts für andere Rechtsgebiete mit intergenerationaler Bedeutung, in: Verfassungsblog vom 07.05.2021. Abrufbar unter: https://verfassungsblog.de/ein-grundrecht-auf-generationengerechtigkeit/. Zuletzt besucht am 06.05.2024 (zitiert: *Rath/Benner*, VerfBlog vom 07.05.2021, Abschnitt).

Reuter, Alexander / Busch, Ralph, Einführung eines EU-weiten Emissionshandels – Die Richtlinie 2003/87/EG, in: Europäische Zeitschrift für Wirtschaftsrecht, 2004, S. 39–43 (zitiert: *Reuter/Busch*, EuZW 2004, S.).

Reuter, Thomas, Die Verhältnismäßigkeit im engeren Sinne – das unbekannte Wesen, in: Juristische Ausbildung 2009, S. 511–518 (zitiert: *Reuter*, JURA 2009, S.).

Robert Koch-Institut, Hitzebedingte Mortalität in Deutschland 2022. Abrufbar unter: https://edoc.rki.de/handle/176904/10346.3. Zuletzt besucht am 17. April 2025 (zitiert: RKI, Hitzebedingte Mortalität in Deutschland 2022).

Rodi, Michael (Hrsg.), Handbuch Klimaschutzrecht, München 2022 (zitiert: *Bearbeiter*, in: Hdb. Klimaschutzrecht, §, Rn.).

Rotsch, Thomas, Zur Hypertrophie des Rechts, in: Zeitschrift für Internationale Strafrechtsdogmatik 2008, S. 1–8 (zitiert: *Rotsch*, ZIS 2008, S.).

Rudzio, Kolja / Schirmer, Stefan, Die reichste Generation?, in: DIE ZEIT vom 10.08.2023, S. 10 (zitiert: *Rudzio/Schirmer*, DIE ZEIT vom 10.08.2023, S.).

Ruffert, Matthias, Vorrang der Verfassung und Eigenständigkeit des Privatrechts. Eine verfassungsrechtliche Untersuchung zur Privatrechtswirkung des Grundgesetzes, Tübingen 2001 (zitiert: *Ruffert*, Vorrang der Verfassung und Eigenständigkeit des Privatrechts, S.).

Rupp-von Brünneck, Wiltraut, Darf das Bundesverfassungsgericht an den Gesetzgeber appellieren?, in: Festschrift für Gebhard Müller, Tübingen 1970, S. 355–378 (zitiert: *Ruppv. Brünneck*, in: FS Müller, S.).

Rupp, Martin, Die grundrechtliche Schutzpflicht des Staates für das Recht auf informationelle Selbstbestimmung im Pressesektor, Saarbrücken 2013 (zitiert: *Rupp*, Die grundrechtliche Schutzpflicht, S.).

Rüthers, Bernd, Rechtsdogmatik und Rechtspolitik unter dem Einfluß des Richterrechts, Trier 2003. Abrufbar unter: https://www.ssoar.info/ssoar/handle/document/32172. Zuletzt besucht am 08.05.2024 (zitiert: *Rüthers*, Rechtsdogmatik, S.).

Ruttloff, Marc / Freihoff, Lisa, Intertemporale Freiheitssicherung oder doch besser „intertemporale Systemgerechtigkeit“? – auf Konturensuche, in: Neue Zeitschrift für Verwaltungsrecht 2021, S. 917–922 (zitiert: *Ruttloff/Freihoff*, NVwZ 2021, S.).

Sachs, Michael (Hrsg.), Grundgesetz Kommentar, 9. Auflage 2021, München 2021 (zitiert: *Bearbeiter*, in: Sachs GG, Art., Rn.).

Sachverständigenrat für Umweltfragen, Demokratisch regieren in ökologischen Grenzen – Zur Legitimation von Umweltpolitik, Sondergutachten, Berlin 2019. Abrufbar unter: https://www.umweltrat.de/SharedDocs/Downloads/DE/02_Sondergutachten/2016_2020/2019_06_SG_Legitimation_von_Umweltpolitik.html. Zuletzt besucht am 26.04.2024 (zitiert: SRU, Demokratisch regieren in ökologischen Grenzen, S.).

Sachverständigenrat für Umweltfragen, Für eine entschlossene Umweltpolitik in Deutschland und Europa, Umweltgutachten 2020, Berlin 2020. Abrufbar unter: https://www.umweltrat.de/SharedDocs/Downloads/DE/01_Umweltgutachten/2016_2020/2020_Umweltgutachten_Entschlossene_Umweltpolitik.html. Zuletzt besucht am 21.06.2025 (zitiert: SRU, Für eine entschlossene Umweltpolitik in Deutschland und Europa, S.).

Sachverständigenrat für Umweltfragen, Wie viel CO_2 darf Deutschland maximal noch ausstoßen? Fragen und Antworten zum CO_2-Budget, Stellungnahme, Berlin 2022. Abrufbar unter: https://www.umweltrat.de/SharedDocs/Downloads/DE/04_Stellungnahmen/2020_2024/2022_06_fragen_und_antworten_zum_co2_budget.html. Zuletzt besucht am 20.05.2024 (zitiert: SRU, Wie viel CO_2 darf Deutschland maximal noch ausstoßen?, S.).

Saurer, Johannes / Purnhagen, Kai, Klimawandel vor Gericht – Der Rechtsstreit der Nichtregierungsorganisation „Urgenda“ gegen die

Niederlande und seine Bedeutung für Deutschland, in: Zeitschrift für Umweltrecht 2016, S. 16–23 (zitiert: *Saurer/Purnhagen*, ZUR 2016, S.).

Schirmer, Jan-Erik , Haftung für künftige Klimaschäden, in: Neue Juristische Wochenschrift 2023, S. 113–118 (zitiert: *Schirmer*, NJW 2023, S.).

Schlacke, Sabine , Klimaschutzrecht – ein Rechtsgebiet? Begriffliches, Systematik und Perspektiven, in: Die Verwaltung. Zeitschrift für Verwaltungsrecht und Verwaltungswissenschaften 2010, Beiheft 11, S. 121–158 (zitiert: *Schlacke*, Die Verwaltung 2010, Beih. 11, S.).

Schlacke, Sabine, Klimaschutzrecht – Ein Grundrecht auf intertemporale Freiheitssicherung, in: Neue Zeitschrift für Verwaltungsrecht 2021, S. 912–917 (zitiert: *Schlacke*, NVwZ 2021, S.).

Schlacke, Sabine, Umweltrecht, 9. Auflage, Baden-Baden 2023 (zitiert: *Schlacke*, Umweltrecht, §, Rn.).

Schlaich, Klaus (Begr.), Korioth, Stefan (Hrsg.), Das Bundesverfassungsgericht: Stellung, Verfahren, Entscheidungen, 12. Auflage, München 2021 (zitiert: *Schlaich/Korioth*, Das Bundesverfassungsgericht, Rn.).

Schlink, Bernhard, Freiheit durch Eingriffsabwehr – Rekonstruktion der klassischen Grundrechtsfunktion, in: Europäische Grundrechte-Zeitschrift 1984, S. 457–468 (zitiert: *Schlink*, EuGRZ 1984, S.).

Schmidt-Ahrendts, Nils / Schneider, Viktoria, Gerichtsverfahren zum Klimaschutz, in: Neue Juristische Wochenschrift 2022, S. 3475–3481 (zitiert: *Schmidt-Ahrendts/Schneider*, NJW 2022, S.).

Schmidt-Ahrendts, Nils, Klimaklagen: auf in die 2. Runde!, in: Zeitschrift für Umweltrecht 2023, S. 416–419 (zitiert: *Schmidt-Ahrendts*, ZUR 2023, S.).

Schmidt-Bleibtreu, Bruno / Klein, Franz / Bethge, Herbert (Hrsg.), Maunz, Theodor (Begr.), Bundesverfassungsgerichtsgesetz Kommentar, Band 1, 63. Ergänzungslieferung, Stand: Juni 2023, München (zitiert: *Bearbeiter*, in: Maunz/Schmidt-Bleibtreu/Klein/Bethge, BverfGG, §, Rn.).

Schmitt, Stefan, So rot wie nie zuvor. Die Temperaturrekorde des Jahres 2023 überraschten selbst Klimaforscher. Was heißt das für die Zukunft?, in: DIE ZEIT vom 04.01.2024, S. 25 (zitiert: *Schmitt*, DIE ZEIT vom 04.01.2024, S.).

Schönberger, Philipp, Die Klimaziele werden nicht dadurch erreicht, dass man sie abschafft, in: Verfassungsblog vom 16.11.2022. Abrufbar unter: https://verfassungsblog.de/die-klimaziele-werden-nicht-dadurch-erreicht-dass-man-sie-abschafft/. Zuletzt besucht am 22.06.2024 (zitiert: *Schönberger*, VerfBlog vom 16.11.2022, Abschnitt).

Schröder, Ulrich Jan, Der Verhältnismäßigkeitsgrundsatz, in: Ad Legendum 4/2015, S. 327–333 (zitiert: *Schröder*, Ad Legendum 4/2015, S.).

Schürmann, Vera, Kompromiss auf Zeit: Das Abtreibungsstrafrecht, der Bundestag und das Bundesverfassungsgericht, in: Verfassungsblog vom 18.11.2020. Abrufbar unter: https://verfassungsblog.de/kompromiss-auf-zeit/. Zuletzt besucht am 12.05.2024 (zitiert: *Schürmann*, VerfBlog vom 18.11.2020, Abschnitt).

Schwabe, Jürgen, Probleme der Grundrechtsdogmatik, 2. Auflage, Hamburg 1997 (zitiert: *Schwabe*, Probleme der Grundrechtsdogmatik, S.).

Seibert, Max-Jürgen, Klimaschutz und Generationengerechtigkeit – Der Jahrhundert-Beschluss des Bundesverfassungsgerichts, in: Deutsches Verwaltungsblatt 2021, S. 1141–1146 (zitiert: *Seibert*, DVBl. 2021, S.).

Setzer, Joana / Mihatsch, Christian, Klimaklagen weltweit Biss verleihen, in: Energiewende-Magazin Oktober 2021, S. 1–8. Abrufbar unter: https://www.ews-schoenau.de/export/sites/ews/energiewende-magazin/.files/ewm-klimaklagen-weltweit-biss-verleihen.pdf. Zuletzt besucht am 26.04.2024 (*Setzer/Mihatsch*, EWM 10/2021, S.).

Sinder, Rike, Anthropozänes Verfassungsrecht als Antwort auf den anthropogenen Klimawandel, in: JuristenZeitung 2021, S. 1078–1087 (zitiert: *Sinder*, JZ 2021, S.).

Spieth, Wolf Friedrich / Hellermann, Niclas, Not kennt nicht nur ein Gebot – Verfassungsrechtliche Gewährleistungen im Zeichen von Corona-Pandemie und Klimawandel, in: Neue Zeitschrift für Verwaltungsrecht 2020, S. 1405–1408 (zitiert: *Spieth/Hellermann*, NVwZ 2020, S.).

Stahl, Hannah, Wie wird der Richter zum Klimaschützer? – Die gerichtliche Verpflichtung des Staates zur Senkung seiner CO_2-Emissionen am Beispiel des niederländischen Falls „Urgenda", in: Studentische Zeitschrift für Rechtswissenschaft Heidelberg Wissenschaft Online 1/2021, S. 102–126. Abrufbar unter: https://journals.ub.uni-heidelberg.de/index.php/studzrwo/article/

view/82225/76441. Zuletzt besucht am 26.04.2024 (zitiert: *Stahl*, StudZR-WissOn 1/2021, S.).

Stäsche, Uta, Beschluss des dann vom 24.3.2021. Geburt eines Grundrechts auf ein ökologisches Existenzminimum und intertemporale Freiheitssicherung, in: Zeitschrift für das gesamte Recht der Energiewirtschaft 2021, S. 193–194 (zitiert: *Stäsche*, EnWZ 2021, S.).

Steinau-Steinrück, Sandra von, Die staatliche Verhütung und Bekämpfung von Infektionskrankheiten. Rechtliche Rahmenbedingungen, grundgesetzliche Schutzpflichten und Eingriffsgrenzen, Frankfurt am Main 2013 (zitiert: *v. Steinau-Steinrück*, Infektionskrankheiten, S.).

Steinberg, Rudolf, Verfassungsrechtlicher Umweltschutz durch Grundrechte und Staatszielbestimmung, in: Neue Juristische Wochenschrift 1996, S. 1985–1994 (zitiert: *Steinberg*, NJW 1996, S.).

Steinberg, Rudolf, Verfassungspolitik und offene Verfassung, in: JuristenZeitung 1980, S. 385–293 (zitiert: *Steinberg*, JZ 1980, S.).

Steinberg, Rudolf / Müller, Henrik, Die Rechtsprechung des Bundesverfassungsgerichts zum Umweltschutz, in: Handbuch Bundesverfassungsgericht im politischen System, hg. von Robert van Ooyen und Martin Möllers, 2. Auflage, Wiesbaden 2015, S. 735–758 (zitiert: *Steinberg/Müller*, in: Ooyen/Möllers, Hdb. dann, S.).

Stern, Klaus, Die Schutzpflichtenfunktion der Grundrechte: Eine juristische Entdeckung, in: Die Öffentliche Verwaltung 2010, S. 241–249 (zitiert: *Stern*, DÖV 2010, S.).

Stern, Klaus / Sodan, Helge / Möstl, Markus (Hrsg.), Das Staatsrecht der Bundesrepublik Deutschland im europäischen Staatenverbund, Band 3: Allgemeine Lehren der Grundrechte, 2. Auflage, München 2022 (zitiert: *Bearbeiter*, in: Stern/Sodan/Möstl, Band 3, §, Rn.).

Stohlmann, Bent, Keine Schutzpflicht vor zukünftigen Freiheitsbeschränkungen – warum eigentlich?, in: Verfassungsblog vom 04.05.2021. Abrufbar unter: https://verfassungsblog.de/keine-schutzpflicht-vor-zukunftigen-freiheitsbeschrankungen-warum-eigentlich/. Zuletzt besucht am 08.05.2024 (zitiert: *Stohlmann*, VerfBlog vom 04.05.2021, Abschnitt).

Stürmlinger, Marie-Christin, Klimaschutz durch Grundrechte – gerichtliche Kontrolle staatlicher Klimaschutzmaßnahmen, in:

Zeitschrift für Europäisches Umwelt- und Planungsrecht 2020, S. 169–185 (zitiert: *Stürmlinger*, EurUP 2020, S.).

Suliak, Hasso, „Die Ökologie gehört zur DANN des Staates“, in: Legal Tribune Online vom 07.05.2022. Abrufbar unter: https://www.lto.de/recht/hintergruende/h/oekologie-verfassung-grundgesetz-aenderung-klimaschutz-umweltschutz-artensterben-eigenrechte-natur/. Zuletzt besucht am 25.04.2024 (zitiert: *Suliak*, LTO vom 07.05.2022, Abschnitt).

Szczekalla, Peter, Die sogenannten grundrechtlichen Schutzpflichten im deutschen und europäischen Recht. Inhalt und Reichweite einer „gemeineuropäischen Grundrechtsfunktion“, Berlin 2002 (zitiert: *Szczekalla*, Schutzpflichten, S.).

Traufetter, Gerald, Wie viel Politik darf das Bundesverfassungsgericht machen?, in: Der Spiegel vom 09.07.2021. Abrufbar unter: https://www.spiegel.de/politik/deutschland/klimaschutzgesetz-darf-das-bundesverfassungsgericht-aufgaben-des-gesetzgebers-uebernehmen-a-14bd09a9-0002-0001-0000-000178306375. Zuletzt besucht am 06.05.2024 (zitiert: *Traufetter*, Der Spiegel vom 09.07.2021).

Ulrich, Bernd, Auf heißen Steinen. Der Baugipfel hat Energiestandards gesenkt: Wer erwartet hätte, dass die Regierung jetzt mehr tut, wird kalt erwischt, in: DIE ZEIT vom 28.09.2023, S. 1 (zitiert: *Ulrich*, DIE ZEIT vom 28.09.2023, S.).

Umweltbundesamt, Klimarahmenkonvention der Vereinten Nationen (UNFCCC). Abrufbar unter: https://www.umweltbundesamt.de/themen/klima-energie/internationale-klimapolitik/klimarahmenkonvention-der-vereinten-nationen-unfccc#entstehungsgeschichte. Zuletzt besucht am 29.05.2024 (zitiert: Umweltbundesamt, UNFCCC, Abschnitt).

Umweltbundesamt, Kyoto-Protokoll. Abrufbar unter: https://www.umweltbundesamt.de/themen/klima-energie/internationale-klimapolitik/kyoto-protokoll#entstehungsgeschichte-und-erste-verpflichtungsperiode. Zuletzt besucht am 29.05.2024 (zitiert: Umweltbundesamt, Kyoto-Protokoll, Abschnitt).

Umweltbundesamt, Monitoringbericht 2019 zur Deutschen Anpassungsstrategie an den Klimawandel. Abrufbar unter: https://www.umweltbundesamt.de/publikationen/umweltbundesamt-2019-monitoringbericht-2019-zur. Zuletzt besucht am 17.04.2025 (zitiert: UBA, Monitoringbericht 2019, S.).

Umweltbundesamt, Projektionsbericht 2019 für Deutschland gemäß Verordnung (EU) Nr. 525/2013. Abrufbar unter: https://www.umweltbundesamt.de/sites/default/files/medien/372/dokumente/projektionsbericht-2019_uba_website.pdf. Zuletzt besucht am 21.04.2025 (zitiert: Projektionsbericht 2019 für Deutschland, S.).

UNEP, Executive summary, in: Emissions Gap Report 2024: No more hot air … please! Abrufbar unter: https://wedocs.unep.org/bitstream/handle/20.500.11822/46443/EGR2024_ESES.pdf?sequence=16&isAllowed=y. Zuletzt besucht am 17.04.2025 (zitiert: UNEP, Emissions Gap Report 2024, Executive Summary, S.).

UNEP,Global Climate Litigation Report: 2023 Status Review. Abrufbar unter: https://wedocs.unep.org/bitstream/handle/20.500.11822/43008/global_climate_litigation_report_2023.pdf?sequence=3. Zuletzt besucht am 17.04.2025 (zitiert: UNEP, Global Climate Litigation Report: 2023 Status Review, S.).

UNEP, The Emissions Gap Report 2013. Abrufbar unter: https://pure.iiasa.ac.at/id/eprint/10555/1/unepemissionsgapreport2013.pdf. Zuletzt besucht am 21.06.2025 (zitiert: UNEP, The Emissions Gap Report 2013).

UNFCCC Compliance Committee, Canada's withdrawal from the Kyoto Protocol and its effects on Canada's reporting obligations under the Protocol, 20. August 2014. Abrufbar unter: https://unfccc.int/files/kyoto_protocol/compliance/enforcement_branch/application/pdf/cc-eb-25-2014-2_canada_withdrawal_from_kp.pdf. Zuletzt besucht am 29.05.2024 (zitiert: UNFCCC Compliance Committee, Canada`s withdrawal from the Kyoto Protocol, S.).

Universität Erfurt, Ergebnisse aus der Planetary Health Action Survey – PACE 14, Stand: 24.03.2023. Abrufbar unter: https://projekte.uni-erfurt.de/pace/_files/PACE_W14.pdf. Zuletzt besucht am 21.04.2025 (zitiert: Universität Erfurt, PACE 14 vom 24.03.2023).

Unruh, Peter, Zur Dogmatik der grundrechtlichen Schutzpflichten, Berlin 1996 (zitiert: *Unruh*, Schutzpflichten, S.).

Unverzagt, Karina, Umweltschutz im Grundgesetz. Über die Notwendigkeit eines Umweltgrundrechts, Baden-Baden 2024 (zitiert: *Unverzagt*, Umweltschutz im Grundgesetz, S.).

Verheyen, Roda / Franke, Johannes, Deliktsrechtlich begründete CO2-Reduktionspflichten von Privatunternehmen, in: Zeitschrift für Umweltrecht 2021, S. 624–632 (zitiert: *Verheyen/Franke*, ZUR 2021, S.).

Vogel, Kurt , Das Bundesverfassungsgericht und die übrigen Verfassungsorgane. Bundesverfassungsgerichtliche Argumentationsfiguren zu den Grenzen der Verfassungsgerichtsbarkeit, Frankfurt am Main 1988 (zitiert: *Vogel*, Das Bundesverfassungsgericht und die übrigen Verfassungsorgane, S.).

Voigt, Eric, Europaparlament beschließt weltweit erstes KI-Gesetz, in: ZEIT ONLINE vom 13.03.2024. Abrufbar unter: https://www.zeit.de/digital/2024-03/eu-parlament-stimmt-ki-gesetz-zu. Zuletzt besucht am 17.03.2024 (zitiert: *Voigt*, ZEIT ONLINE vom 13.03.2024, Absatz).

Voland, Thomas, Zur Reichweite von Menschenrechten im Klimaschutz. Wäre die „Urgenda-Entscheidung" auch im deutschen Recht zu erwarten?, in: Neue Zeitschrift für Verwaltungsrecht 2019, S. 114–120 (zitiert: *Voland*, NVwZ 2019, S.).

Wagner, Gerhard, Klimahaftung vor Gericht. Eine Fallstudie, München 2020 (zitiert: *Wagner*, Klimahaftung, S.).

Wahnschaffe, Thies / Lücke, Felix, Die eingriffsähnliche Vorwirkung auf Freiheitsrechte als Ansatz intertemporaler Freiheitssicherung, in: Die Öffentliche Verwaltung 2021, S. 1099–1109 (zitiert: *Wahnschaffe/Lücke*, DÖV 2021, S.).

Watjer, A., Pariser Klimaabkommen, in: Bundeszentrale für politische Bildung. Abrufbar unter: https://www.bpb.de/kurz-knapp/lexika/das-europalexikon/309438/pariser-klimaabkommen/. Zuletzt besucht am 29.05.2024 (zitiert: *Watjer*, Pariser Klimaabkommen).

Wefing, Heinrich, Die Machtprobe. Das Urteil zur Schuldenbremse verunsichert die Regierung. Doch im Vergleich zu früheren Urteilen blieb das Verfassungsgericht diesmal sogar milde. Und durchsetzen kann es sowieso nichts, in: DIE ZEIT vom 30.11.2023, S. 4 (zitiert: *Wefing*, DIE ZEIT vom 30.11.2023, S.).

Wegener, Bernhard, Urgenda – Weltrettung per Gerichtsbeschluss? Klimaklagen testen die Grenzen des Rechtsschutzes, in: Zeitschrift für Umweltrecht 2019, S. 3–13 (zitiert: *Wegener*, ZUR 2019, S.).

Wegener, Bernhard, Urgenda III: Die Niederlande als Modell richterlichen Klimaschutzes, in Verfassungsblog vom 21.12.2019. Abrufbar unter: https://verfassungsblog.de/

urgenda-iii-die-niederlande-als-modell-richterlichen-klimaschutzes/. Zuletzt besucht am 24.05.2024 (zitiert: *Wegener*, VerfBlog vom 21.12.2019, Abschnitt).

Weinrich, Maximilian, Die grundrechtlichen Schutzpflichten nach dem Klimabeschluss des BVerfG, in: Umweltrechtliche Beiträge aus Wissenschaft und Praxis 2021, S. 238–244 (zitiert: *Weinrich*, UWP 2021, S.).

Weinrich, Maximilian, Die grundrechtlichen Umweltschutzpflichten des Staates, Berlin 2022 (zitiert: *Weinrich*, grundrechtliche Umweltschutzpflichten, S.).

Wetzel, Daniel / Zwick, Daniel, Jetzt beginnt die Ära der Klimaklagen, in: Die Welt vom 03.09.2021. Abrufbar unter: https://www.welt.de/wirtschaft/article233567040/DUH-und-Greenpeace-jetzt-beginnt-die-Aera-der-Klimaklagen.html. Zuletzt besucht am 25.05.2024 (zitiert: *Wetzel/Zwick*, Die Welt vom 03.09.2021).

Wiedmann, Jan-Louis, Vorwärts in die klimapolitische Vergangenheit. Zur „Weiterentwicklung" des Klimaschutzgesetzes durch die Ampel-Koalition, in: Verfassungsblog vom 30.03.2023. Abrufbar unter: https://verfassungsblog.de/vorwarts-in-die-klimapolitische-vergangenheit/. Zuletzt besucht am 22.06.2024 (zitiert: *Wiedmann*, VerfBlog vom 30.03.2023, Abschnitt).

Winter, Gerd, Armando Carvalho et alii versus Europäische Union: Rechtsdogmatische und staatstheoretische Probleme einer Klimaklage vor dem Europäischen Gericht, in: Zeitschrift für Umweltrecht 2019, S. 259–271 (zitiert: *Winter*, ZUR 2019, S.).

Wissenschaftlicher Beirat der Bundesregierung Globale Umweltveränderungen, Sondergutachten: Klimaschutz als Weltbürgerbewegung, Berlin 2014. Abrufbar unter: https://www.wbgu.de/fileadmin/user_upload/wbgu/publikationen/sondergutachten/sg2014/wbgu_sg2014.pdf. Zuletzt besucht am 17.04.2025 (zitiert: WBGU, Klimaschutz als Weltbürgerbewegung, S.).

World Health Organization, 2021 WHO health and climate change global survey report, Genf 2021. Abrufbar unter: https://iris.who.int/bitstream/handle/10665/348068/9789240038509-eng.pdf?sequence=1. Zuletzt besucht am 28.05.2024 (zitiert: 2021 WHO health and climate change global survey report, S.).

Ziebula, Milan, Urteil zur Senkung des CO2-Ausstoßes in den Niederlanden bestätigt, in: ZEIT ONLINE vom 20.12.2019. Abrufbar unter: https://www.zeit.de/gesellschaft/zeitgeschehen/2019-12/klima-urteil-oberstes-gericht-den-haag-aktivisten-urgenda. Zuletzt besucht am 24.05.2024 (zitiert: *Ziebula*, ZEIT ONLINE vom 20.12.2019, Abschnitt).

Index

www.ingramcontent.com/pod-product-compliance
Ingram Content Group UK Ltd.
Pitfield, Milton Keynes, MK11 3LW, UK
UKHW021929290926
8980IPUK00016B/1540

9 783631 944646